RESEARCH ON
THE PHYSICOCHEMICAL PROPERTIES OF
DIESEL ENGINE PARTICULATE MATTER

柴油机颗粒物理化特性研究

高建兵 著

北京理工大学出版社
BEIJING INSTITUTE OF TECHNOLOGY PRESS

内 容 简 介

本专著以柴油机颗粒捕集器（DPF）工作过程中面临的再生问题为切入点，依次介绍了作者在颗粒物氧化特性方面相关的基础研究，包含颗粒物理化特性概念介绍、理化特性测试方法、不同条件对颗粒物氧化特性及氧化动力学特性的影响规律、颗粒物氧化过程中微观结构和纳观结构的变化、颗粒物在排气过程和老化过程中的演变，对比分析了颗粒物催化氧化反应和非催化氧化反应的差异，以及模拟汽车真实条件下颗粒物理化特性的变化等方面取得的研究成果，为 DPF 再生、结构优化设计及控制策略的优化奠定良好的基础。

版权专有　侵权必究

图书在版编目（CIP）数据

柴油机颗粒物理化特性研究／高建兵著．－－北京：
北京理工大学出版社，2025.1．
ISBN 978－7－5763－4640－4

Ⅰ．TK42
中国国家版本馆 CIP 数据核字第 2025QD6326 号

责任编辑：王玲玲	**文案编辑**：王玲玲
责任校对：周瑞红	**责任印制**：李志强

出版发行 ／ 北京理工大学出版社有限责任公司
社　　址 ／ 北京市丰台区四合庄路 6 号
邮　　编 ／ 100070
电　　话 ／（010）68944439（学术售后服务热线）
网　　址 ／ http：／／www.bitpress.com.cn

版 印 次 ／ 2025 年 1 月第 1 版第 1 次印刷
印　　刷 ／ 保定市中画美凯印刷有限公司
开　　本 ／ 710 mm×1000 mm　1／16
印　　张 ／ 15
字　　数 ／ 227 千字
定　　价 ／ 58.00 元

图书出现印装质量问题，请拨打售后服务热线，负责调换

序 言

内燃机在未来相当长一段时期仍将作为陆上交通、船舶运输和工程机械主流动力，是目前和今后实现节能减排最具潜力的产品。2021年，全国机动车颗粒物（PM）排放量为6.3万吨，汽车对PM排放总量的贡献度超过90%，其中，柴油车PM排放量超过汽车排放总量的90%。柴油机排气颗粒是造成雾霾的主要污染物之一，严重威胁生态环境和人类健康。《"十四五"节能减排综合工作方案》指出，要深入实施清洁柴油机行动，为此，我国制定了日趋严格的排放法规，以有效控制柴油机车排气颗粒。柴油机车减污降碳、节能增效是行业的迫切需求，是助力交通运输领域实现"双碳"目标的重要保障，也为我国柴油机车后处理技术的发展指明了方向。

柴油机颗粒捕集器（DPF）作为降低颗粒物排放最有效的技术手段，对颗粒物的捕集效率高达95%以上。DPF工作过程中需要阶段性再生，以防止柴油机燃油经济性、动力输出的显著下降。DPF再生通常采用燃油后喷的方式来提高尾气温度，将被捕集的颗粒物高效去除，但是燃油后喷造成了燃油消耗率和碳排放的显著增加。在某测试路段中，DPF再生导致平均燃油消耗率增加了13%左右。DPF再生过程中，燃油消耗率的增加很大程度上取决于燃油后喷策略。高效的燃油后喷策略不仅可以有效降低整车的燃油消耗率和碳排放因子，而且可以降低DPF滤芯烧蚀和烧裂的风险。DPF再生本质上是滤芯颗粒层的氧化过程，颗粒层的氧化特性严重依赖颗粒物的理化特性。柴油机颗粒物理化特性的研究对于制定和优化柴油机燃油后喷策略至关重要，为提高再生能量利用率、降低滤芯烧蚀和烧裂风险提供理论支撑，为柴油机节能减排提供理论支撑，服务于我国绿色交通和"双碳"战略目标。

本专著是作者对十多年来柴油机颗粒物理化特性研究成果的总结和归纳。首先，针对柴油机颗粒物理化特性概念进行了详细介绍，说明了颗粒物理化特性研究的背景和意义。其次，针对本项目中涉及的颗粒物理化特性详细介绍了检测、分析方法。专著中主要研究内容包含了等离子体作用下颗粒物理化特性的变化、颗粒物排气过程和老化过程中理化特性的演变、不同氧化过程颗粒物的动力学特性、灰分及催化剂对颗粒物理化特性的影响规律、类尾气环境及模拟汽车驻车过程中颗粒物理化特性的变化规律。

本专著对于从事内燃机排放控制及后处理系统设计的工作有显著的指导意义。本专著在国家自然科学基金（52306128）、中央引导地方科技发展资金（236Z4001G）、陕西省交通新能源开发、应用与汽车节能重点实验室开放基金（300102222509）、北京理工大学特立青年学者等项目的支持下完成。感谢马朝臣教授、刘金龙研究员、王小琛博士、黄俊峰、王余枫、宋纪龙、付忠惠、姜硕、李德欣等对本专著出版的大力支持。

作者学识水平有限，本专著中不当之处敬请读者和同行给予批评指正。联系电子邮箱：gaojianbing@bit.edu.cn。

高建兵
于北京

目　录

第1章　柴油机颗粒物理化特性概念介绍及研究意义　1
　1.1　柴油机颗粒物理化特性概念介绍　1
　　1.1.1　柴油机颗粒物氧化特性　1
　　1.1.2　柴油机颗粒物成分　1
　　1.1.3　柴油机颗粒物微观结构　2
　　1.1.4　柴油机颗粒物纳观结构　3
　1.2　研究背景及意义　4
　1.3　著作章节内容安排　7

第2章　颗粒物理化特性分析方法介绍　9
　2.1　颗粒物氧化特性分析方法　9
　　2.1.1　柴油机颗粒物热重分析　9
　　2.1.2　柴油机颗粒物差式扫描量热法　10
　　2.1.3　氧化动力学参数计算　11
　2.2　颗粒物主要成分检测　13
　2.3　颗粒物微观结构分析方法　15
　2.4　颗粒物纳观结构分析方法　16
　　2.4.1　颗粒物微晶排列分析方法　16
　　2.4.2　柴油机颗粒物的拉曼光谱分析方法　18
　2.5　小结　20

第3章 高温预处理及等离子体对颗粒物热重特性影响　21
3.1 柴油机颗粒物预处理　22
3.2 预处理前颗粒物的热重特性　24
3.3 预处理后颗粒物的热重特性　30
3.4 恒温条件下颗粒物的热重特性　36
3.5 基于等效热重曲线的氧化特性分析　40
3.6 小结　43

第4章 等离子体对柴油机颗粒物氧化动力学特性影响　45
4.1 柴油机颗粒物的氧化动力学分析　45
4.2 预处理对颗粒物活化能的影响　52
4.3 基于热重曲线和等效热重曲线的动力学参数的对比　53
4.4 小结　56

第5章 等离子体对柴油机颗粒物微晶排列的影响　57
5.1 柴油机不同负荷下颗粒物的微晶排列形态　57
5.2 柴油机颗粒物微晶排列参数　62
5.3 颗粒物的微晶排列参数与氧化动力学参数的关系　66
5.4 预处理过程对颗粒物纳观结构参数的影响　69
5.5 氧化过程中颗粒物纳观结构参数的变化　73
5.6 氧化动力学特性与纳观结构演变的相关性　76
5.7 小结　79

第6章 等离子体对柴油机颗粒物的拉曼特性影响　82
6.1 柴油机颗粒物的拉曼光谱　83
6.2 柴油机颗粒物的拉曼光谱参数的分析　85
6.2.1 发动机不同负荷下颗粒物的拉曼参数　89
6.2.2 颗粒物的拉曼参数与氧化特性的关系　94
6.2.3 氧化过程中拉曼参数的变化　100

6.3 采用拉曼光谱和 HRTEM 计算得到的微晶尺寸的对比　　104
6.4 小结　　106

第7章　排气过程中柴油机颗粒物理化特性的变化　　109
7.1 柴油机颗粒物氧化特性在排气管中演变特性　　109
7.2 柴油机颗粒物微观形态在排气管中的演变特性　　111
7.3 柴油机颗粒物微晶排列在排气管中的演变特性　　113
7.4 柴油机颗粒物红外光谱特性在排气管中的演变特性　　114
7.5 柴油机颗粒物拉曼特性在排气管中的演变特性　　115
7.6 小结　　117

第8章　柴油机颗粒物老化过程中氧化活性恢复特性　　118
8.1 老化过程对柴油机颗粒物氧化特性的影响　　118
8.2 老化过程对颗粒物微观形态的影响　　120
8.3 老化过程对柴油机颗粒物微晶排列的影响　　122
8.4 老化过程对柴油机颗粒物红外光谱特性的影响　　123
8.5 老化过程对柴油机颗粒物拉曼特性的影响　　125
8.6 小结　　128

第9章　柴油机颗粒物单阶段-多阶段氧化过程动力学分析　　129
9.1 柴油机颗粒物不同升温过程的氧化动力学分析　　129
9.2 柴油机颗粒物的纳观结构及红外特征　　133
9.3 小结　　136

第10章　柴油机颗粒物灰分空气氛围中对颗粒物催化氧化效果　　138
10.1 柴油机颗粒物灰分对碳烟氧化活性影响　　139
10.2 柴油机颗粒物灰分对碳烟红外光谱特性影响　　144
10.3 柴油机颗粒物灰分对碳烟微观形态的影响　　145
10.4 小结　　147

第 11 章　空气氛围中催化氧化反应对碳烟理化特性影响　　148
- 11.1　催化剂种类对氧化活性的影响　　148
- 11.2　催化剂种类对氧化动力学特性的影响　　151
- 11.3　催化剂种类对含氧官能团的影响　　154
- 11.4　催化剂种类对纳观结构的影响　　155
- 11.5　催化剂含量对碳烟氧化活性影响　　160
- 11.6　催化剂对碳烟孔径影响　　162
- 11.7　催化剂对碳烟孔面积的影响　　166
- 11.8　小结　　169

第 12 章　类尾气环境中催化氧化反应对碳烟理化特性影响　　171
- 12.1　碳烟在氧化过程中的氧化活性　　171
- 12.2　碳烟在氧化过程中的孔径与比表面积演变　　172
- 12.3　碳烟氧化过程中表面孔面积变化　　178
- 12.4　碳烟氧化过程中纳观结构的变化　　180
- 12.5　碳烟氧化过程中含氧官能团的变化　　186
- 12.6　小结　　188

第 13 章　汽车驻车过程中碳烟理化特性的变化　　190
- 13.1　碳烟氧化活性变化　　191
- 13.2　碳烟孔隙结构及比表面积变化　　195
- 13.3　碳烟微观结构变化　　201
- 13.4　碳烟纳观结构的变化　　203
- 13.5　含氧官能团的变化　　208
- 13.6　小结　　209

参考文献　　211

第 1 章
柴油机颗粒物理化特性概念介绍及研究意义

本著作将针对柴油机颗粒物的理化特性及柴油机颗粒物捕集器（DPF）再生过程中理化特性的变化展开相关研究。为了开展相关研究，本章将首先针对颗粒物的理化特性进行介绍。

1.1 柴油机颗粒物理化特性概念介绍

1.1.1 柴油机颗粒物氧化特性

柴油机颗粒物的氧化特性主要包含颗粒物的氧化失重特性、氧化放热特性及活化能、指前因子等。氧化失重特性主要通过热重曲线的特征温度、失重速率来表示；氧化放热特性主要针对氧化过程中的放热速率进行分析；活化能为颗粒物本身所具有的特性，在氧化过程中不受外界环境的影响。活化能为常数的这种假设是基于颗粒物的微观结构、纳观结构、成分等在氧化过程中不发生改变的前提下提出的。在实际氧化过程中，颗粒物的理化特性随氧化过程的进行不断发生改变，导致活化能随颗粒物的氧化而不断发生变化。

1.1.2 柴油机颗粒物成分

颗粒物主要成分包含碳烟、碳氢化合物（HC）和灰分，不同的成分对颗粒物氧化特性的影响有显著差异。碳烟在颗粒物中含量相对最大，其对颗粒物的影响主要通过微观结构、纳观结构等来体现。

HC 的起燃温度和燃尽温度均显著低于碳烟，不同条件下 HC 发生的反应差异较大。在催化剂作用下，HC 起燃温度和燃尽温度均有显著下降，且发生以催化氧化放热为主、挥发为辅的反应。颗粒物 HC 中含有大量 C—O、C═O 含氧官能团，含氧官能团为颗粒物的氧化提供了活性位点[1]，有助于提高颗粒物的氧化活性。颗粒物在氧化过程初期，含氧官能团的氧化分解过程起主导作用；随着氧化的进行，颗粒物中的氧元素逐渐减少；到氧化中后期，含氧官能团完全被氧化。颗粒物中含氧官能团对颗粒物氧化活性的影响要大于颗粒物初始微观结构对颗粒物活性的影响。

柴油机颗粒物中含有一定量的金属物质，主要来源于润滑油中的添加剂、发动机磨损、腐蚀等。由于金属物质对颗粒物的氧化具有一定的催化作用，不同的灰分含量可能导致颗粒物不同的氧化活性。在颗粒物氧化过程中，灰分的含量逐渐增加，灰分中金属物质对颗粒物氧化的催化作用逐渐加剧，造成颗粒物氧化活性的变化。

1.1.3 柴油机颗粒物微观结构

柴油机颗粒物的微观结构包含微晶排列、粒径分布、孔径及比表面积分布等。颗粒物的微晶排列为颗粒物氧化特性不同的最根本的因素之一（图 1.1）。柴油机颗粒物集聚体由许多粒径很小的一次颗粒构成相互交错的树枝状。基于颗粒物微晶排列图可以提取颗粒物的粒径大小，进而获得颗粒物的粒径分布。

颗粒物粒径和表面积与氧气的接触紧密相关，对颗粒物的氧化有显著影响，且不同类型的氧化过程中，颗粒物的粒径和表面积的变化显著相关。颗粒物非催化反应过程中，氧气扩散促进碳烟颗粒氧化以产生小孔，边缘氧化降低了碳烟团聚状态，并产生大孔。然而，催化作用下碳烟氧化情况完全不同。碳烟在催化氧化过程中，与催化剂接触部分率先发生剧烈氧化，产生大量小孔隙结构，随着氧化的进行，小孔隙被逐渐扩大、融合形成大孔隙，导致碳烟孔隙结构变化，造成碳烟氧化活性的改变。碳烟孔隙结构影响氧气扩散，氧气在多孔结构碳烟中扩散越快，氧化反应越剧烈[3]。碳烟孔隙结构的变化引起比表面积的变化，较大的比表面积有利于碳烟与氧气充分接触，促进了氧化活性提高[4,5]。

第 1 章　柴油机颗粒物理化特性概念介绍及研究意义　3

图 1.1　颗粒物的微晶排列[2]

1.1.4　柴油机颗粒物纳观结构

柴油机颗粒物的纳观结构主要指微晶的排列、晶体缺陷等。Pahalagedara 等[6]基于碳黑的活性与比表面积的关系，以及二者的变化趋势，提出了碳黑的纳观结构模型，如图 1.2 所示。该模型与 Heidenreich 等[7]提出的碳黑模型相似。颗粒物的纳观结构由内核和外壳两部分组成，内核由细小的颗粒和排列无序的碳微晶构成；外壳由同心、排列有序的微晶组成。作者将建立的纳观模型与 HR-

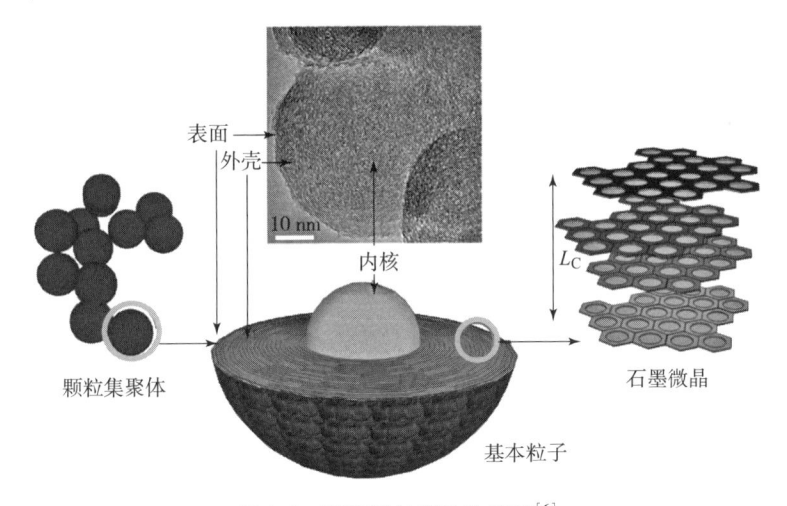

图 1.2　碳黑的纳观结构模型[6]

TEM 图像进行了对比，通过纳观模型直观地解释了颗粒物的内核、外壳、微晶层间距等。基于实际拍摄的纳观结构的图像可以分析柴油机颗粒物微晶长度、微晶曲率和微晶层间距的分布情况，进而获得可量化的颗粒物纳观结构。

拉曼光谱是由分子的振动导致极化率的变化而引起的散射光谱。作为一种常规的非破坏性结构的分析方法，其入射光谱的频率与散射光谱的频率不同，根据散射光谱的频率可以判断物质的分子结构。柴油机颗粒物的一阶拉曼光谱包含有两个峰：一个约 1 590 cm^{-1}，标记为"G"峰，由 E_{2g} 对称中心模式的伸缩振动引起[8]；另一个约 1 340 cm^{-1}，标记为"D"峰，由 A_{1g} 对称模式的 K 带边环呼吸振动引起[9-11]。G 峰和 D 峰在大部分无序碳的拉曼光谱中占主导地位。G 峰出现于任意的 sp^2 键之间的伸缩振动，包括 C=C 和芳香环，D 峰仅出现于环分子中的 sp^2 的呼吸模式，因此 D 峰与 G 峰强度的比值 I_D/I_G 随着每簇中环数的减少而降低，随着链簇数的增加而降低[12]。

G 峰和 D 峰的半高宽与颗粒物的无序程度、石墨化程度紧密相关，根据颗粒物中无序程度和石墨化程度的相对大小，可以将碳材料由无定形碳转变为石墨碳的过程分为三个阶段[13]：sp^3 非晶石墨到 sp^2 非晶石墨；sp^2 非晶石墨到纳米石墨；纳米石墨到完美石墨。D 峰和 G 峰的强度比 I_D/I_G 在三阶段模型中，初始强度值为 0，在转化过程中先增加后降低，在第三阶段最后降为 0，链簇全部变为环簇。Tuinstra 和 Koenig[12] 指出，I_D/I_G 与石墨微晶尺寸或微晶内相关长度 L_a 成反比。

X 射线衍射（XRD）是目前研究晶体结构（如原子或离子及其基团的种类和位置分布、晶胞形状和大小等）最有力的方法。衍射谱上可以直接得到的物理量有三个，即衍射峰位置（2θ）、衍射峰强度（I）及衍射峰形状（$f(x)$）。粉末衍射可解决的任何问题或可求得的任何结构参数一般都是以这三个物理量为基础的。

1.2 研究背景及意义

随着我国汽车工业的飞速发展，居民生活水平的提高，汽车产销量仍将保持较快的增长，截至 2023 年 9 月，我国汽车保有量已超过 3.3 亿辆。在石油大量消耗的同时，汽车行业的快速发展带来了严重的环境污染问题，汽柴油燃烧过程中产生了大量的有害物质，同时排放的CO_2加剧了全球变暖。汽柴油燃烧生成的有害物质主要包括常规排放和非常规排放，常规排放物为一氧化碳（CO）、碳氢化合物（HC）、氮氧化物（NO_x）、颗粒物（PM），非常规的内燃机排放物为醛类、酮类、多环芳烃（PAH）等。2022年全国机动车污染物排放氮氧化物526.7万吨、颗粒物5.3万吨、碳氢化合物191.2万吨、一氧化碳743.0万吨[14]。汽车是污染物排放的主要贡献者，其CO、HC、NO_x、PM占比超过90%，柴油车排放的PM超过机动车排放总量的90%[14]。柴油机由于热效率高、耐用性强被广泛应用于重型汽车、大型客车、工程机械、船舶等领域。柴油机的减污降碳、协同增效是内燃机行业的迫切需求，是助力交通运输等领域实现"双碳"目标的重要保障。

柴油机颗粒物的空气动力学直径大都处于亚微米、纳米量级，细小的微粒能够长期悬浮于空气中。由于高压共轨、涡轮增压等先进技术的使用，使颗粒物的生成与演化历程、高温热力学和动力学反应及颗粒物的理化性质发生了变化，导致柴油机颗粒物的粒径显著下降[15-18]。与大粒径的颗粒物相比，小粒径的颗粒物的危害更大。小粒径颗粒物更容易随空气进入呼吸系统，长期附着在黏膜上引起呼吸道疾病，且小粒径颗粒物不容易排出体外；颗粒物上附着有大量的有机成分，如醛类、酮类、PAH等，PAH具有强烈的致癌、致畸、致突变等特性，对人体危害较大。同时，柴油机排气颗粒物是造成雾霾的主要污染物之一，严重威胁生态环境和人类健康。

为此，世界各国都制定了日趋严格的排放法规，以有效控制颗粒物排放。我国国六排放标准已经于2019年开始实施，国六排放标准严控了PM的排放限值，总体目标是在国五的基础上再降低30%排放。与之前排放法规不同的是，国六排放标准（表1.1）严格限制了柴油机和直喷汽油机颗粒物的数量排放。对于进气道喷射的汽油机，颗粒物排放的质量浓度和数量浓度分别为0.02~0.27 mg/m^3和$4.2×10^5$~$7.9×10^6$ cm^{-3}[19]。汽油机缸内直喷的使用使尾气中颗粒物的质量浓度和数量浓度显著增加，颗粒物排放的质量浓度和数量浓度分别约为1 mg/m^3[20]和$1.5×10^8$ cm^{-3}[21]。对于柴油机，尾气中颗粒物质量浓度和数量浓度分别为约

17.6 mg/m³[22]和$0.5 \times 10^8 \sim 2.5 \times 10^8$ cm⁻³[23]。直喷汽油机和柴油机排放的颗粒物的数量浓度已经达到同一数量级。

表1.1 国六排放标准中颗粒物的限值

类别	级别	基准质量/kg	限值 颗粒物①（PM） L_5/(mg·km⁻¹) PI	CI	颗粒数量①（PN） L_6/(mg·km⁻¹) PI	CI
M	—	全部	5.0/4.5	5.0/4.5	6.0×10^{11}	6.0×10^{11}
N₁	Ⅰ	RW≤1 305	5.0/4.5	5.0/4.5	6.0×10^{11}	6.0×10^{11}
N₁	Ⅱ	1 305＜RM≤1 760	5.0/4.5	5.0/4.5	6.0×10^{11}	6.0×10^{11}
N₁	Ⅲ	1 760＜RM	5.0/4.5	5.0/4.5	6.0×10^{11}	6.0×10^{11}
N₂			5.0/4.5	5.0/4.5	6.0×10^{11}	6.0×10^{11}

①点燃式汽油机PM的限值仅适用于装有直喷发动机的车辆。

目前，针对柴油机颗粒物排放控制的技术主要包括机内净化和机外净化。机内净化主要是通过改善缸内燃料的燃烧抑制颗粒物的生成，从根源处减少颗粒物的排放；机外净化是指颗粒物生成后，通过一定的技术手段防止颗粒物排放到大气中。采用先进的燃烧技术能够有效降低颗粒物的排放，但是仍旧不能达到排放法规的需求，需要采用有效的后处理技术才能满足排放法规对颗粒物排放的要求。

柴油机颗粒捕集器（DPF）作为降低颗粒物排放最有效的技术手段，对颗粒物的捕集效率高达95%以上[24]。柴油机颗粒捕集器工作示意如图1.3所示。楼狄明等[25]的研究结果表明，DPF对颗粒物的净化效果达

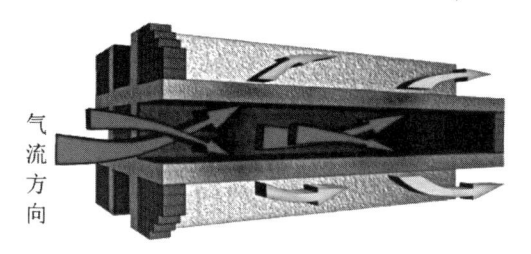

图1.3 柴油机颗粒捕集器工作示意图

98%以上，通道密度（CPSI）的值越高，过滤体的初始捕集效率越高；过滤壁厚度增加，会使颗粒捕集器的初始效率增大。

随着沉积到DPF滤芯上颗粒物的增加，会导致发动机排气背压增大，影响发动机的动力性、经济性，使柴油机性能恶化。DPF工作过程中需要阶段性再

生，以防止柴油机燃油经济性、动力输出的显著下降。DPF 再生通常采用燃油后喷的方式提高尾气温度，使滤芯上沉积的颗粒物温度达到氧化温度，将被捕集的颗粒物高效去除，但是燃油后喷造成了燃油消耗率和碳排放的显著增加。在某测试路段中，DPF 再生导致平均燃油消耗率增加了 13% 左右[26]。同时，有 DPF 再生的测试循环平均颗粒物排放因子为无 DPF 再生测试循环的 27 倍左右（图 1.4）。DPF 再生过程中，燃油消耗率的增加很大程度上取决于燃油后喷策略。高效的燃油后喷策略不仅可以有效减小整车的燃油消耗率和碳排放因子，而且可以降低 DPF 滤芯烧蚀和烧裂的风险。颗粒物氧化特性的研究可以有效指导 DPF 结构设计和再生策略。颗粒物氧化过程中，理化特性发生显著变化，反过来影响颗粒物的氧化特性。

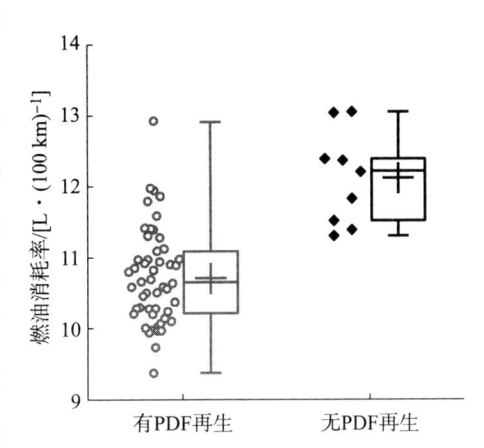

图 1.4 DPF 再生对燃油消耗率的影响

本著作将从颗粒物的氧化特性出发，明晰影响颗粒物氧化特性的相关因素，揭示颗粒物氧化特性与颗粒物理化特性之间的内在联系，进而为柴油机 DPF 高效、低碳再生奠定良好的基础。

1.3 著作章节内容安排

本著作的章节内容安排如下：

第 1 章：柴油机颗粒物理化特性概念介绍及研究意义

第 2 章：颗粒物理化特性分析方法介绍

第 3 章：高温预处理及等离子体对颗粒物热重特性影响

第 4 章：等离子体对柴油机颗粒物氧化动力学特性影响

第 5 章：等离子体对柴油机颗粒物微晶排列的影响

第 6 章：等离子体对柴油机颗粒物的拉曼特性影响

第 7 章：排气过程中柴油机颗粒物理化特性的变化

第 8 章：柴油机颗粒物老化过程中氧化活性恢复特性

第 9 章：柴油机颗粒物单阶段 – 多阶段氧化过程动力学分析

第 10 章：柴油机颗粒物灰分空气氛围中对颗粒物催化氧化效果

第 11 章：空气氛围中催化氧化反应对碳烟理化特性影响

第 12 章：类尾气环境中催化氧化反应对碳烟理化特性影响

第 13 章：汽车驻车过程中碳烟理化特性的变化

第 2 章
颗粒物理化特性分析方法介绍

为了准确分析柴油机颗粒物的理化特性,需要针对颗粒物理化特性测试方法进行详细叙述。本章将针对本著作中涉及的颗粒物理化特性测试的相关方法进行介绍。

2.1 颗粒物氧化特性分析方法

2.1.1 柴油机颗粒物热重分析

常采用的研究颗粒物氧化特性的方法为热重实验,通过温度控制程序的方法,在氧化氛围中观察颗粒物的质量随加热温度的变化情况,如图 2.1 所示。升

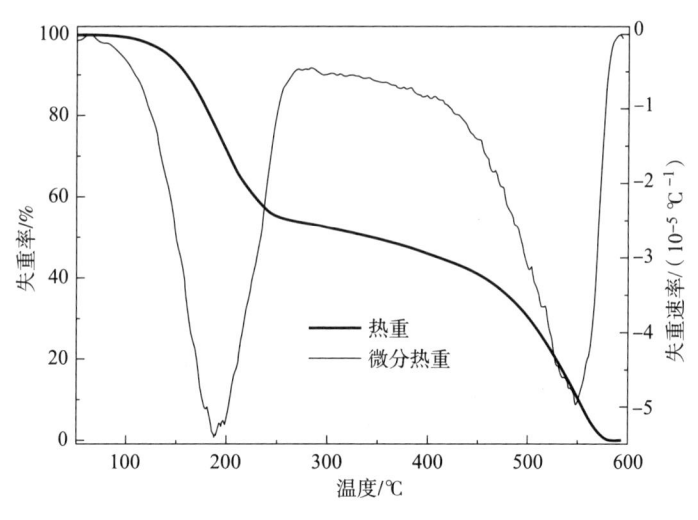

图 2.1 热重曲线

温速率提高导致颗粒在单位温度范围内的氧化时间缩短，使颗粒物的热重曲线随升温速率的提高向温度升高的方向移动。热重实验过程中，颗粒物的质量和载气的流量严重影响实验结果的准确性，颗粒物样品质量过小或载气流量过大可能导致热重曲线、微分热重曲线的波动较大；质量过大或载气流量较小时，颗粒物氧化过程中可能出现质量传递和热量传递限制，导致颗粒物的氧化速率陡增，热重曲线失真[27,28]，使基于热重实验结果计算得到的颗粒物的氧化动力学参数与真实值之间出现较大的偏差。

2.1.2　柴油机颗粒物差式扫描量热法

热重曲线、微分热重曲线可以表征颗粒物样品失重率、失重速率及特征温度的大小，是加热过程中物理反应和化学反应综合作用的结果；放热率曲线表明，在化学反应过程中样品放热量及放热速率的大小，由单纯的化学反应引起。由于热重实验的失重过程中包含物理因素和化学因素，而放热率曲线是由化学反应引起的，所以微分热重曲线和放热率曲线的峰值点对应的温度可能有一定偏移。获得颗粒物的放热率曲线之前需要先做空白实验，利用空白实验将颗粒物的放热率曲线沿基线拉平，获得颗粒物的实际放热率曲线，如图2.2所示。

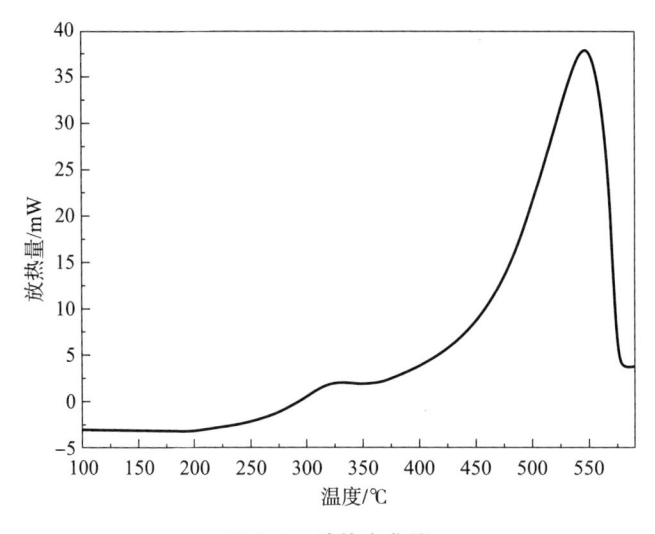

图2.2　放热率曲线

2.1.3 氧化动力学参数计算

基于热重实验结果，可以计算得到颗粒物的氧化动力学参数，包括指前因子 A（Pre-exponential Factor）、活化能 E（Activation Energy）、反应机理函数 $f(x)$、化学反应速率常数 $k(T)$。常用于计算化学反应动力学参数的方法是基于 Arrhenius（阿伦尼乌斯）方程[29]。Arrhenius 方程是以路易斯的有效碰撞理论作为前提，建立在等温及均相反应的基础上的。Arrhenius 方程见式（2.1）：

$$\frac{d\alpha}{dt} = k(T) \cdot f(\alpha) \tag{2.1}$$

式中，$\frac{d\alpha}{dt}$、$k(T)$、$f(\alpha)$、α 分别为样品的失重速率、化学反应速率常数、反应机理函数、失重率。化学反应速率常数为温度的函数，见式（2.2）：

$$k(T) = A \cdot \exp[-E/(RT)] \tag{2.2}$$

式中，E（kJ/mol）为反应物的活化能；A（s^{-1}）为指前因子；T（K^{-1}）为热力学温度；R（8.314 J·mol^{-1}·K^{-1}）为普适气体常量。常用的计算化学反应动力学参数的方法为匀速升温法，基于热重实验结果计算颗粒物的氧化动力学参数。

2.1.3.1 恒升温速率法

将加热速率 $\beta = dT/dt$ 代入式（2.2），两边取对数可得

$$\ln\frac{\beta d\alpha}{dT} = \ln[A \cdot f(\alpha)] - \frac{E}{RT} \tag{2.3}$$

当转化率 α 为定值时，$\ln(\beta d\alpha/dT)$ 与 $1/T$ 满足一次函数关系，在不同加热速率情况下，求得斜率，即可通过斜率求出样品的活化能 E，式（2.4）称为动力学方程的微分形式（FWO）。

令 $f(\alpha) = 1/g'(\alpha)$，则

$$g(\alpha) = \int_0^\alpha \frac{d\alpha}{f(\alpha)} = \frac{A}{\beta}\int_{T_0}^T \exp[-E/(RT)]dT = \frac{A}{\beta}\int_0^T \exp[-E/(RT)]dT \tag{2.4}$$

采用 Doyle 近似[30]，可得

$$\ln\beta = \ln[AE/Rg(\alpha)] - 2.315 - 0.4567 \cdot E/(RT) \tag{2.5}$$

当转化率 α 为定值时，$\ln\beta$ 与 $1/T$ 满足一次函数关系，在不同加热速率条件

下求得斜率，即可求出活化能 E，式（2.5）称为动力学方程的积分形式（FRL）。

2.1.3.2 改进的动力学计算方法

采用上述方法计算柴油机颗粒物的活化能，需要获得颗粒物的热重、微分热重曲线。柴油机颗粒物的主要成分包括碳烟、有机成分、无机盐、少量金属。采用恒升温速率法获得颗粒物的热重曲线主要有两种方法：一种方法是将柴油机颗粒物直接在热重分析仪中匀速升温，近似将热重过程中的质量损失认为均是由颗粒物的氧化反应引起的。然而，在匀速升温过程中，部分有机成分在达到其氧化温度之前已经开始挥发，导致计算氧化动力学参数过程中造成数据失真，颗粒物氧化速率偏大；另一种方法是将柴油机颗粒物在惰性气体氛围中加热至 450 ℃，除去颗粒物中含有的挥发性有机成分，降至室温后，将载气切换为氧化氛围，进行热重实验。此方法认为颗粒物上附着的有机成分对颗粒物的氧化动力学参数没有影响；在除去挥发性有机成分的过程中，部分含氧有机成分在高温环境中分解，含氧有机成分为颗粒物的氧化提供了活性位点，且柴油机颗粒物中的无定形碳主要是由含氧有机成分引起的。活性位点和无定形碳均有助于提高颗粒物的氧化活性，去除挥发性有机成分降低了颗粒物的氧化活性；加热过程中导致颗粒物的石墨化程度加剧，也降低了颗粒物的活性；在高温环境中，颗粒物微晶重新排列，导致颗粒物微观结构的变化，从而引起氧化特性的改变。采用此方法计算获得的动力学参数并非柴油机颗粒物实际的动力学参数。这两种方法都人为地增大了动力学参数计算结果的误差，不能准确反映颗粒物的氧化动力学特性。基于颗粒物氧化过程中的放热率曲线，本书提出了改进的动力学参数计算方法。

通过差示扫描量热法可以获得颗粒物的放热率曲线，颗粒物的放热量是由有机成分、碳烟发生化学反应造成的，整个过程记录的均为化学反应过程。颗粒物在整个氧化过程中的放热量为 H_∞，将任意温度点之前总的放热量表示为 H_i，任意温度对应的放热速率为 dH_i/dT，对应的等效失重率 $\alpha_i = H_i/H_\infty$，等效失重速率为 $dH_i/(dT \cdot H_\infty)$。该方法假设颗粒物的放热率与失重速率成正比，通过放热率曲线获得等效热重曲线和等效微分热重曲线。

将等效失重率 $\alpha_i = H_i/H_\infty$、等效失重速率 $dH_i/(dT \cdot H_\infty)$ 代入式（2.3），可得

$$\ln\frac{\beta dH_i}{dT} = \ln\left[A \cdot f\left(\frac{H_i}{H_\infty}\right)\right] + \ln H_\infty - \frac{E}{RT_i} \quad (2.6)$$

将等效失重率 $\alpha_i = H_i/H_\infty$、等效失重速率 $dH_i/(dT \cdot H_\infty)$ 代入式（2.3），可得

$$\ln\beta = \ln\left[\frac{AE}{R_g(H_i/H_\infty)}\right] - 2.315 - 0.4567\frac{E}{RT_i} \quad (2.7)$$

将式（2.6）、式（2.7）称为改进的动力学方程的微分形式和积分形式。改进的动力学方程排除了计算动力学参数时有机成分挥发（物理因素）造成的影响；同时，差示扫描量热仪的测量结果不受外界环境（噪声、震动）的影响，减小了测量误差。

2.2 颗粒物主要成分检测

柴油机颗粒物主要成分分析可以基于热重特性曲线，认为在 400 ℃ 条件下颗粒物的失重率即为颗粒物中挥发性有机成分的含量，颗粒物完全氧化后剩余的质量为颗粒物中的灰分，其余即为颗粒物中碳烟的质量（图 2.3）。通过该方法可以获得颗粒物中总的挥发性有机成分的含量，但是不能有效区分有机成分的种类及相应的含量。

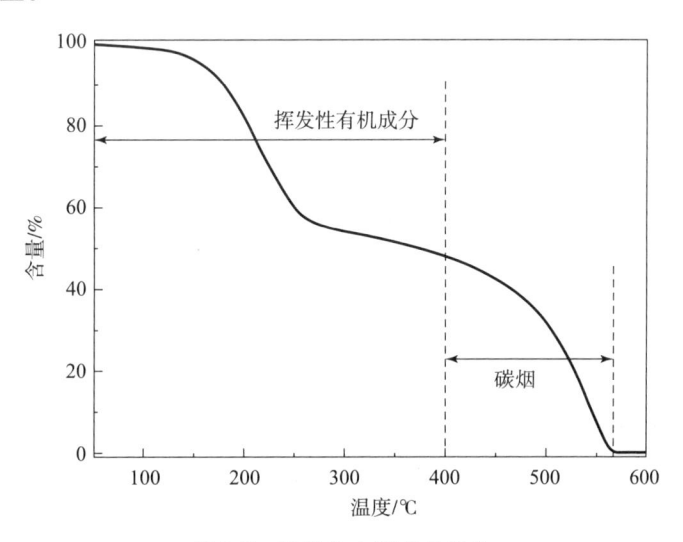

图 2.3 颗粒物主要成分划分

使用气相色谱联用仪对颗粒物中的有机成分进行全扫描或者部分扫描获得特定种类的有机成分的含量。气相色谱质谱联用仪检测颗粒物中有机成分种类及含量的过程中需要，需要利用有机溶液将颗粒物中的有机成分萃取到有机溶剂中。混合物样品经色谱柱分离后进入质谱仪离子源，在离子源被电离成离子，离子经质量分析器、检测器之后即成为质谱信号并输入计算机。样品由色谱柱不断地流入离子源，离子由离子源不断进入分析器并不断得到质谱，只要设定好分析器扫描的质量范围和扫描时间，计算机就可以采集到一个个质谱。计算机可以自动将每个质谱的所有离子强度相加，显示出总离子强度。总离子强度随时间变化的曲线就是总离子色谱图。总离子色谱图的形状和普通的色谱图是相一致的，可以认为是用质谱作为检测器得到的色谱图。

采用红外光谱可以有效检测颗粒物中含有的官能团，并对红外光谱曲线进行分峰拟合，即可获得颗粒物中不同种类的官能团在颗粒物中所占的比重，如图2.4 所示。

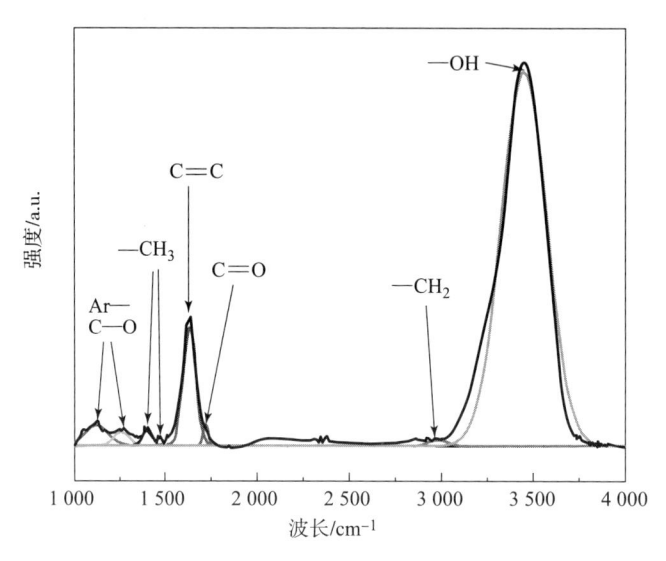

图2.4 颗粒物中有机成分红外光谱曲线分峰拟合

光电子能谱利用光电效应的原理测量单色辐射从颗粒物样品上打出来的光电子的动能、光电子强度和这些电子的角分布，并应用这些信息来研究原子、分子、凝聚相，尤其是颗粒物表面的电子结构的技术，主要反映的是颗粒物表面的情况。利用光电子能谱对颗粒物样品表面的元素成分进行定性、定量或半定量及价态分析,以及不同杂化轨道的比例。

2.3 颗粒物微观结构分析方法

颗粒物的微观结构同样可以采用透射电镜获得低分辨率的图像,采用 MATLAB 软件编程即可获得不同粒径大小的颗粒物的数量,进而获得柴油机颗粒物基本粒子的粒径分布(图 2.5)。

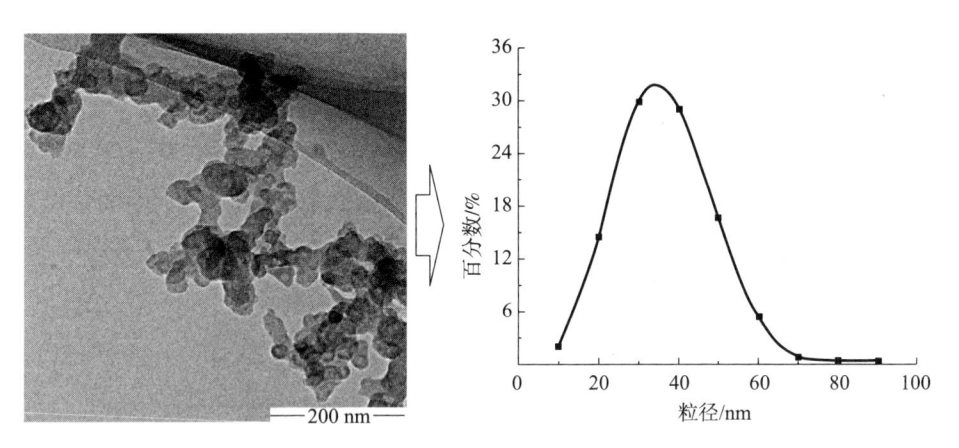

图 2.5 柴油机颗粒物基本粒子的粒径分布

柴油机颗粒物为多孔状结构,颗粒物氧化过程中,多孔状结构有助于颗粒物与氧气的接触,进而提高颗粒物的氧化速率。颗粒物的孔径分为微孔(<2 nm)、介孔(2~50 nm)、大孔(>50 nm)。孔径及比表面积分布基于孔径及比表面积分析仪,通过气体吸附法进行检测。气体吸附法测定比表面积原理,是根据气体在固体表面的吸附特性,在一定压力下,被测样品颗粒表面在超低温下对气体分子具有可逆物理吸附作用,并对应一定压力存在确定的平衡吸附量。通过测定出该平衡吸附量,利用理论模型可以等效求出样品的比表面积。通过以上方法获得的柴油机颗粒物的孔径及表面积分布如图 2.6 所示。

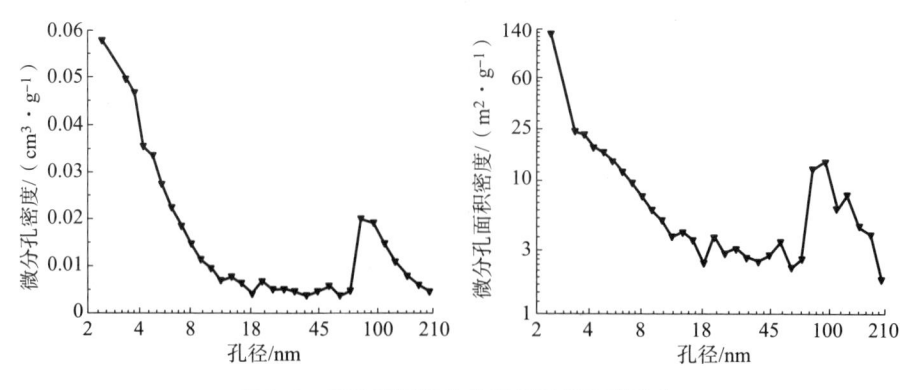

图 2.6 柴油机颗粒物的孔径及表面积分布

2.4 颗粒物纳观结构分析方法

2.4.1 颗粒物微晶排列分析方法

HRTEM 实验前，以乙醇或丙酮溶液作为有机溶剂，利用超声波萃取的方式将柴油机颗粒物制成悬浮液；将悬浮液滴在碳膜支撑的铜网上，悬浮液的浓度应尽可能小，防止颗粒物在支撑碳膜上堆积，不利于 HRTEM 图像的观察；在强光灯的照射下，将铜网上的乙醇或丙酮挥干，并将碳膜放置于高分辨率透射电镜的物镜下，通过调节透射电镜的清晰度，使碳颗粒的微观结构尽量清晰。

通过高分辨率透射电镜获得的柴油机颗粒物的图像只能定性地描述颗粒物的微晶排列，不能定量分析颗粒物微晶结构的基本特征。为了定量描述颗粒物的微观结构，需要对 HRTEM 图像进行处理，获得颗粒物的微晶参数，包括微晶长度、微晶层间距、微晶曲率。颗粒物微晶参数的提取包括图像二值化处理、图像细化、结构参数的提取。图像的二值化处理是采用阈值法，将图像处理为只包含有两个像素值（0 或 1）的图像；图像细化是指将二值化后的图像中的线条采用一定的算法细化成宽度只有一个单位像素的线条。所得到的观测结果中，微晶长度是指在细化后的图像中，从微晶的起始像素点开始计数，到终止像素点时的像素点的个数；微晶层间距是指微晶层与层之间法线方向的像素点个数；微晶曲率是指微晶长度与起始像素点和终止像素点直线距离的比值。像素点的个数需要通过分辨率换算成微晶的几何长度。本书参照宋崇林等[31]改进的图像处理原理，利用 MATLAB 软件编程计算，获得微晶长度、微晶层间距、微晶曲率的分布图像。图 2.7 所示为利用 MATLAB 软件进行图像处理的主要过程。图 2.8 所示为通过 MATLAB 软件获得的微晶长度的分布图。

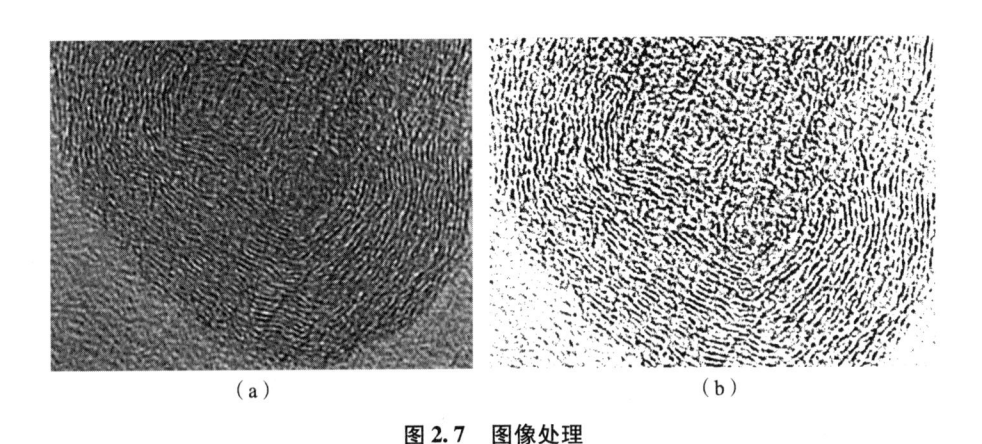

图 2.7 图像处理

（a）原始图像；（b）二值化图像

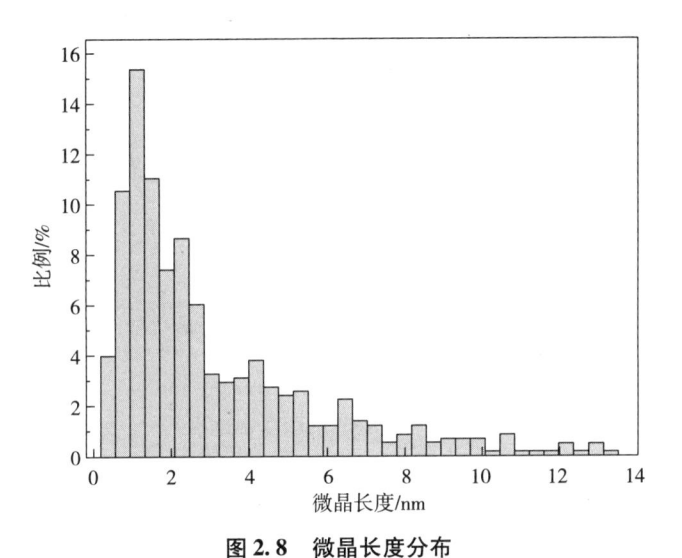

图 2.8 微晶长度分布

2.4.2 柴油机颗粒物的拉曼光谱分析方法

拉曼光谱可以根据分子的振动频率来判断含碳材料的结构信息（晶体、无定形、同分异构体等）。通过观察拉曼光谱曲线可以判定颗粒物的晶格缺陷、石墨化程度。碳颗粒的拉曼光谱包括一阶拉曼光谱和二阶拉曼光谱，通过拉曼光谱仪获得碳颗粒的一阶拉曼光谱，分析碳颗粒的晶格缺陷和石墨化程度。

碳颗粒的一阶拉曼光谱如图2.9（a）所示，横坐标为拉曼频移，即波长的倒数；纵坐标为拉曼光谱的强度。颗粒物的拉曼光谱实验前需要做空白实验，获得拉曼光谱的基线。进行拉曼光谱分析前，首先要将拉曼光谱曲线沿基线拉平，获得如图2.9（b）所示的曲线。柴油机碳颗粒的一阶拉曼光谱曲线中出现两个峰：D峰和G峰，分别对应的拉曼频移约为 1 360 cm^{-1}、1 590 cm^{-1}。D峰主要由晶格缺陷、呼吸振动产生，表明碳颗粒的无序程度；G峰主要是由于碳原子的拉伸振动产生，表明碳颗粒的石墨化程度[9,10,32]。碳颗粒的无序程度和石墨化程度都与碳颗粒的氧化活性相关[9,10,32]。对不同颗粒物的拉曼强度进行比较时，需要将拉曼强度归一化处理，使其具有可比性。

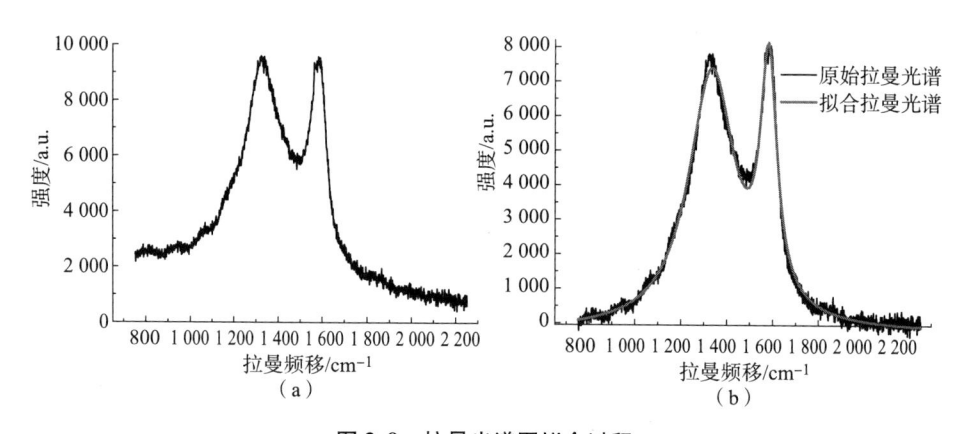

图2.9 拉曼光谱图拟合过程

（a）一阶拉曼光谱；（b）拉曼光谱拟合

将拉曼光谱曲线沿基线拉平后，需要进行拉曼光谱分析，利用ORIGIN软件中分峰拟合模块将拉曼光谱曲线进行分峰拟合。常采用的分峰拟合的方法有 D1 – G（L1G）、D1 – D3 – G（L2G）、D1 – D3 – D4 – G（L3G）、D1 – D2 – D3 – D4 – G

(L4G) 四种方法，D1、D2、D4、G 峰采用洛伦兹（Lorentz）曲线拟合，D3 峰采用高斯（Gaussian）曲线拟合，四种不同的分峰拟合方法结果如图 2.10 所示。图中虚线是将原始数据经过 ORIGIN 软件拟合后获得的原始拉曼光谱曲线，将原始数据进行高斯拟合或洛伦兹拟合，即可获得图中所示的拟合曲线。各峰对应的拉曼频移的位置如下：D1：1 360 cm^{-1}、D2：1 620 cm^{-1}、D3：1 500 cm^{-1}、D4：1 180 cm^{-1}、G：1 590 cm^{-1}。拉曼光谱的主要参数包括拉曼光谱的峰强度、峰面积、半高宽。峰强度是指峰值点纵坐标的值；峰面积是指拟合曲线与 x 轴所包围的面积；拟合后的各曲线带峰值强度一半时对应的频移范围称为半高宽，用 FWHM 表示。颗粒物拉曼光谱分析的主要参数包括峰强度比、峰面积比、半高宽。拉曼峰强度越大，表明含量越多（半定量）；半高宽越窄，表明碳颗粒中键的强度更为一致，材料的性能更为均匀，碳颗粒晶体的各向异性较小（半高宽表征碳原子的态分布，半高宽越小，态分布越统一，分子振动越统一）。拉曼峰强度、半高宽与颗粒物的氧化活性紧密相关，峰面积中同时包含了峰强度和半高宽的含义，是二者综合的反应。

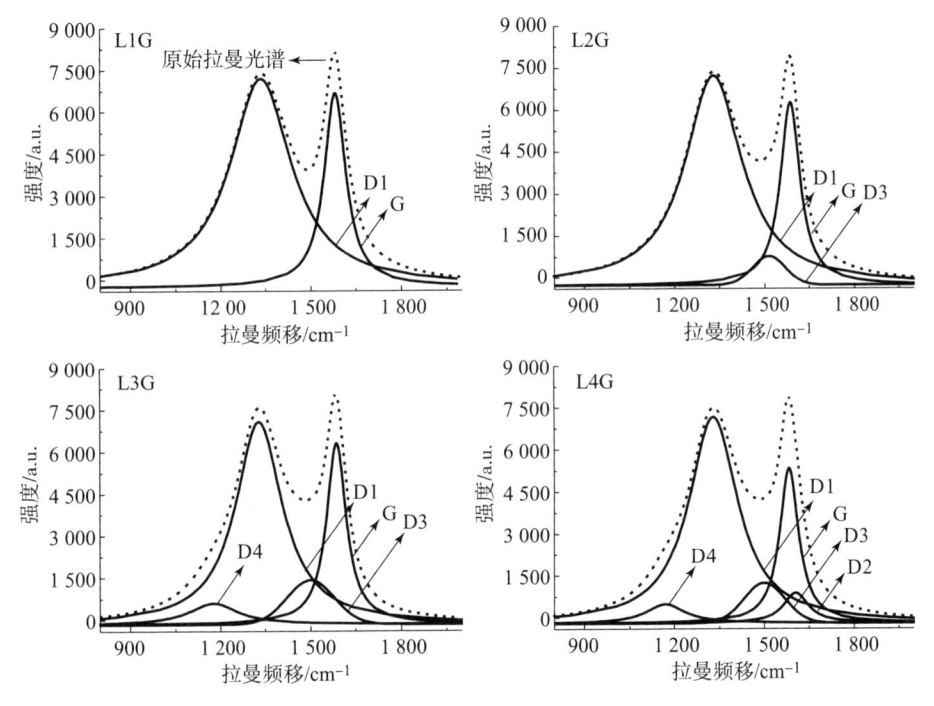

图 2.10 四种不同的分峰拟合方法结果

X射线衍射仪图谱如图2.11所示。通过XRD图谱的面积可以得到相关晶体含量；图谱面积越大，晶体含量越多。

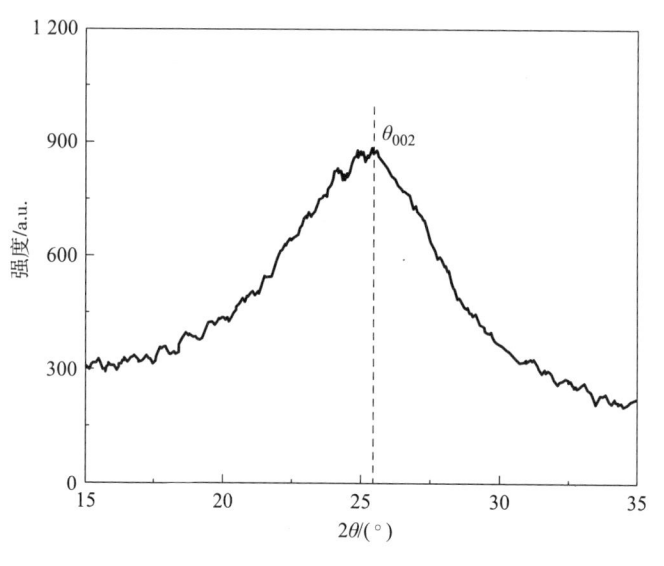

图 2.11　X射线衍射仪图谱

2.5　小结

本章针对本著作中涉及的柴油机颗粒物的理化特性的测试方法进行了详细介绍，包括颗粒物氧化特性分析方法、颗粒物成分检测方法、颗粒物微观结构分析方法，以及颗粒物纳观结构分析方法，进而为建立颗粒物氧化特性与理化特性的相关性奠定基础。

第 3 章
高温预处理及等离子体对颗粒物热重特性影响

本章针对发动机不同工况下采集的柴油机颗粒物采用不同的方法进行热重特性分析。

低温等离子体（NTP）作为一种有效降低柴油机颗粒的技术手段，具有发动机排气背压低，可同时净化尾气中 HC、CO、NO_x 等气相污染物。作者设计了对比实验，从而获得了经过 NTP 前后柴油机颗粒物的热重特性、化学反应动力学参数、微观结构、纳观结构的变化。图 3.1 为发动机实验台架示意图。柴油机部分尾气分为两路：一路通过 NTP 发生器后，流经滤网（b 点），通过真空泵排到大气中；另一路为参照实验，用于对照经过 NTP 处理后柴油机尾气成分的变化。采样点（a 点、b 点）处温度为 50 ℃。NTP 发生器如图 3.1 中虚线框部分所示，

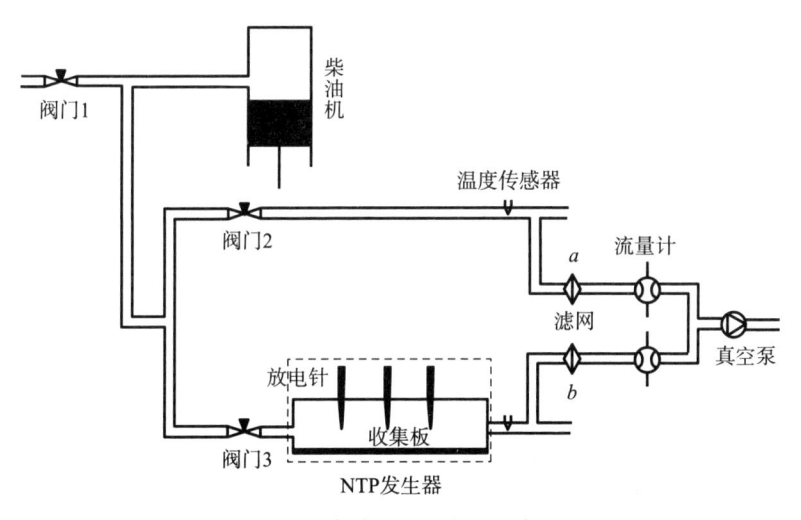

图 3.1　发动机实验台架示意图

主要由放电针、收集板、壳体三部分组成。a 点、b 点、收集板为柴油机颗粒物样品采集的三个不同位置。a 点采集的样品为发动机排出的原始颗粒物，b 点采集的样品为经过 NTP 发生器后，在等离子体区域与活性粒子发生了一定作用后逃逸到大气中的颗粒物，收集板采集的样品是被 NTP 发生器捕集的颗粒物。表 3.1 为颗粒物样品的采样工况，a、b 两点的采样温度为 50 ℃，收集板处的温度为 150 ℃左右。

表 3.1　颗粒物样品的采样工况

样品	发动机转速/(r·min^{-1})	负荷/%	采样点位置
A60		60	a 点
B60		60	b 点
C60		60	收集板
A80		80	a 点
B80	3 000	80	b 点
C80		80	收集板
A100		100	a 点
B100		100	b 点
C100		100	收集板

注：A 表示原始颗粒物；B 表示逃逸颗粒物；C 表示微粒聚集体（收集板上的颗粒物）；60、80、100 分别表示柴油机负荷。

3.1　柴油机颗粒物预处理

本章采用恒升温速率法和恒温法进行热重实验。采用恒升温速率法进行热重实验、放热率分析实验的方案见表 3.2。热重实验、放热率实验中颗粒物的取样质量均为 3~4 mg，载气流量均为 100 mL/min。由于颗粒物上附着有大量的有机成分，热重实验加热过程中，有机成分同时发生氧化和挥发现象。颗粒物氧化动力学参数的计算只涉及颗粒物的氧化反应，如果采用预处理前（未去除挥发性有机成分）颗粒物的热重实验结果来计算颗粒物的氧化动力学参数，由于挥发现象的存在，将人为地带来较大的计算误差。计算颗粒物的动力学参数时，为了避免颗粒物中有机成分挥发带来的影响,许多学者[33-35]采用方案一分析柴油机颗粒物的动力学参数,但是忽略了预处理过程对氧化特性、氧化动力学参数的影响。

表3.2 热重实验、放热率分析实验方案

步骤	预处理+氧化（方案一）	步骤	直接氧化（方案二）
1	设定载气为 N_2（100 mL/min）	1	设定载气为空气（100 mL/min）
2	以 20 ℃/min 的升温速率加热至 450 ℃	2	以 5 ℃/min、10 ℃/min、15 ℃/min 的升温速率加热至 750 ℃
3	恒温 15 min	3	自然冷却至室温
4	以 15 ℃/min 的降温速率冷却至 250 ℃		
5	载气切换为空气（100 mL/min）		说明：颗粒物的放热率分析实验的升温速率为 2.5 ℃/min、5.0 ℃/min、7.5 ℃/min
6	分别以 5 ℃/min、10 ℃/min、15 ℃/min 的升温速率加热至 750 ℃		
7	自然冷却至室温		

注：颗粒物的放热率分析实验的升温速率为 2.5 ℃/min、5.0 ℃/min、7.5 ℃/min。

在实际的 NTP 发生器再生环境下,收集板上的颗粒物常处于某较高的温度范围内,并非以上述两种方案的升温程序来升温。为了更加真实地反映 NTP 发生器再生时颗粒物的氧化特性,对部分颗粒物采用了恒温热重方法,分析了颗粒物的氧化特性,实验方案见表3.3。

表3.3 恒温热重实验方案

步骤	恒温热重（方案三）
1	设定载气为 N_2（100 mL/min）
2	以 15 ℃/min 的升温速率分别加热至 600 ℃、650 ℃、700 ℃
3	载气切换为空气
4	恒温直至样品质量不再变化
5	自然冷却至室温

柴油机颗粒物的主要成分包括碳烟、挥发性有机成分、无机盐、微量金属等,对于非增压、非高压共轨柴油机而言,挥发性有机成分所占的比例较大。挥发性有机成分对颗粒物的氧化动力学参数的影响仍然存在一定的争议[33,36-41]。采用方案一认为挥发性有机成分对颗粒物的氧化动力学参数没有影响；在预处理

过程中，颗粒物会吸收外界热量，可能使颗粒物的微观结构发生变化，而颗粒物的微观结构与颗粒物的氧化动力学特性紧密相关（预处理过程对颗粒物微观结构的影响将在下章讨论）。颗粒物中含有大量的含氧有机成分，含氧有机成分为颗粒物的氧化提供了大量活性表面积[1,42,43]。活性表面积有助于颗粒物的氧化，预处理过程中可能导致含氧有机成分的分解，降低了颗粒物的表面活性；预处理后的柴油机颗粒物的成分与原始颗粒物差别较大，已经发生了"变质"。采用方案二进行热重分析时，人为地将物理挥发过程认定为化学过程，导致实验结果的误差，甚至出现错误。为了消除上述两种分析方案带来的误差，将颗粒物样品 A60（见表3.1）进行差热量分析实验。用颗粒物氧化过程中的放热量来表示颗粒物的失重率，即基于放热率曲线的热重特性（等效热重曲线，详细过程如第 2 章所述），加热过程采用方案二。但是由于差示扫描量热仪的最高使用温度不能超过 600 ℃，为了保证不超出仪器的使用温度范围，放热率分析实验中的加热速率为 2.5 ℃/min、5 ℃/min、7.5 ℃/min。为了与放热率实验结果对比，将相同的样品以相同的升温程序进行了热重实验。

3.2 预处理前颗粒物的热重特性

柴油机排放的原始颗粒物的成分极大地依赖柴油机的运行工况，尤其是颗粒物上附着的挥发性有机成分，随发动负荷的变化比较显著。60%、80%、100% 负荷下采集的原始颗粒物的热重特性曲线如图3.2所示，升温程序如方案二。颗粒物的热重曲线呈明显的阶梯形，随着升温速率的增加，单位温度对应的氧化时间缩短，热重曲线明显右移。预处理前的颗粒物的热重曲线可以分为两个阶段：挥发性有机成分的挥发和氧化；碳烟的氧化[35,44]。在热重实验的第一个阶段主要发生有机成分的挥发和氧化：热重温度高于 150 ℃时，失重速率显著增加，主要为高挥发性有机成分的氧化和挥发；温度达到 250 ℃时，失重速率逐渐降低，主要为低挥发性有机成分的氧化和挥发；直至温度加热至 450 ℃以上时，碳烟才开始氧化，失重速率显著增加。热重温度小于 450 ℃时，失重速率先增加后降低，且相同温度范围内，不同发动机负荷下采集的颗粒物的失重率不同，主要是由于发动机处于不同负荷时，柴油机颗粒物上附着的高挥发性和低挥发性有机成分的比例不同。柴油机负荷较小时，缸内燃烧温度较低，导致缸内的未燃碳氢增加，同时碳氢化合物后期氧化减弱，使颗粒物形成过程中附着较多的有机成分，造成60%负荷工况下颗粒物的热重曲线在较低的温度范围内（<250 ℃）与80%、100%负荷时差距明显。100%负荷时，较高的缸内温度有利于未燃碳氢的氧化，但是100%负荷时，混合气的空燃比较小，未燃碳氢的生成量增加，使100%负荷采集的原始颗粒物中的有机成分较80%负荷时略微增加。在碳烟氧化阶段，60%负荷时采集的颗粒物的起始氧化温度和终了氧化温度较低，颗粒物在较低的温度下即可完全氧化，失重率曲线较为平缓；80%负荷下采集的颗粒物，受升温速率的影响大于100%负荷下采集的颗粒物样品。

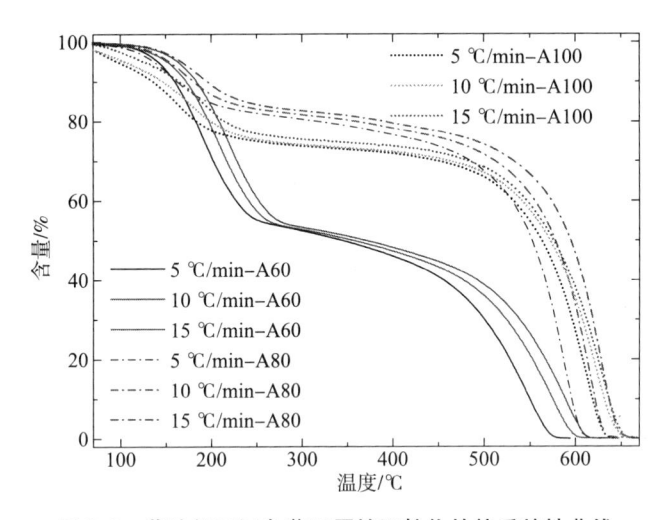

图 3.2　柴油机不同负荷下原始颗粒物的热重特性曲线

图 3.3～图 3.5 所示分别为柴油机不同负荷下采集的原始颗粒物，在不同升温速率条件下的微分热重曲线。与热重曲线相同，微分热重曲线分为两个阶段，并呈现明显的双峰状，峰值点对应的温度分别为 200 ℃、600 ℃左右。从失重速率曲线可以直观地看出颗粒物在特定温度下氧化速率的快慢。升温速率提高，峰值点温度显著右移。60%负荷下采集的原始颗粒物中的挥发性有机成分的含量比80%、100%负荷下采集的颗粒物中的挥发性有机成分的含量多，导致200 ℃温度点对应的峰值明显大于80%、100%负荷。与图3.2中现象相同，60%负荷采集的颗粒物在300～450 ℃的温度范围内微分热重曲线缓慢变化；80%、100%负

荷的微分热重曲线几乎不变，此温度范围主要为低挥发性有机成分的挥发、氧化或某些含氧有机成分的分解。80%、100%负荷下采集的颗粒物的微分热重曲线中，第一阶段的峰值较小，第二阶段的峰值较大；第二阶段中，80%、100%负荷时，碳烟氧化阶段的温度范围较60%负荷工况窄，间接地说明，80%、100%负荷下碳烟的氧化活性较60%负荷小。在较低温度范围，80%、100%负荷颗粒物的氧化速率常数较小；热重温度大于450 ℃时，氧化速率常数显著提高，失重速率显著增大。

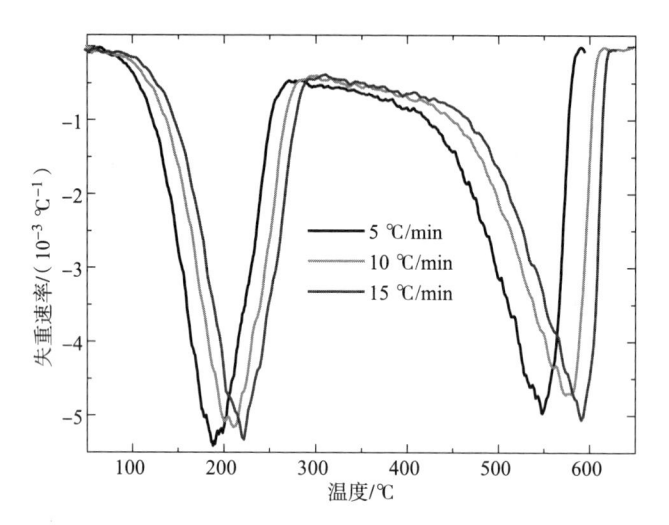

图3.3　样品A60不同升温速率下的微分热重曲线

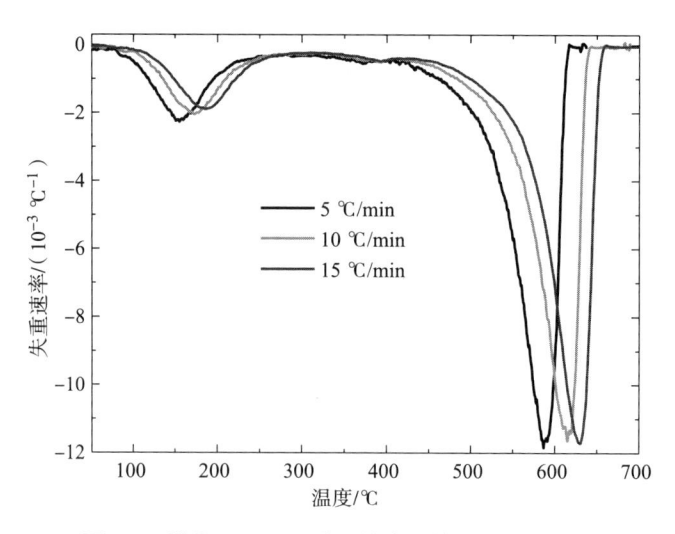

图3.4　样品A80不同升温速率下的微分热重曲线

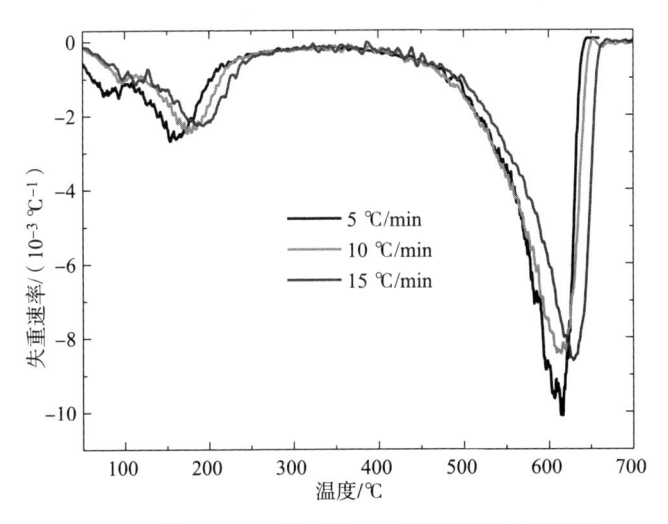

第 3 章　高温预处理及等离子体对颗粒物热重特性影响　27

图 3.5　样品 A100 不同升温速率下的微分热重曲线

为了避免由于样品质量过大而导致氧化过程中热量传递、质量传递限制而引起热重曲线、微分热重曲线失真[27,28]，热重实验所用样品的质量较小；外界环境（噪声、震动）对微分热重曲线的影响较大，尤其是失重速率较小时，外界环境的影响更为显著。以上两点导致颗粒物样品的微分热重曲线轻微地波动（图 3.5），但不影响总体趋势，在计算反应动力学参数时，将曲线拟合平滑，保证计算结果的准确性。

当 NTP 发生器正常工作时，收集板与放电针之间的等离子体区域的气体被电离，产生大量的活性粒子（e^-、O、HO、H、O_3），活性粒子具有较强的氧化性，能够氧化尾气中的部分碳氢化合物，使尾气中碳氢化合物的浓度降低；同时，流经等离子体区域的碳烟发生了部分氧化，导致其微观结构、孔隙率、比表面积变化，严重影响碳烟对碳氢化合物的吸附特性。颗粒物上附着的碳氢化合物的变化主要取决于颗粒物的吸附特性和气相碳氢化合物的浓度、采样点温度。等离子体区域中，颗粒物的氧化路径主要包括两方面：颗粒物在等离子体的作用下被直接氧化为 CO_2 和 H_2O；尾气中的 NO 在等离子体的作用下被氧化为具有强氧化性的 NO_2，NO_2 能有效氧化尾气中的颗粒物[45-58]。等离子体对碳氢化合物的氧化作用与其对颗粒物的氧化作用相似。NTP 对碳氢化合物的作用机理见式（3.1）～式（3.12）。

$$e^- + O_2 \rightarrow O + O + e^- \tag{3.1}$$

$$O_2 + O \rightarrow O_3 \tag{3.2}$$

$$H_2O + e^- \rightarrow H + HO + e^- \tag{3.3}$$

$$C + O \rightarrow CO \tag{3.4}$$

$$HC + O \rightarrow CO_2 + H_2O \tag{3.5}$$

$$HC + OH + O \rightarrow CO_2 + H_2O \tag{3.6}$$

$$HC + O_3 \rightarrow CO_2 + H_2O \tag{3.7}$$

$$HC + NO_2 \rightarrow CO_2 + H_2O + NO \tag{3.8}$$

$$HC + O \rightarrow CO + H_2O \tag{3.9}$$

$$HC + OH + O \rightarrow CO + H_2O \tag{3.10}$$

$$HC + O_3 \rightarrow CO + H_2O \tag{3.11}$$

$$HC + NO_2 \rightarrow CO + H_2O + NO \tag{3.12}$$

图3.6所示为柴油机不同负荷下,逃逸颗粒物的热重曲线。与原始颗粒物相比,流经NTP发生器后逃逸到大气中的颗粒物的物化特性发生了显著的变化。比表面积、孔隙率、粒径大小的变化导致60%和80%负荷下采集的逃逸颗粒物上附着的挥发性有机成分较原始颗粒物显著降低,而100%负荷下采集的逃逸颗粒物中挥发性有机成分的比例显著增加。推断可知,100%负荷下采集的颗粒物流经发生器的等离子体区域后,对挥发性有机成分的吸附特性显著增加。由于不

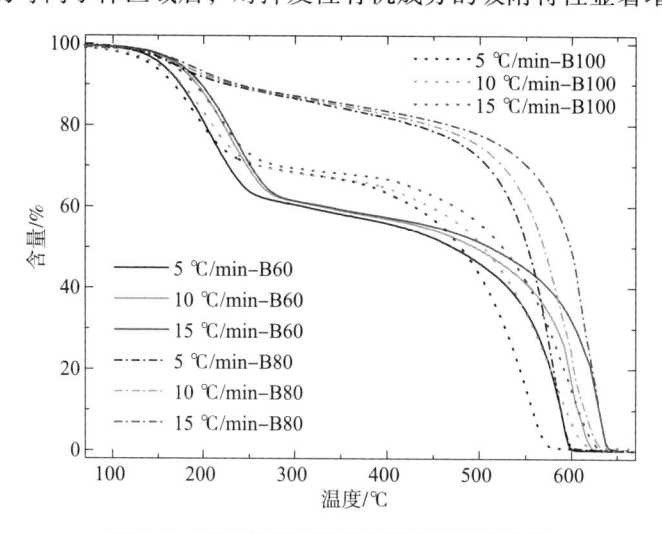

图3.6 不同负荷下逃逸颗粒物的热重曲线

同发动机负荷下生成的颗粒物在等离子体区域的氧化程度、微观结构变化、活性比表面积的变化、表面吸附活性粒子的量不同，导致等离子体对不同负荷下采集的颗粒物的氧化特性的影响不同。与原始颗粒物的热重特性曲线对比，60%负荷下采集的颗粒物的热重曲线显著向温度升高的方向移动；100%负荷逃逸颗粒物的热重曲线向左大幅度移动，且起始氧化温度和终了氧化温度受升温速率的影响比较严重；80%负荷采集的逃逸颗粒物的热重曲线略微左移。

对于 NTP 发生器收集板上捕集到的微粒聚集体，虽然因长时间停留在等离子体区域而发生了一定程度的氧化，但由于 NTP 发生器收集板距离等离子体浓度较高的区域较远，所以其氧化程度、微观结构、比表面积的变化情况与逃逸颗粒物不同。图 3.7 所示为柴油机不同负荷下，NTP 发生器收集板上捕集到的微粒聚集体的热重曲线。与原始颗粒物、逃逸颗粒物相比，微粒聚集体中挥发性有机成分的含量显著减小，部分原因是微粒聚集体的采样温度较高，为 150 ℃ 左右，比原始颗粒物和逃逸颗粒物的采样温度均高，且微粒聚集体在等离子体区域停留时间较长；微粒聚集体在收集板上的氧化程度、微观结构的变化与逃逸颗粒物的变化情况不同，导致有机成分的变化趋势与逃逸颗粒物不同。

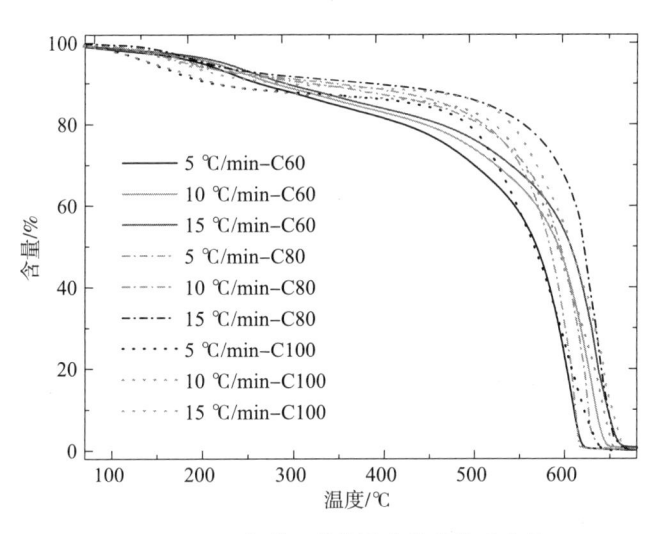

图 3.7 不同负荷下微粒聚集体的热重曲线

60%负荷采集的微粒聚集体的终了氧化温度较原始颗粒物显著提高，80%负荷和 100%负荷采集的微粒聚集体差距较小。与原始颗粒物、逃逸颗粒物的热重曲线明显不同，不同负荷下采集的微粒聚集体的终了氧化温度均在 610～670 ℃ 之间，受发动机负荷的影响较小。60% 负荷下采集的微粒聚集体由于有机成分的含量不同，以及高挥发性、低挥发性有机成分的比例不同，导致低于 500 ℃ 的温度范围内的热重曲线与 80% 负荷、100% 负荷下微粒聚集体的热重曲线有较大差异。

对于逃逸颗粒物和微粒聚集体，在等离子体区域，其物化特性发生了显著的变化。由于等离子体区域有大量的活性粒子，导致流经的柴油机颗粒物发生了一定程度的氧化，加剧了颗粒物的石墨化程度，从而引起颗粒物氧化活性的降低；部分氧化导致颗粒物的粒径减小，氧化过程中与氧气的接触面积增加，有利于提高颗粒物的氧化活性；经过等离子体区域后，颗粒物中含氧有机成分的含量发生显著变化；同时，颗粒物表面会附着一定量的活性粒子，有利于提高颗粒物的氧化活性。逃逸颗粒物、微粒聚集体与原始颗粒物氧化特性的不同，是上述几种原因综合作用的结果。不同负荷下采集体的微粒聚集体的终了氧化温度相近，在研究 NTP 发生器再生装置时，可以考虑将不同负荷下微粒聚集体的终了氧化温度简化为一个固定值，有利于再生装置的工程设计，既能够保证 NTP 发生器完全再生，又能够简化再生装置的控制理论。

3.3　预处理后颗粒物的热重特性

由上节可知，不同柴油机工况下采集的颗粒物中挥发性有机成分的差别较大，但是在热重实验的升温过程中，挥发性有机成分同时发生氧化和挥发，使颗粒物的氧化特性失真，尤其是计算动力学参数时，计算得到的动力学参数误差较大，甚至出现错误。为了消除氧化过程中有机成分的挥发带来的影响，同时，研究颗粒物上附着的挥发性有机成分对碳烟氧化的影响，对不同负荷下采集的颗粒物样品在 N_2 氛围中除去有机成分后进行热重实验，详细过程如方案一所示。

图 3.8 所示为柴油机颗粒物采用方案一进行热重实验的整个过程。在升温至 450 ℃ 的过程中，颗粒物主要发生有机成分的挥发，且低挥发性有机成分的含量较小；失重速率曲线在 200 ℃ 左右出现峰值，有机成分的挥发速率最大，该峰值点对应的温度随颗粒物的采样工况点而略微变化；在 450 ℃ 恒温过程中，颗粒物的失重速率较小，挥发性有机成分已经基本去除。热重温度降至 250 ℃ 后，将载

气切换为空气,当温度升高至400 ℃时,碳烟开始缓慢氧化,在560 ℃左右时,碳烟的氧化速率达到最大值,对应图3.8中微分热重曲线上第二个峰值点温度,直至完全氧化。本节主要研究在空气氛围中碳烟的氧化情况,即除去挥发性有机成分后持续升温至碳烟完全氧化的过程。

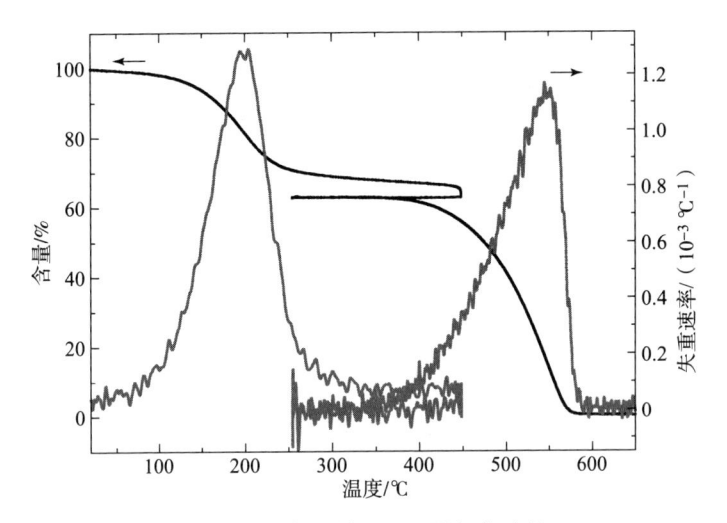

图 3.8 颗粒物的预处理及氧化过程

在颗粒物预处理过程中,有机成分不断挥发,有机成分中包含高挥发性有机成分和低挥发性有机成分。200 ℃以下颗粒物的失重是由高挥发性有机成分引起的;200~450 ℃温度区间,颗粒物的失重是由低挥发性有机成分引起的,通过颗粒物的预处理过程即可获得高、低挥发性有机成分的含量。不同负荷下采集的颗粒物样品中高、低挥发性有机成分的含量如图3.9所示。

80%负荷下采集的原始颗粒物、逃逸颗粒物、微粒聚集体与60%、100%负荷下采集的同类颗粒物相比,有机成分总含量均最少。各负荷下采集的颗粒物中,低挥发性有机成分、高挥发性有机成分、总挥发性有机成分均为原始颗粒物中的含量最高,逃逸颗粒物次之,微粒聚集体最少,微粒聚集体的采样温度较高、等离子体区域滞留时间长是有机成分含量较少的主要原因。对于原始颗粒物,发动机负荷越小,高挥发性有机成分占总挥发性有机成分的比例越高。满负荷工况下,低挥发性有机成分的含量已超过高挥发性有机成分的含量。由于高挥发性有机成分的挥发温度较低,负荷越高,缸内燃烧温度、尾气的温度越高,导致颗粒物在生成过程中附着的高挥发性有机成分的比例减少。

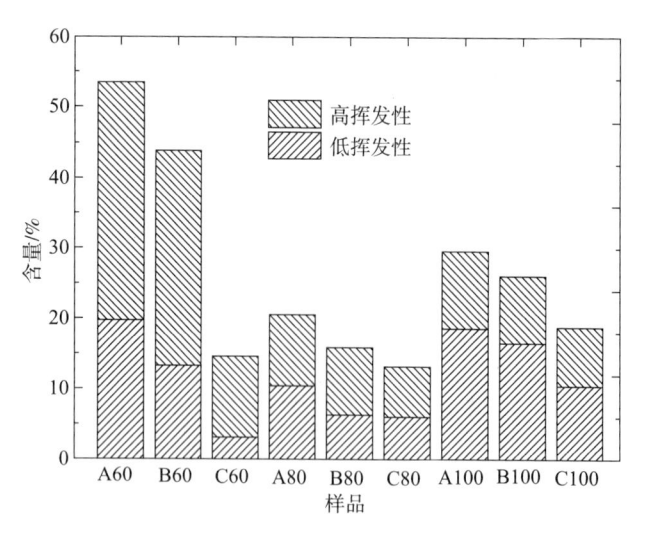

图 3.9 不同工况下颗粒物样品中有机成分的含量

颗粒物在氧化氛中进行热重实验的过程中,在低于 450 ℃ 的温度下,认为只发生挥发性有机成分的挥发、氧化,但实际上存在不可挥发性含氧有机成分的分解和氧化、碳颗粒的缓慢氧化。将采用方案二(15 ℃/min)获得的样品 A60~C100 的高、低挥发性有机成分的含量,与 N_2 氛围下获得的结果进行比较。图 3.10 所示是在不同的载气氛围下计算得到的颗粒物样品中高、低挥发性有机成分的含量。

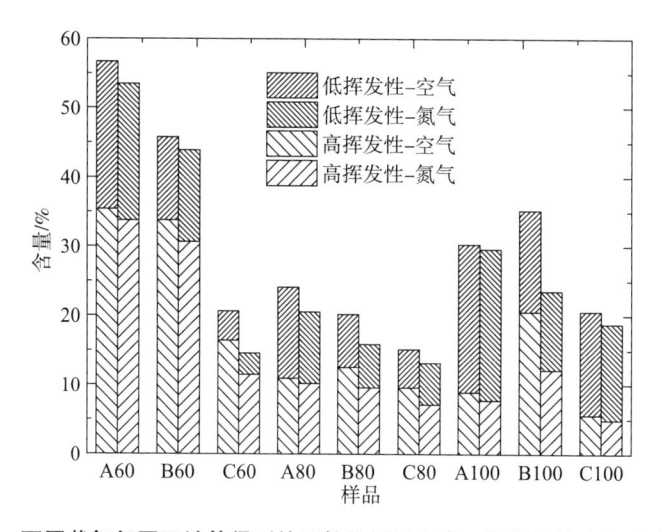

图 3.10 不同载气氛围下计算得到的颗粒物样品中高、低挥发性有机成分的含量

对于柴油机颗粒物,在空气氛围中计算得到的有机成分的总量明显高于 N_2 氛围中计算得到的有机成分的总量。说明在空气氛围中,热重温度低于 450 ℃ 时,颗粒物中的部分不可挥发性有机成分和碳烟发生了分解和缓慢氧化;在空气氛围中,计算得到的高挥发性有机成分的含量比在 N_2 氛围中计算得到的高挥发性有机成分均高,是由低挥发性有机成分、不可挥发性有机成分、碳烟的缓慢氧化所致。对于颗粒物样品 C80,N_2 氛围计算得到的低挥发性有机成分的含量略微高于空气氛围中的计算值,是由于空气氛围中,温度低于 200 ℃ 时,低挥发性有机成分的过度氧化分解导致。在 N_2 氛围中,获得的样品 B100 的有机成分的含量较样品 A100 中有机成分的含量低,但是 O_2 氛围中计算得到的结果恰好相反,说明样品 B100 中的碳烟或不可挥发性成分在 O_2 氛围中很容易被氧化分解(由于等离子体作用导致物化特性的改变)。

对预处理后的颗粒物的质量需要进行归一化处理来重新获得其热重曲线。柴油机颗粒物在 N_2 氛围中预处理后,将载气切换为空气并降温至 250 ℃ 时的质量为初始质量。图 3.11 所示为 60% 负荷下采集的颗粒物预处理后的热重特性曲线。由于颗粒物中除去了挥发性有机成分,颗粒物的主要成分为碳烟。与预处理前的颗粒物相比,预处理后的颗粒物的热重曲线只包含有碳烟的氧化过程,碳烟从 400 ℃ 开始发生缓慢的氧化反应。有机成分对颗粒物的终了氧化温度的影响不同:除去颗粒物上附着的有机成分后,原始颗粒物的终了氧化温度基本没有变

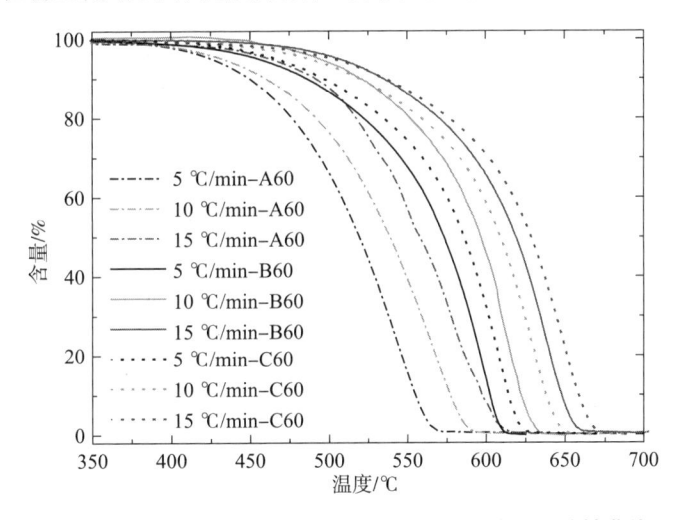

图 3.11　60% 负荷下采集的颗粒物预处理后的热重特性曲线

化,逃逸颗粒物略微升高,微粒聚集体略微降低;原始颗粒物的起始氧化温度最低,逃逸颗粒物次之,微粒聚集体的起始氧化温度最高。

图3.12所示为80%负荷下采集的颗粒物预处理后的热重特性曲线。与60%负荷相比,原始颗粒物的起始氧化温度基本相同,终了氧化温度略微降低;微粒聚集体起始氧化温度和终了氧化温度较高。预处理后,原始颗粒物和微粒聚集体的终了氧化温度均显著降低,可能除去颗粒物上附着的挥发性有机成分后,颗粒物的比表面积、孔隙率增加,导致颗粒物与O_2的接触面积增加。挥发性有机成分对颗粒物氧化特性的影响与颗粒物的生成环境、样品采集条件(有无NTP作用)密切相关。

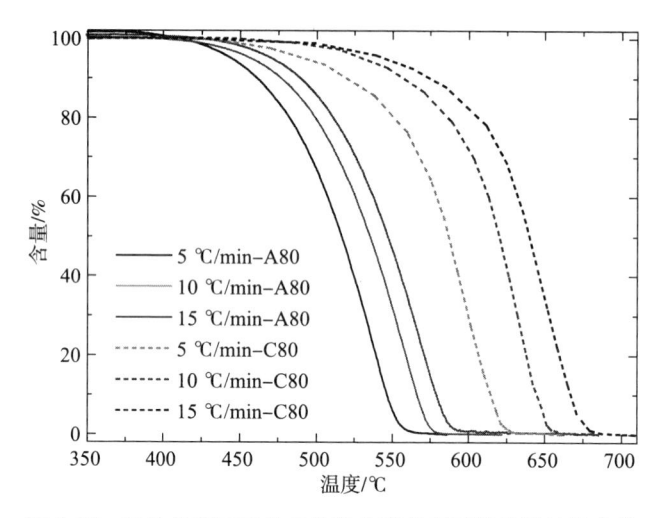

图3.12 80%负荷下采集的颗粒物预处理后的热重特性曲线

图3.13所示为100%负荷下采集的柴油机颗粒物预处理后的热重特性曲线。与预处理前的热重曲线相比,微粒聚集体、逃逸颗粒物的热重曲线向温度升高的方向移动,原始颗粒物向温度降低的方向移动,且受升温速率的影响加剧。不同发动机工况下采集的颗粒物预处理后,微粒聚集体的起始氧化温度、终了氧化温度最高。与预处理前的颗粒物不同,预处理后,微粒聚集体的热重特性曲线受发动机负荷的影响变大,对热重实验过程中的升温速率比预处理前更为敏感。预处理后的颗粒物终了氧化温度的变化趋势不同,说明挥发性有机成分对颗粒物的氧化特性有较大的影响,但是对不同工况下采集的颗粒物影响不同。与现有研究结

果相符[34,38,40,49,50]，对于不同条件下采集的颗粒物，有机成分对颗粒物氧化特性的影响有所差异。

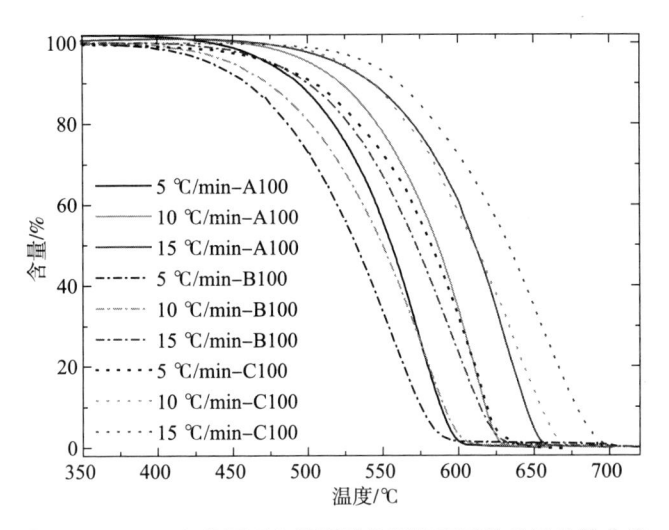

图 3.13 100%负荷下采集的颗粒物预处理后的热重特性曲线

图 3.14～图 3.15 所示分别为预处理后的样品 A100 和样品 B100 在不同升温速率下的微分热重曲线。与预处理前的颗粒物不同，预处理后的颗粒物的微分热重曲线为单峰状，颗粒物样品 A100 在不同的升温速率下，峰值点对应的温度区间为 575～630 ℃，样品 B100 对应的温度区间为 550～600 ℃。同一颗粒物在不

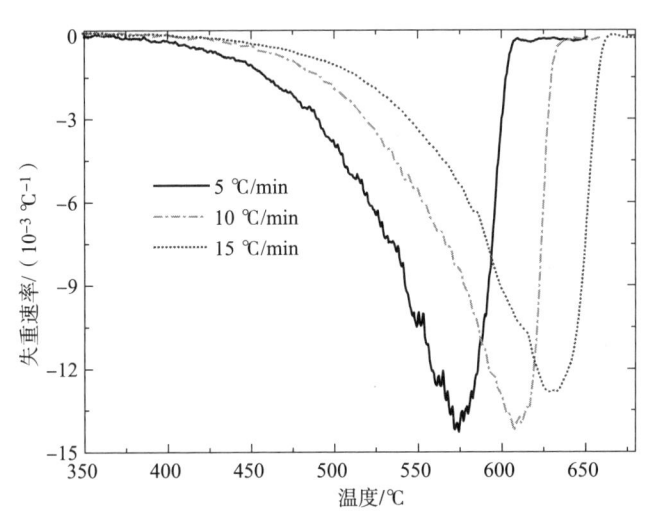

图 3.14 预处理后的样品 A100 在不同升温速率下的微分热重曲线

同升温速率下，失重速率曲线对应的峰值基本相等。升温速率越高，单位温度对应的颗粒物的氧化时间越短，导致颗粒物的微分热重曲线随升温速率的提高而向右移动。

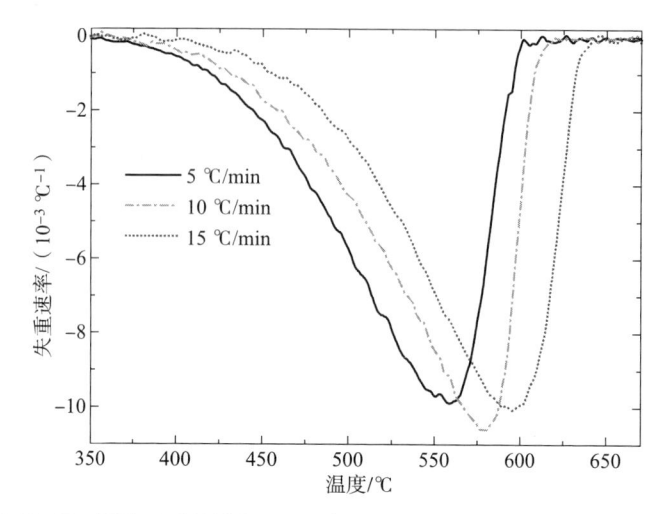

图 3.15 预处理后的样品 B100 在不同升温速率下的微分热重曲线

3.4 恒温条件下颗粒物的热重特性

NTP 发生器再生过程中，微粒聚集体的氧化升温过程与方案一及方案二不同，尾气保持在较高的温度范围，而并非从常温以恒升温速率持续升温至颗粒物完全氧化。为了研究在特定的恒温条件下颗粒物的氧化特性，对部分颗粒物样品采用方案三进行热重实验。由以上章节可知，除去有机成分后，颗粒物的终了氧化温度主要集中于 600~700 ℃。图 3.16 为样品采用方案三时，整个实验过程中的热重曲线，前半段热重曲线与方案一、方案二相似，主要为挥发性有机成分的挥发，微分热重曲线在 1 000 s 左右出现峰值；1 500~3 000 s 时，颗粒物的失重速率较小；3 000 s 左右时，颗粒物的失重速率显著增加，对应的温度为 520 ℃ 左右，此时主要为不可挥发性有机成分的快速分解，可以看出，颗粒物中不易挥发的相对分子质量大的有机成分的含量较多；3 700 s 时，对应的微分热重曲线出现瞬间变化，此过程对应方案三中载气由 N_2 切换为空气的过程。由于切换气体的过程中，需要将 N_2 瓶开关关闭，再打开空气瓶开关，不稳定气流对热重分析仪中的微量天平造成冲击，导致微分热重曲线瞬变。载气切换为空气后，颗粒物快速氧化，颗粒物的氧化速率呈现先增加后减小的趋势，直至颗粒物完全被氧化。在 2 000~3 700 s 之间，微分热重曲线的波动较大，由于在此过程中，颗粒物的失重速率较小，外界环境对颗粒物微分热重实验结果的影响加剧。载气切换为空气后，颗粒物氧化所需的时间较短，氧化速率较高。分析恒温条件下颗粒物的氧化特性，即分析将载气切换为空气之后颗粒物快速反应直至完全氧化的过程。需要将切换气体时对应颗粒物的质量作为初始质量，进行归一化处理，将此时对应的时间作为恒温热重实验的初始时间，并求导重新计算获得微分热重曲线。

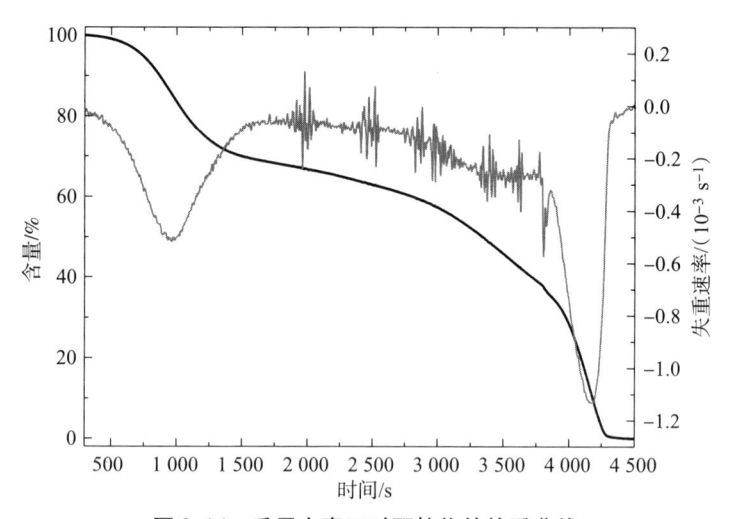

图 3.16 采用方案三时颗粒物的热重曲线

图 3.17~图 3.19 所示分别为 80% 负荷工况下采集的原始颗粒物、逃逸颗粒物、微粒聚集体在不同恒温条件下的热重、微分热重曲线。由图可知，恒温温度对热重曲线的影响较大，当温度提高时，颗粒物完全氧化所需的时间急剧缩短，原始颗粒物恒温温度从 600 ℃ 增加到 700 ℃，完全氧化所需的时间从 1 000 s 急剧降至 300 s；在 N_2 氛围升温过程中，有机成分不断分解，导致载气由 N_2 切换为空气时，颗粒物的失重速率不为零，且恒温温度越高，有机成分的分解速度越快，失重速率的值越大；微分热重曲线为单峰状，且恒温温度越高，峰值越大，峰值点对应的时间越短。与原始颗粒物相比，逃逸颗粒物和微粒聚集体氧化所需的时间较长。恒温条件下颗粒物的氧化特性与恒升温速率条件下的氧化特性不

同：颗粒物完全氧化所需的时间为微粒聚集体>逃逸颗粒物>原始颗粒物。上述提及，在 N_2 氛围中升温的过程中，温度达到 520 ℃后，颗粒物的失重速率显著增加，主要是由颗粒物中的不可挥发性含氧有机成分的分解造成的；含氧有机成分有助于提高活性表面积、氧化反应速率，含氧有机成分的分解导致氧化过程中失去了部分活性表面积，且恒温温度越高，活性表面积减小越显著；在方案一中，碳颗粒氧化前，由于在 N_2 氛围中预处理温度较低，含氧有机成分没有过多的分解，预处理过程对颗粒物氧化活性的降低作用有限。

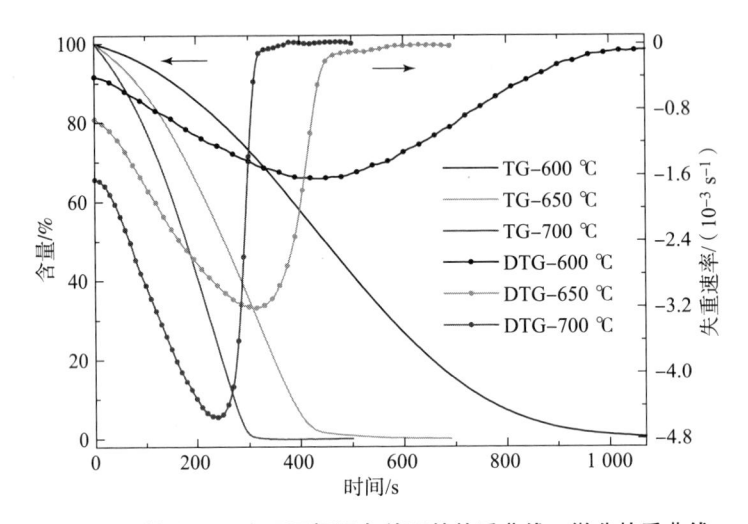

图 3.17 样品 A80 在不同恒温条件下的热重曲线、微分热重曲线

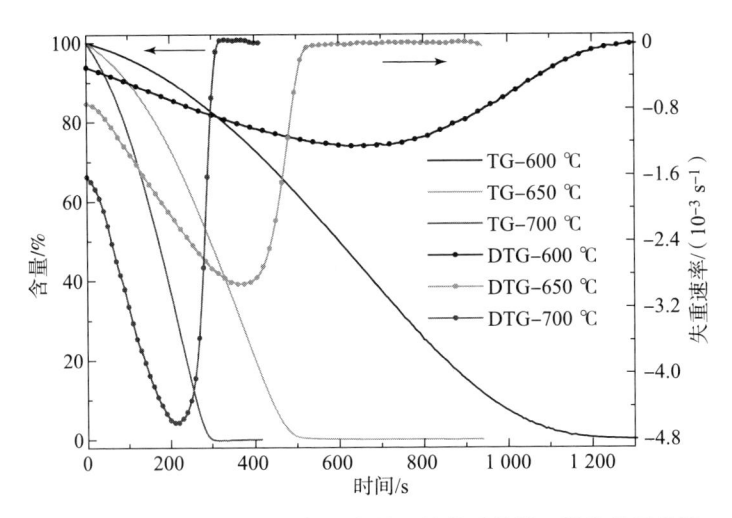

图 3.18 样品 B80 在不同恒温条件下的热重曲线、微分热重曲线

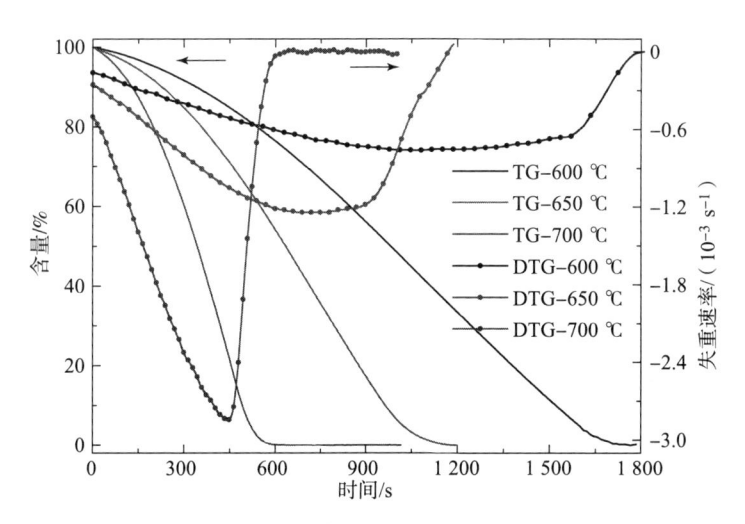

图 3.19 样品 C80 恒温条件下的热重曲线、微分热重曲线

图 3.20 和图 3.21 所示分别为发动机 100% 负荷下采集的原始颗粒物、微粒聚集体在恒温热重条件下的热重曲线、微分热重曲线。与 80% 负荷下采集的颗粒物的热重曲线相似，原始颗粒物氧化所需的时间小于微粒聚集体所需时间。发动机负荷越大，微粒聚集体完全氧化所需的时间越少。与 80% 负荷采集的颗粒物相比，100% 负荷采集的颗粒物，不同恒温条件下热重曲线的差异相对较小，表明 100% 负荷采集的原始颗粒物、微粒聚集体的氧化特性受恒温温度的影响较

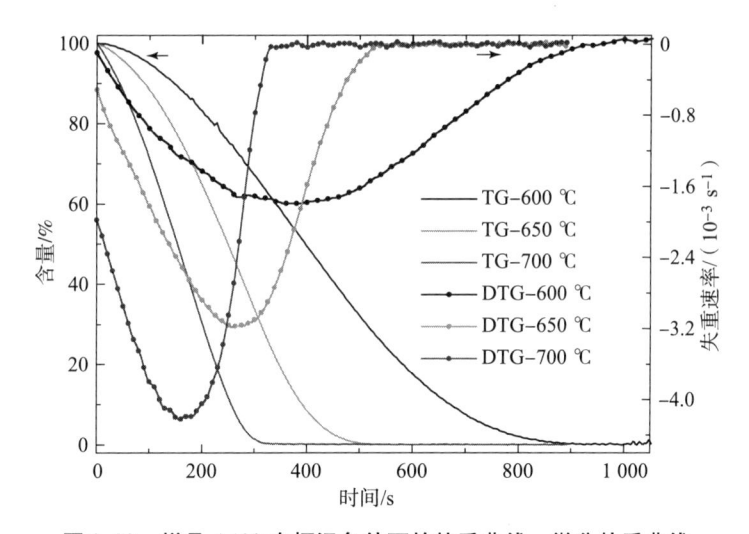

图 3.20 样品 A100 在恒温条件下的热重曲线、微分热重曲线

小。分析原因，可能是由于100%负荷时，柴油机缸内温度较高，含氧有机成分在缸内更容易分解，导致颗粒物上附着的含氧有机成分的量较少。以上结果结合分析可知，对于相同工况下的颗粒物，低挥发性有机成分的含量越高，恒温条件下氧化所需的时间越短。低挥发性有机成分含量较高，可能意味着颗粒物中不可挥发的含氧有机成分的量较高，N_2氛围升温过程中，未分解的含氧有机成分的含量较多，有助于颗粒物的氧化。

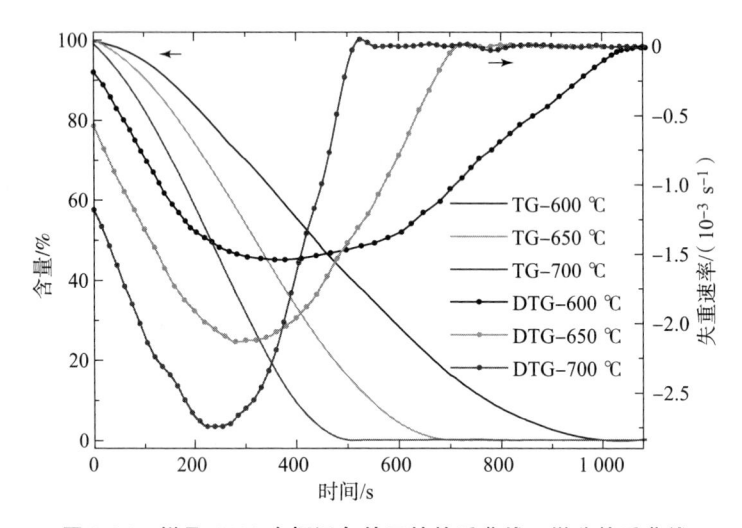

图 3.21 样品 C100 在恒温条件下的热重曲线、微分热重曲线

3.5 基于等效热重曲线的氧化特性分析

为了避免采用预处理前的颗粒物计算动力学参数过程中，有机成分的挥发造成动力学参数计算结果的误差；消除预处理后的颗粒物的成分、微观结构、活性表面积、石墨化程度的变化导致的动力学参数的失真现象，本节基于放热率法计算颗粒物的氧化动力学参数。由于差示扫描量热仪最高使用温度不能超过600 ℃，故采用60%负荷下采集的原始颗粒物，在升温速率为 2.5 ℃/min、5.0 ℃/min、7.5 ℃/min 的条件下进行热重实验。该分析方法假设放热量（放热速率）与颗粒物的失重率（失重速率）成正比，将放热率曲线归一化处理，并在相应温度区间内积分，即可获得等效热重曲线（等效微分热重曲线）。图 3.22 所示为经过归一化处理的放热率曲线，即将放热率曲线除以氧化过程中总的放热量。

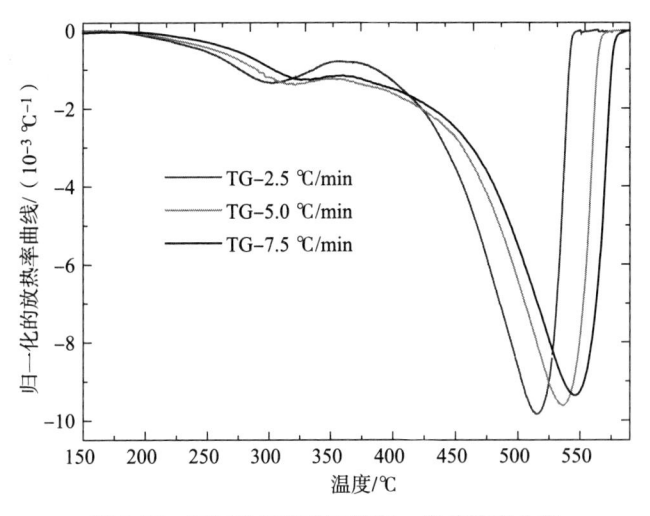

图 3.22　不同升温速率下的归一化放热率曲线

与微分热重曲线相同，归一化的放热率曲线呈双峰状，峰值点对应的温度随升温速率的提高而增加。与微分热重曲线相比，200 ℃前归一化的放热率曲线基本为 0；微分热重曲线温度超过 100 ℃时，失重速率显著增加；微分热重曲线上 185 ℃左右为峰值点温度（5 ℃/min），而归一化放热率曲线的第一峰值点对应的温度为 300 ℃左右；微分热重曲线的第一阶段的主要温度区间为 100～400 ℃，第二阶段的温度区间为 400～580 ℃，归一化放热率曲线两个主要的温度区间分别为 200～400 ℃、400～580 ℃。分析可知，在热重实验过程中，200 ℃前的失重几乎完全是由于有机成分的挥发造成的；归一化放热率曲线的第一峰值主要是由挥发性有机成分的氧化造成的；微分热重、等效微分热重曲线的第二峰值点对应的温度均为 540 ℃左右，对应颗粒物中碳烟氧化的最大速率点，也间接证明了采用归一化放热率曲线代替微分热重曲线的准确性。归一化的放热率曲线反映的是颗粒物的氧化，涉及的是化学反应，排除了物理挥发的影响，与氧化动力学计算公式反映的实质相同。

将归一化的放热率曲线在温度范围内积分即可获得基于放热率曲线的等效热重曲线，如图 3.23 所示。在与放热率分析相同升温速率条件下，样品 A60 的热重曲线如图 3.24 所示。等效热重曲线与热重曲线明显不同：在热重过程中，热重曲线呈明显的阶梯状，等效热重曲线在 400 ℃之前缓慢变化，失重率较小；对于热重曲线和等效热重曲线，颗粒物终了氧化温度相同，间接表明采用等效热重曲线计算氧化动力学参数的合理性。热重温度高于 400 ℃时，热重曲线与等效热重曲线迅速下降。预处理后的柴油机颗粒物，热重温度高于 400 ℃时，热重曲线开始缓慢下降，与颗粒物的等效热重曲线相比，已经严重失真。结合图 3.24 分析可知，采用等效热重曲线能够更真实地反映颗粒物的氧化特性，采用归一化放热率曲线计算得到的颗粒物的氧化动力学参数比采用方案一和方案二的热重实验结果计算得到的参数更准确。

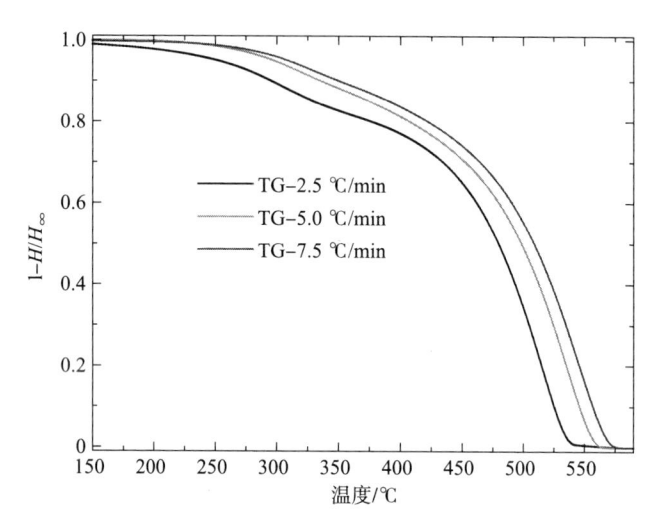

图 3.23 基于放热率曲线的样品 A60 的等效热重曲线

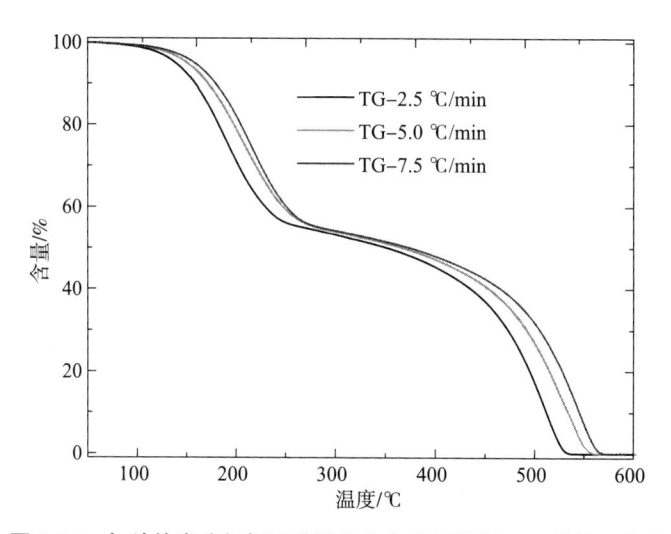

图 3.24 与放热率分析相同升温速率条件下样品 A60 的热重曲线

3.6 小结

在柴油机不同负荷下采集了原始颗粒物、逃逸颗粒物、微粒聚集体，采用三种不同的方案研究了颗粒物的热重特性；分析了发动机负荷、等离子体对柴油机颗粒物热重特性的影响；采用放热率曲线获得了等效热重曲线并进行了对比分析。主要结论如下：

（1）对于不同工况下的柴油机颗粒物，预处理前，颗粒物的热重曲线分为有机成分的挥发和氧化、碳烟的氧化两个阶段。60%负荷采集的原始颗粒物较80%、100%负荷的终了氧化温度低，且挥发性有机成分的含量最高；与原始颗粒物相比，60%、80%负荷采集的逃逸颗粒物中挥发性有机成分的含量显著降低，100%负荷时，含量显著增加；60%负荷工况下的逃逸颗粒物的终了氧化温度升高，100%负荷工况下终了氧化温度降低；三种不同负荷采集的微粒聚集体的终了氧化温度相近，60%负荷微粒聚集体的终了氧化温度较原始颗粒物提高，80%和100%负荷基本不变。

（2）对于不同负荷下采集的颗粒物样品，高挥发性有机成分、低挥发性有机成分的含量均满足原始颗粒物＞逃逸颗粒物＞微粒聚集体。在空气氛围中计算得到的高挥发性有机成分含量、挥发性有机成分总含量均大于 N_2 氛围中计算得到的数值。预处理后的柴油机颗粒物的热重曲线只包含碳烟的氧化阶段，失重率从 400 ℃ 左右开始缓慢增加；去除有机成分后，60%负荷采集的三种颗粒物终了氧化温度变化不大，80%负荷采集的原始颗粒、微粒聚集体显著降低，100%负荷采集的逃逸颗粒物、微粒聚集体显著升高，原始颗粒物降低。预处理后，微粒聚集体的热重曲线受发动机负荷影响较大，对加热速率的敏感程度增加。

（3）在恒温热重条件下，恒温温度越高，颗粒物完全氧化所需的时间越短，颗粒物在恒温条件下完全氧化所需的时间满足微粒聚集体＞逃逸颗粒物＞原始颗粒物；颗粒物氧化所需的时间极大地依赖颗粒物的采样工况；发动机负荷越大，微粒聚集体恒温热重曲线对恒温温度的影响越不敏感。

（4）归一化放热率曲线与预处理前后颗粒物的微分热重曲线有较大差别，在

300 ℃左右对应一个较小的峰值，540 ℃左右对应较大峰值，第二峰值点对应的温度与预处理前颗粒物的微分热重曲线的第二峰值点温度相同。微分热重曲线的第一个阶段的主要温度区间为 100~400 ℃，第二个主要的温度区间为 400~580 ℃，归一化放热率曲线的两个主要的温度区间分别为 200~400 ℃、400~580 ℃，且等效热重曲线第一温度区间范围内失重速率极为缓慢。

第 4 章
等离子体对柴油机颗粒物氧化动力学特性影响

本章基于柴油机颗粒物的热重曲线计算柴油机颗粒物的氧化动力学参数。

4.1 柴油机颗粒物的氧化动力学分析

本节主要采用微分、积分两种方法计算预处理前后柴油机颗粒物的氧化动力学参数：活化能、指前因子、反应速率常数，详细计算过程参见第 2 章。图 4.1 为颗粒物样品在预处理前后采用微分、积分两种方法计算得到的颗粒物的氧化动力学曲线。可以看出，采用不同的计算方法获得的动力学曲线的拟合程度较好，拟合曲线的相关系数见表 4.1。对于预处理前的原始颗粒物，失重率为 10%～30%时，采用微分、积分两种方法计算获得的动力学曲线之间的间距较大，对应的温度区间大致为 200～450 ℃。此温度区间对应颗粒物中挥发性有机成分的挥发和氧化，由于在较大的温度范围内失重率较小，导致氧化动力学曲线的间距较大。与预处理前的颗粒物相比，预处理后颗粒物的动力学曲线的分布比较均匀。在特定的温度区间内失重速率越快，则动力学曲线越密。由第 2 章积分法和微分法的计算公式可知，积分法对积分函数采用了近似求解的方法，微分法计算结果的准确性极大地依赖微分热重曲线的准确性，而微分热重的实验结果受外界环境的影响较大。由表 4.1 也可以看出，采用微分法获得的动力学曲线的相关系数普遍较积分法小，图 4.1 中采用微分法拟合动力学曲线时，拟合点偏离拟合曲线的程度较采用积分法严重。

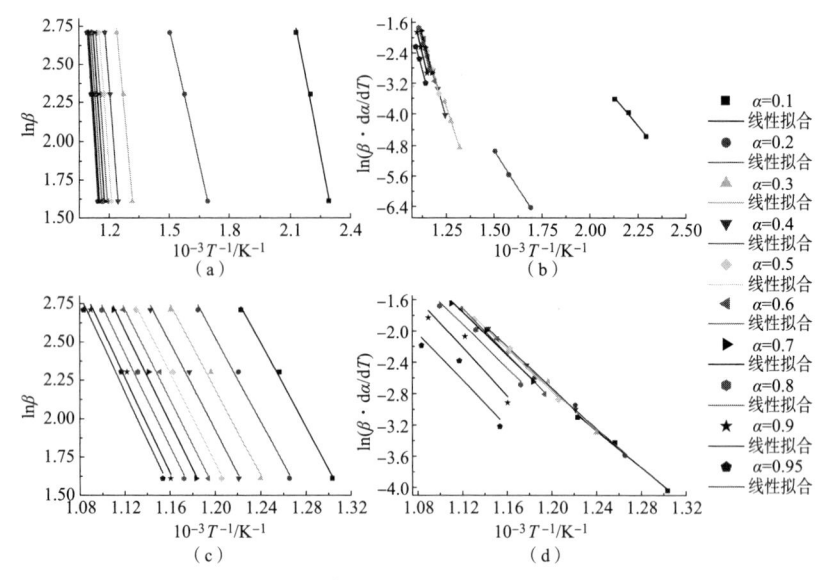

图 4.1　颗粒物样品的氧化动力学曲线

（a）预处理前 – 积分法；（b）预处理后 – 积分法；（c）预处理后 – 微分法；（d）预处理后 – 微分法

表 4.1　不同颗粒物样品采用不同的计算方法得到的动力学参数

样品	方法	范围/%	R^2	活化能范围/(kJ·mol^{-1})	活化能/(kJ·mol^{-1})	指前因子/s^{-1}	k_{450}/(Pa^{-1}·s^{-1})	k_{500}/(Pa^{-1}·s^{-1})	k_{550}/(Pa^{-1}·s^{-1})	k_{600}/(Pa^{-1}·s^{-1})
A60	R – FWO	10~95	0.921~0.999	71.9~159.4	116.6	3.12~1.18×10^3	6.81×10^{-8}	5.14×10^{-8}	9.30×10^{-8}	—
	R – FRL		0.969~1.000	68.7~173.0	118.2	—	—	—	—	—
	D – FWO		0.663~0.999	99.7~204.0	163.1	9.45×10^{-2}~9.13×10^5	5.96×10^{-9}	1.71×10^{-8}	8.78×10^{-8}	—
	D – FRL		0.738~0.993	98.7~218.0	150.5	—	—	—	—	—
	DSC – based – FWO		0.968~1.000	54.2~181.5	153.1	2.13×10^{-5}~1.98×10^6	1.18×10^{-8}	3.13×10^{-8}	1.51×10^{-7}	—
	DSC – based – FRL		0.994~1.000	44.0~184.0	160.4	—	—	—	—	—

续表

样品	方法	范围/%	R^2	活化能范围/(kJ·mol^{-1})	活化能/(kJ·mol^{-1})	指前因子/s^{-1}	k_{450}/(Pa^{-1}·s^{-1})	k_{500}/(Pa^{-1}·s^{-1})	k_{550}/(Pa^{-1}·s^{-1})	k_{600}/(Pa^{-1}·s^{-1})
B60	R-FWO	10~95	0.878~0.990	72.7~176.8	125.0	2.39~5.05×10^3	6.19×10^{-8}	1.55×10^{-7}	2.39×10^{-7}	—
	R-FRL		0.586~1.000	70.4~226.5	144.0	—	—	—	—	—
	D-FWO		0.889~0.999	106.3~152.8	139.1	1.03×10^{-1}~1.22×10^2	—	5.96×10^{-9}	2.02×10^{-8}	8.06×10^{-8}
	D-FRL		0.863~0.997	86.1~174.7	141.9	—	—	—	—	—
C60	R-FWO	10~95	0.976~1.000	85.9~200.5	159.1	1.70~5.87×10^4	2.46×10^{-8}	1.60×10^{-8}	4.73×10^{-8}	3.22×10^{-8}
	R-FRL		0.891~1.000	80.0~269.2	159.8	—	—	—	—	—
	D-FWO		0.966~0.992	140.8~164.3	155.8	1.66×10^1~3.52×10^2	—	3.92×10^{-9}	1.44×10^{-8}	4.88×10^{-8}
	D-FRL		0.953~0.990	135.3~167.8	154.3	—	—	—	—	—
A80	R-FWO	10~95	0.988~1.000	46.8~170.6	131.0	2.10×10^{-4}~1.80×10^3	2.46×10^{-8}	2.88×10^{-8}	4.23×10^{-8}	6.50×10^{-8}
	R-FRL		0.988~1.000	48.2~175.2	138.7	—	—	—	—	—
	D-FWO		0.986~1.000	175.3~189.4	184.0	1.56×10^4~1.06×10^5	—	1.94×10^{-8}	1.08×10^{-7}	—
	D-FRL		0.895~0.992	47.7~240.4	149.5	—	—	—	—	—

续表

样品	方法	范围/%	R^2	活化能范围/(kJ·mol^{-1})	活化能/(kJ·mol^{-1})	指前因子/s^{-1}	k_{450}/(Pa^{-1}·s^{-1})	k_{500}/(Pa^{-1}·s^{-1})	k_{550}/(Pa^{-1}·s^{-1})	k_{600}/(Pa^{-1}·s^{-1})
B80	R-FWO	10~95	0.307~0.546	86.0~143.3	108.9	2.35×10^1~4.78×10^3	1.98×10^{-8}	4.92×10^{-8}	1.02×10^{-7}	—
	R-FRL		0.134~0.973	96.9~191.5	137.1	—	—	—	—	—
	D-FWO		—	—	—	—	—	—	—	—
	D-FRL		—	—	—	—	—	—	—	—
C80	R-FWO	10~95	0.064~0.861	75.8~214.9	151.1	6.07×10^{-2}~3.95×10^5	7.80×10^{-9}	9.50×10^{-9}	1.88×10^{-8}	5.17×10^{-8}
	R-FRL		0.475~0.980	56.8~221.2	160.9	—	—	—	—	—
	D-FWO		0.986~1.000	106.2~136.7	126.7	3.95×10^{-2}~6.88	—	9.99×10^{-9}	4.57×10^{-8}	—
	D-FRL		—	—	—	—	—	—	—	—
A100	R-FWO	10~95	0.960~1.000	30.3~104.8	85.2	8.23×10^{-5}~1.27×10^{-1}	1.99×10^{-8}	2.83×10^{-8}	2.70×10^{-8}	5.16×10^{-8}
	R-FRL		0.706~0.999	51.2~184.1	145.5	—	—	—	—	—
	D-FWO		0.968~0.994	108.9~124.0	115.9	1.22×10^{-1}~3.58	—	6.29×10^{-9}	2.35×10^{-8}	1.40×10^{-7}
	D-FRL		0.802~0.999	98.1~128.6	113.9	—	—	—	—	—

续表

样品	方法	范围/%	R^2	活化能范围/(kJ·mol^{-1})	活化能/(kJ·mol^{-1})	指前因子/s^{-1}	k_{450}/(Pa^{-1}·s^{-1})	k_{500}/(Pa^{-1}·s^{-1})	k_{550}/(Pa^{-1}·s^{-1})	k_{600}/(Pa^{-1}·s^{-1})
B100	R-FWO	10~95	0.853~0.999	72.6~124.5	109.8	0.62~9.70×10^3	2.13×10^{-7}	1.01×10^{-7}	1.81×10^{-7}	—
	R-FRL		0.778~1.000	49.9~123.9	103.1	—	—	—	—	—
	D-FWO		0.795~0.923	112.2~165.6	144.5	5.50×10^{-1}~1.70×10^3	—	1.51×10^{-8}	4.95×10^{-8}	—
	D-FRL		0.567~0.943	123.7~181.4	158.6	—	—	—	—	—
C100	R-FWO	10~95	0.826~1.000	30.6~227.9	146.8	2.13×10^{-5}~1.98×10^6	6.92×10^{-9}	1.11×10^{-8}	2.38×10^{-8}	5.01×10^{-8}
	R-FRL		0.685~0.998	30.5~208.8	114.9	—	—	—	—	—
	D-FWO		0.878~0.999	95.1~135.6	125.5	1.16×10^{-2}~5.69	—	5.04×10^{-9}	1.47×10^{-8}	4.94×10^{-8}
	D-FRL		0.849~1.000	86.7~127.6	117.4	—	—	—	—	—

注：R-FWO：预处理前颗粒物采用FWO计算方法；R-FRL：预处理前颗粒物采用FRL计算方法；D-FWO：预处理后颗粒物采用FWO计算方法；D-FRL：预处理后颗粒物采用FRL计算方法；DSC-based-FWO：等效热重曲线采用FWO计算方法；DSC-based-FRL：等效热重曲线采用FRL计算方法；k_{450}、k_{500}、k_{550}、k_{600}分别为氧化温度为450 ℃、500 ℃、550 ℃、600 ℃时的氧化速率常数。

表4.1为不同工况下采集的颗粒物预处理前后采用积分法和微分法计算获得的动力学参数。由于采用微分法拟合得到的动力学曲线的相关性较差，为了计算结果的准确性，在计算指前因子、各温度下的反应速率常数时，只采用了积分法。在整个氧化过程中，指前因子的变动范围比较大，在450~600 ℃温度区间，反应速率常数基本在一个数量级范围内变动。某些颗粒物在600 ℃时已经完全氧

化，或450 ℃时颗粒物的失重率小于10%，导致无法准确计算某些颗粒物450 ℃、600 ℃的反应速率常数。500 ℃时，预处理后颗粒物的氧化速率常数较预处理前低，由于在预处理过程中颗粒物理化特性的变化、氧化活性的降低，导致此温度下预处理后的颗粒物的反应速率常数小于预处理前的颗粒物。

表4.2为采用积分法计算得到的颗粒物样品预处理前后在20%、50%失重率点对应的活化能、指前因子、温度、氧化速率常数。可知，预处理前的颗粒物，20%失重点对应的活化能、温度远远小于预处理后的颗粒物；预处理后的颗粒物，50%失重点对应的活化能与预处理前的颗粒物的活化能之间的差距减小。预处理前的颗粒物在升温过程中，包含有机成分的挥发和氧化，有机成分的挥发所需要的能量较小，导致其表观活化能的降低；同理，20%失重点对应的颗粒物的氧化速率常数大于预处理后的颗粒物，而50%失重点对应的氧化速率常数的值相差较小。

表4.2 不同氧化程度对应的颗粒物的动力学参数

样品	方法	$E_{20\%}$	$E_{50\%}$	$A_{20\%}$	$A_{50\%}$	$T_{20\%}$	$T_{50\%}$	$k_{20\%}$	$k_{50\%}$
		kJ·mol^{-1}		s^{-1}		℃		Pa^{-1}·s^{-1}	
A60	预处理前	72.2	122.9	3.12	1.03×10^3	183.00	344.53	1.65×10^{-8}	4.12×10^{-8}
	预处理后	121.8	204.0	3.34	9.13×10^5	476.93	519.42	1.10×10^{-8}	3.26×10^{-8}
B60	预处理前	75.1	126.8	2.78	24.2	201.96	472.24	1.54×10^{-8}	3.13×10^{-8}
	预处理后	118.7	143.7	6.40×10^{-1}	23.1	522.09	573.39	1.02×10^{-8}	3.13×10^{-8}
C60	预处理前	110.4	166.1	2.26	5.63×10^2	420.41	569.15	1.10×10^{-8}	2.81×10^{-8}
	预处理后	143.4	158.6	1.78×10^1	1.24×10^2	534.75	586.25	9.45×10^{-9}	2.83×10^{-8}
A80	预处理前	46.8	143.0	2.1×10^{-4}	31.9	318.13	552.34	1.55×10^{-8}	2.83×10^{-8}
	预处理后	177.5	187.1	2.03×10^4	7.52×10^4	482.42	516.75	1.09×10^{-8}	3.19×10^{-8}

续表

样品	方法	$E_{20\%}$	$E_{50\%}$	$A_{20\%}$	$A_{50\%}$	$T_{20\%}$	$T_{50\%}$	$k_{20\%}$	$k_{50\%}$
		kJ·mol^{-1}		s^{-1}		℃		Pa^{-1}·s^{-1}	
B80	预处理前	86.0	95.0	3.57×10^{-2}	4.21×10^{-2}	431.24	552.01	1.50×10^{-8}	4.05×10^{-8}
	预处理后	—	—	—	—	—	—	—	—
C80	预处理前	75.8	146.2	1.82×10^{-3}	25.9	509.34	583.69	1.58×10^{-8}	3.16×10^{-8}
	预处理后	115.7	136.7	1.85×10^{-1}	5.29	553.35	587.48	9.01×10^{-9}	2.67×10^{-8}
A100	预处理前	34.6	104.0	1.89×10^{-4}	8.87×10^{-2}	184.03	563.34	2.08×10^{-8}	2.84×10^{-8}
	预处理后	108.9	115.9	1.54×10^{-1}	5.77×10^{-1}	517.36	556.25	9.79×10^{-9}	2.87×10^{-8}
B100	预处理前	83.6	116.4	3.35×10^{1}	4.09	199.12	480.02	1.88×10^{-8}	3.42×10^{-8}
	预处理后	124.5	144.8	3.95	76.9	486.45	532.11	1.08×10^{-8}	3.10×10^{-8}
C100	预处理前	111.2	156.9	3.84×10^{-1}	1.63×10^{2}	491.94	566.15	9.77×10^{-9}	2.79×10^{-8}
	预处理后	116.8	132.0	3.40×10^{-1}	3.19	533.92	582.00	9.31×10^{-9}	2.76×10^{-8}

注：$E_{20\%}$、$A_{20\%}$、$T_{20\%}$、$k_{20\%}$、$E_{50\%}$、$A_{50\%}$、$T_{50\%}$、$k_{50\%}$为失重率为20%、50%时对应的活化能、指前因子、温度、反应速率常数。

采用积分法计算得到预处理前的柴油机颗粒物平均活化能的范围为85.2~159.8 kJ/mol，预处理后颗粒物平均活化能的范围为113.9~184.0 kJ/mol。可以看出，挥发性有机成分有利于降低颗粒物的表观活化能，计算得到的平均活化能在常见的活化能范围102~210 kJ/mol[51]之内。在不同发动机工况下，挥发性有机成分、等离子体对逃逸颗粒物、微粒聚集动力学参数的影响不同。60%、80%负荷下生成的颗粒物流经等离子体区域后，其活化能显著降低，反应速率常数显著增加；100%负荷下采集的微粒聚集体和逃逸颗粒物活化能显著升高，反应速率常数的变化却相反。不同负荷条件下采集的颗粒物，经过NTP后，氧化动力学参数的变化趋势不同,与颗粒物在等离子体区域的氧化程度、附着活性粒子的量、发动机缸内的燃烧情况紧密相关。某些采用微分法计算得到的颗粒物的活化能异常偏高,是因为受实验过程中外界环境的影响,致使微分热重曲线严重失真所致。图4.2所示为柴油机不同负荷下的颗粒物采用积分法计算得到的活化能和指前因子的关系,活化能与指前因子拟合得到的曲线相关系数较高,均大于0.938。这种现象叫作动力学补偿效应,动力学补偿效应是采用阿伦尼乌斯方程求解动力学常数的必然结果[52]。Sonovski等[53]使用具有不同活化能的物质解释计算过程中出现的动力学补偿效应,认为补偿效应可能与表面非均匀性相关。Vyazovkin等[54]研究表明,当使用一条热重曲线来计算动力学三因子时,活化能、指前因子的值可以通过相互补偿使所有的模型函数具有良好的线性结果。

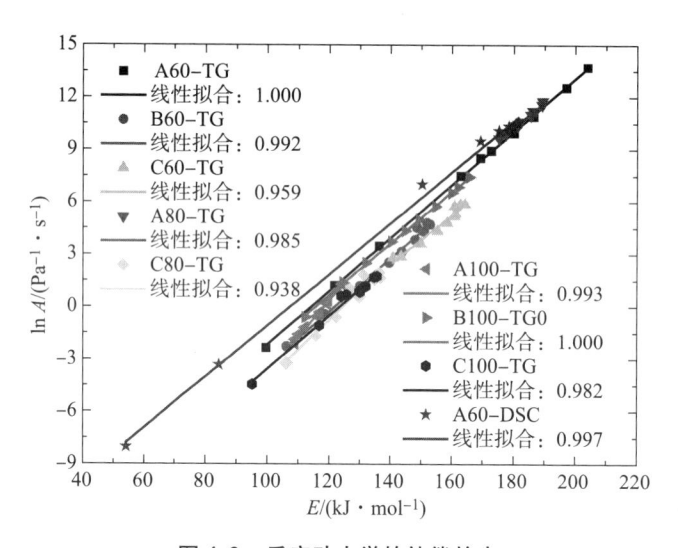

图4.2 反应动力学的补偿效应

4.2 预处理对颗粒物活化能的影响

表4.3对比了采用预处理前、预处理后、等效热重法计算得到的颗粒物的平均活化能。由于采用归一化放热率曲线计算结果更为准确,同时采用微分法计算动力学参数时不需要近似处理,所以认为基于等效热重实验结果,采用微分法计算得到的活化能为颗粒物的实际活化能。采用热重曲线计算动力学参数时,由于

微分曲线的波动较大，所以认为采用积分法的计算结果较为准确。预处理后的颗粒物与等效热重法计算得到的颗粒物的平均活化能的差距较小，与预处理前的颗粒物相比，更能准确地表示颗粒物氧化过程中的实际活化能。预处理后颗粒物的活化能大于基于等效热重法计算得到的活化能，说明对于此颗粒物样品，颗粒物中的挥发性有机成分能够有效降低颗粒物的活化能。

表 4.3 预处理前、预处理后、等效热重法计算得到的颗粒物的平均活化能

方法	积分法		微分法
	TG – 预处理前	TG – 预处理后	DSC – 预处理前
活化能/(kJ·mol^{-1})	114.69	163.04	153.11

4.3 基于热重曲线和等效热重曲线的动力学参数的对比

图 4.3 所示为基于等效热重曲线、热重曲线拟合得到的反应动力学曲线。采用等效热重法和热重法获得的氧化动力学曲线有明显的差异：随着温度的提高，颗粒物的失重速率逐渐增大，采用等效热重曲线拟合得到的动力学曲线随着 $1/T$ 的减小而逐渐变密集；采用热重实验结果拟合得到的动力学曲线在 1.62 ~ 2.0 K^{-1} 范围内间距最大，主要是由于颗粒物在此温度范围内失重率较小。采用等效热重曲线拟合得到的动力学曲线的相关系数见表 4.1，拟合曲线的相关系数较高。同时，颗粒物的放热率实验结果不受外界环境（震动、噪声）的影响。归一化的放热率曲线比较光滑，波动很小，获得的数据误差较小。热重实验的准确性却极大地依赖于外界环境条件，且不可消除。所以，理论上使用等效热重曲线采用微分法计算得到的氧化动力学参数的系统误差较小。由表 4.1 可以看出，基于等效热重实验结果，采用微分法拟合的动力学曲线的相关系数较高。

为了验证加热速率与颗粒物的氧化动力学参数的计算结果的无关性，对比了采用 2.5 ℃/min、5 ℃/min、7.5 ℃/min 升温速率和采用 5 ℃/min、10 ℃/min、15 ℃/min 升温速率计算得到的活化能，如图 4.4 所示。采用不同的加热速率计算得到的活化能随失重速率的变化趋势基本相同；采用较高的升温速率时，使用微分法和积分法计算得到的活化能随失重率的变化曲线的重合度比采用较低的升

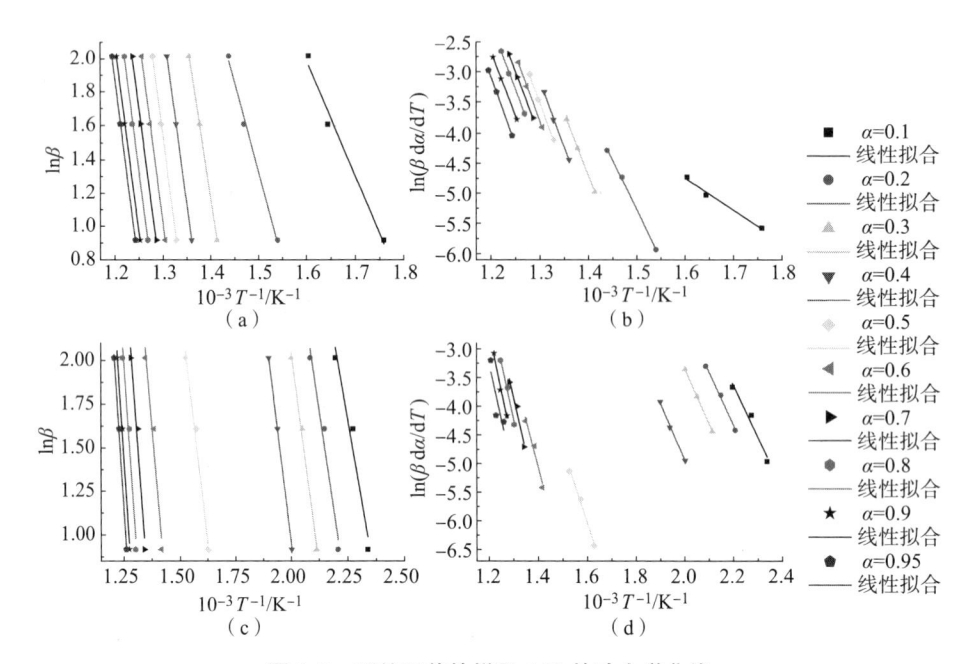

图 4.3　预处理前的样品 A60 的动力学曲线

(a)(c) 等效热重曲线 - 积分法；(b)(d) 热重曲线 - 微分法

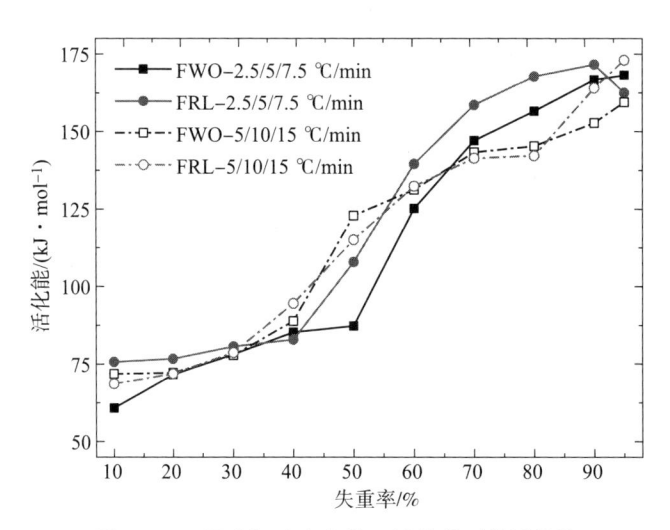

图 4.4　不同升温速率条件下计算得到的活化能

温速率计算得到的曲线的重合度高。由于加热速率越小，要求计算得到的数据准确，就必须保证热重实验结果的误差较小。表 4.4 为采用不同升温速率条件下计算得到的平均活化能。可以看出，对于积分法和微分法，采用不同的升温速率计算得到的活化能的平均值相近，偏差分别为 3.11%、1.62%。

表 4.4 不同升温速率条件下计算得到的平均活化能

计算方法	积分法		微分法	
升温速率/(℃·min^{-1})	2.5/5/7.5	5/10/15	2.5/5/7.5	5/10/15
活化能/(kJ·mol^{-1})	114.69	116.58	122.39	118.19

由上述计算结果可知，活化能的计算结果与升温速率无关，所以样品 A60 除去有机成分后，使用 5 ℃/min、10 ℃/min、15 ℃/min 升温速率下的计算结果代替 2.5 ℃/min、5 ℃/min、7.5 ℃/min 升温速率条件下的计算结果。颗粒物样品预处理前、预处理后、等效热重法计算得到的活化能对比如图 4.5 所示。结合表 4.1 分析可知，对于预处理后的颗粒物，热重实验时，外界环境造成的影响较大，动力学曲线的拟合效果较差，尤其是采用微分法，活化能波动较大，但活化能的整体变化趋势基本相同。对于预处理前的颗粒物，计算得到的活化能整体上较等效热重法小，尤其是失重率较小时差距更大。等效热重法虽然将放热量换算为失重率，但是其对应的失重率并非实际的质量减少量，实际的质量减少量要大于其对应的等效失重率；对于预处理前的颗粒物，发生化学反应的总质量小于其表观质量，使相应温度下的表观氧化速率比实际氧化速率大，导致其活化能计算

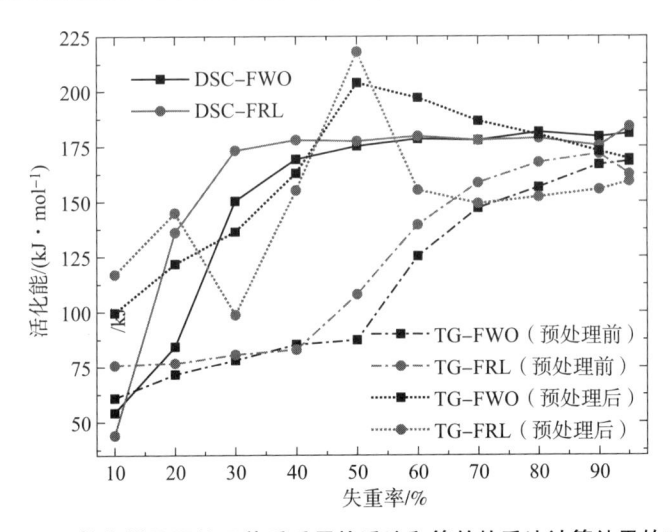

图 4.5 颗粒物样品预处理前后采用热重法和等效热重法计算结果的对比

结果在整个氧化过程中与等效热重计算结果有一定的差距。氧化终了时，采用三种方法计算得到的颗粒物的活化能近似相等。

基于等效热重法计算得到的活化能在失重率小于30%时急剧增加；失重率大于40%时，活化能基本保持不变；失重率大于20%时，采用预处理后的颗粒物计算得到的活化能与等效热重法计算得到的结果更为接近。由表4.1可知，温度较低时，预处理后的颗粒物的反应速率常数与基于等效热重法计算得到的结果更为接近；当温度较高时，预处理前的颗粒物的氧化速率常数比预处理后的颗粒物更为准确，此时有机成分已经完全挥发，与等效热重法相同，此时曲线体现的是碳颗粒的氧化。

4.4 小结

在柴油机不同负荷下采集了原始颗粒物、逃逸颗粒物、微粒聚集体，基于不同的热重曲线，采用微分法和积分法计算了颗粒物的动力学参数；分析了发动机负荷、等离子体对柴油机颗粒物氧化动力学参数的影响；利用等效热重曲线计算了颗粒物的氧化动力学参数，并与采用常规方法计算的结果进行了对比分析。主要结论如下：

（1）预处理前，对于柴油机不同负荷下采集的颗粒物，采用积分法计算得到的活化能范围为85.2~159.8 kJ/mol，预处理后颗粒物计算得到的活化能范围为113.9~184.0 kJ/mol；不同的颗粒物计算得到的活化能与指前因子均满足动力学补偿效应。500 ℃时，预处理后的颗粒物计算得到的氧化速率常数比预处理前的颗粒物小，随着温度的升高，差异逐渐减小。预处理前的颗粒物，20%失重点对应的活化能、温度远小于预处理后的颗粒物，50%失重点对应的活化能的差距减小。

（2）氧化动力学参数的计算结果与热重实验的升温速率无关；基于热重实验结果，预处理后颗粒物的平均活化能与基于等效热重曲线计算得到的平均活化能差距较小；温度较低的范围内，预处理后的颗粒物与基于等效热重法计算得到的反应速率常数更为接近；当颗粒物的氧化温度较高时，预处理前的颗粒物的反应速率常数比预处理后颗粒物的反应速率常数更为准确。

第 5 章
等离子体对柴油机颗粒物微晶排列的影响

本章在不同的柴油机负荷下采集颗粒物样品，采用高分辨率透射电镜（HR-TEM）观察颗粒物预处理前的微晶排列；使用 MATLAB 软件对颗粒物的 HRTEM 图像进行处理，获取颗粒物的微晶层间距、微晶长度、微晶曲率的分布情况，以及氧化过程中颗粒物微晶排列的变化；与第 4 章计算获得的氧化动力学参数相结合，分析柴油机颗粒物的微晶排列参数对颗粒物氧化动力学特性的影响，并且用微晶排列参数表示颗粒物氧化过程中的瞬时活化能、反应速率常数。

5.1 柴油机不同负荷下颗粒物的微晶排列形态

柴油机预处理前不同负荷下采集的颗粒物样品的微晶形态如图 5.1 所示，柴油机不同负荷下采集的颗粒物直径（Primary Diameter）为 40 nm 左右，但相比于 60%、80% 负荷，100% 负荷采集的原始颗粒物的粒径略小，与现有研究结果相符[16,55-59]。100% 负荷时，发动机缸内的燃烧温度较高，颗粒物在缸内的后期氧化比较严重，导致颗粒物的粒径较小。原始颗粒物的微晶排列均呈洋葱状，由短小、排列无序的碳微晶组成，为不明显的核壳结构。颗粒物的微晶排列主要有典型的洋葱状和核壳结构，主要取决于颗粒物的来源及其生成环境[10,42,60-63]，在较高环境温度下生成的颗粒物的微晶排列趋于典型的核壳结构。与原始颗粒物相比，逃逸颗粒物与微粒聚集体的粒径显著减小（25 nm 左右），相关研究表明，柴油机颗粒物粒径的大小与颗粒物中 C、O 的比例相关[64]。经过 NTP 处理后，颗粒物的聚集程度明显下降[65]，颗粒物粒径分布曲线中，聚集态颗粒的峰位置向小粒径方向移动。NTP 发生器的收集板和放电针之间施加高压直流电时，收集板与放电针之间的气体被电离，形成大量的活性粒子，活性粒子具有强氧化性，能够在较低环境温度下氧化部分柴油机颗粒物。等离子体对颗粒物的氧化作用主要包括两个途径[66-69]：颗粒物在活性粒子的作用下被直接氧化；在等离子体区域，尾气中的部分 NO 在等离子体的作用下被氧化为 NO_2，颗粒物在具有强氧化性的 NO_2 的作用下被氧化。微粒聚集体被捕集到 NTP 发生器的收集板上，长时间处于具有强氧化性的等离子体氛围中，使微粒聚集体发生了一定程度的氧化，导致颗粒物的粒径比原始颗粒物小，但其氧化程度要取决于原始颗粒物的物化特性。

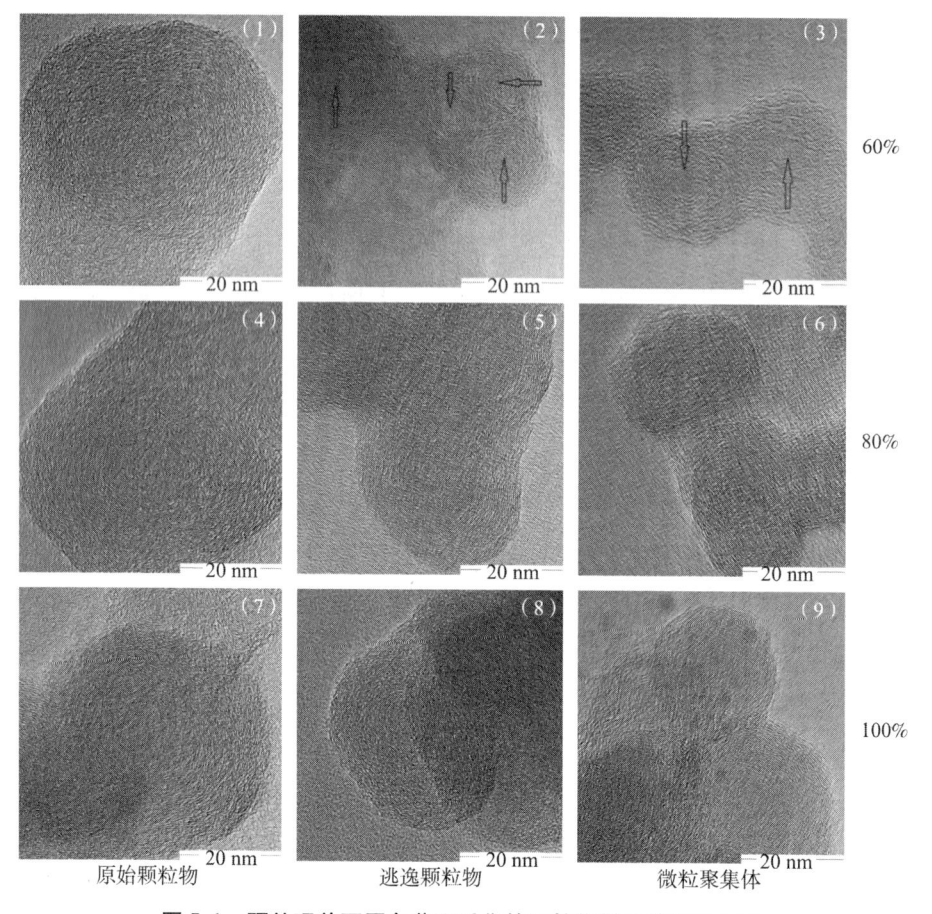

图 5.1 预处理前不同负荷下采集的颗粒物样品的微晶形态

与 80%、100% 负荷相比，60% 负荷采集的逃逸颗粒物和微粒聚集体的微晶排列的变化较大。经过 NTP 作用后，纳观结构变为显著的核壳结构，由半封闭或者全封闭的外壳和多个空核构成（如图 5.1 中箭头所示），微晶逐渐由排列无序的无定形碳向排列有序的石墨化结构转化。碳颗粒层边缘的碳原子拥有未配对的 sp^2 电子，更容易与氧原子结合，使碳颗粒边缘的碳原子比内部碳原子的活性更高，在加热过程中更容易被氧化。所以，加热过程中，氧化先发生于颗粒物的表面，进而向颗粒物内部转化[32]。颗粒物微晶排列由洋葱状逐渐转变为典型的核壳结构经历了表面氧化和内部氧化两个过程：颗粒物表面含有大量的活性位点，在起始氧化阶段，颗粒物的表面比内部更容易氧化；随着氧化程度的进行，颗粒物表面活性逐渐降低，颗粒物的氧化开始由表面氧化逐渐转变为内部氧化，氧化到一定程度后，出现明显的空核结构[42]。80% 和 100% 负荷下采集的逃逸颗粒物和微粒聚集体的微晶排列仍为洋葱状，微晶为排列无序状的无定形态。由第 4 章热重实验结果可知，60% 负荷时采集的原始颗粒物的起始氧化温度较 80% 和 100% 负荷采集的原始颗粒物的起始氧化温度低，使 60% 负荷采集的原始颗粒物在等离子体区域更容易被氧化，氧化程度较 80% 和 100% 负荷大。间接表明，60% 负荷采集的原始颗粒物的起始氧化活性较 80% 和 100% 负荷的强。

大量学者计算与动力学参数相关的研究工作均基于去除有机成分后的样品展开，但是鲜有相关报道研究该预处理过程对颗粒物纳观结构带来的影响。图 5.2 所示为预处理后颗粒物样品的 HRTEM 图像。由图可知，预处理后样品 A80 和样品 C80 的微晶排列由排列无序的无定形态转变为排列有序的核壳结构（如图中箭头所示），石墨化程度加剧；样品 A100 的微晶排列变化不明显，仍为排列无序的无定形态。预处理后，颗粒物的微晶排列发生明显的变化，导致颗粒物的动力学参数与原始颗粒物产生一定的差距，进而使计算得到的预处理后颗粒物的动力学参数偏离颗粒物的实际动力学参数。纳观结构的变化对动力学参数影响的间接评价将在下文详细讨论。

颗粒物样品 C80 和样品 C100 在氧化过程中的 TEM 图像如图 5.3 所示，放大倍数为 50 000×。与其他研究结果相似[70,71]。颗粒物由大量的大小不等的类球状的核态粒子组成，颗粒间由于范德华力与静电引力而堆叠形成链状、絮状、枝状[2]，导致颗粒间黏性较大[70]，使颗粒物的堆积程度较为严重。由图可知，氧化过程中颗粒物的堆积程度逐渐降低，且粒径逐渐减小。由第 4 章热重实验结果

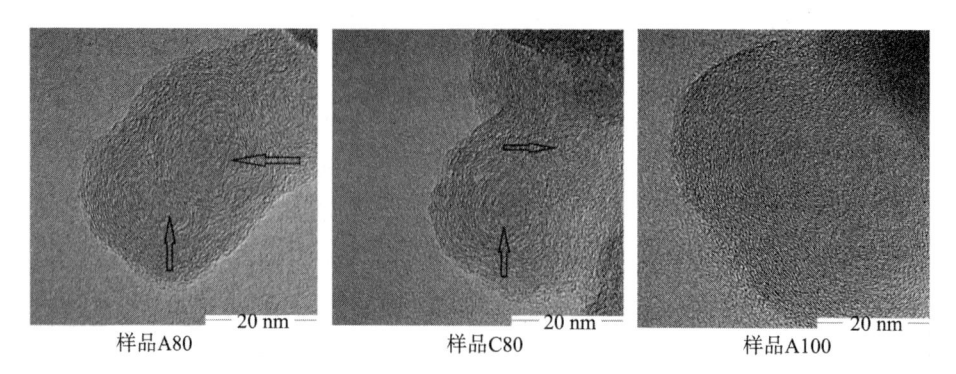

图 5.2 预处理后颗粒物样品的 HRTEM 图像

可知,600 ℃时,样品 C80 已经处于氧化后期,各原始核态粒子已被氧化为较小的颗粒物碎片。与样品 C80 相比,样品 C100 的热重曲线明显向高温方向移动,600 ℃时,样品 C100 仍为典型的枝状、絮状,但堆积程度明显降低。

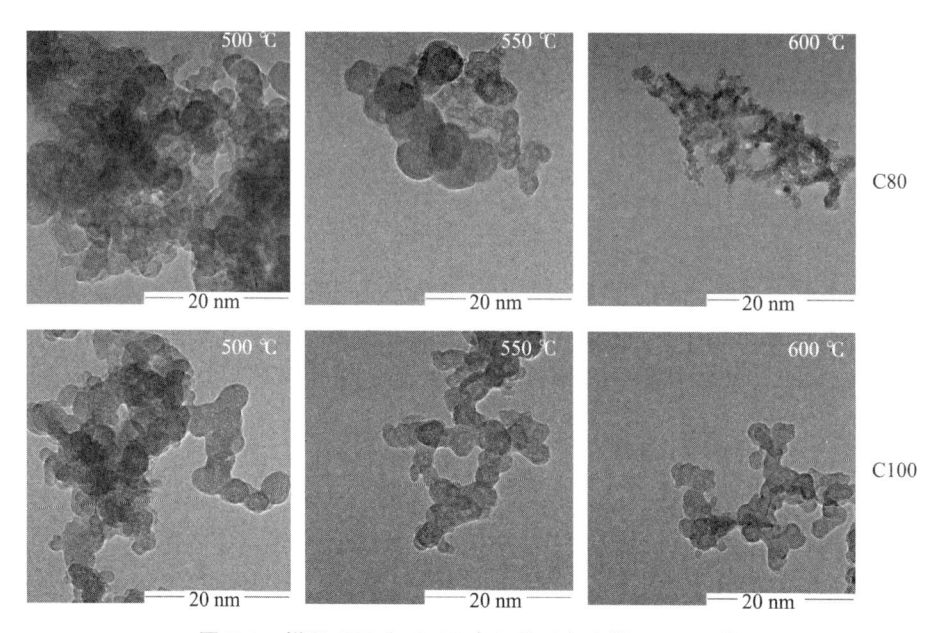

图 5.3 样品 C80 和 C100 在氧化过程中的 TEM 图像

颗粒物样品 C80 和样品 C100 在氧化过程中的 HRTEM 图像如图 5.4 所示。样品 C80 除在 600 ℃时,其微晶排列为排列有序的带状外,其他均为典型的核壳结构,且在相同的氧化温度下,颗粒物的核壳结构、石墨化程度更为明显。由于样品 C80 的氧化终了温度较低，在 600 ℃ 时，典型的核壳结构已经完全分解、破裂。颗粒物在整个氧化过程中微晶排列的变化过程如下：无定形的洋葱状结构、典型的核壳结构、排列有序的带状结构。在氧化过程中，颗粒物的核壳结构均呈现多个随机分布的空穴；在氧化初期，颗粒物的外壳由大量随机分布的无定形碳组成，且消失于颗粒物的氧化中期。相关研究表明，颗粒物在氧化过程中由于外界能量的输入，碳原子发生了重组，并且重组后的微晶排列更为有序、密实。对于发生部分氧化的 R250 颗粒物样品，与氧化前的颗粒物相比，可以观察到明显的内部氧化的现象，但其微晶的外壳变化却不明显[72]。Lakshitha 等[6]建立了碳颗粒纳观结构模型，并与 HRTEM 图进行了对比，Vander[73] 采用激光加热的方法也同样观察到了典型的核壳结构。在氧化过程中，并非所有颗粒物的氧化都需要经过洋葱状结构、典型的核壳结构、核壳结构的外壳破裂，直至完全氧化。由于颗粒物的生成环境不同，有的颗粒物生成时已经具有了核壳结构，并且外壳的排列有序，内核已经完全氧化。

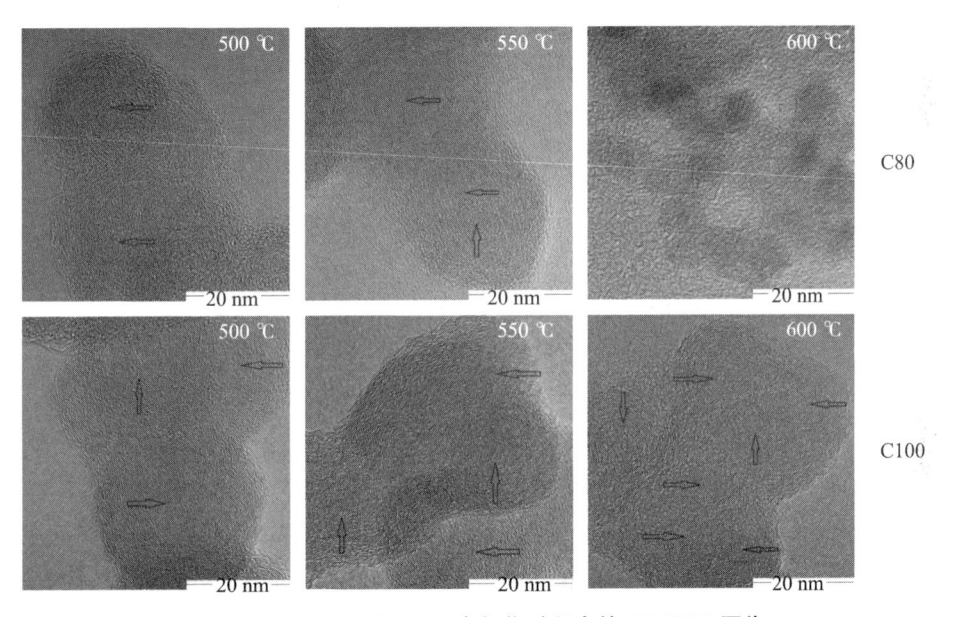

图 5.4 样品 C80 和 C100 在氧化过程中的 HRTEM 图像

5.2 柴油机颗粒物微晶排列参数

为了定量地描述颗粒物的微晶排列，使用 MATLAB 软件对获得的 HRTEM 图像进行处理，提取颗粒物微晶排列的主要信息：微晶层间距、微晶长度、微晶曲率。表 5.1 为平均微晶层间距、微晶长度、微晶曲率的标准误差。图 5.5 所示为预处理前颗粒物的微晶层间距的分布情况。微晶层间距的分布呈类抛物状，峰值点对应的层间距为 0.75 nm 左右，层间距大于 2 nm 的比例小于 10%。原始颗粒物、逃逸颗粒物、微粒聚集体的微晶层间距均随柴油机负荷的增加而增大，说明负荷越小，颗粒物的排列越密实。与逃逸颗粒物、微粒聚集体相比，原始颗粒物的微晶层间距较大，且微晶层间距的分布范围比较广。颗粒物微晶的平均层间距为 0.95~1.26 nm，微晶层间距的范围与相关研究相近[74-76]。在等离子体区域，逃逸颗粒物和微粒聚集体发生了一定程度的氧化，使颗粒物微晶发生重组，导致微晶的排列更加密实。不同工况下，由于颗粒物活性、成分的不同，逃逸颗粒物和微粒聚集体在等离子体区域的氧化程度不同，导致微晶排列的变化情况不同，但均比原始颗粒物的微晶层间距小。60% 负荷采集的颗粒物，平均微晶层间距的变化趋势与 HRTEM 图像观察到的现象相似，逃逸颗粒物与微粒聚集体的微晶排列更为致密。

表 5.1 标准误差

样品	平均层间距/nm	平均长度/nm	平均曲率
A60	0.021	0.108	0.054
B60	0.032	0.152	0.037
C60	0.019	0.121	0.028
A80	0.025	0.098	0.053
B80	0.019	0.084	0.048
C80	0.023	0.101	0.065
A100	0.031	0.128	0.043

续表

样品	平均层间距/nm	平均长度/nm	平均曲率
B100	0.017	0.143	0.055
C100	0.026	0.171	0.047
C80$_{500}$	0.013	0.135	0.032
C80$_{550}$	0.038	0.099	0.068
C100$_{500}$	0.034	0.087	0.034
C100$_{550}$	0.015	0.107	0.021
C100$_{600}$	0.027	0.115	0.049

注：C80$_{500}$、C80$_{550}$、C100$_{500}$、C100$_{550}$、C100$_{600}$分别对应样品 C80 和样品 C100 在空气氛围中加热至 500 ℃、550 ℃、600 ℃。

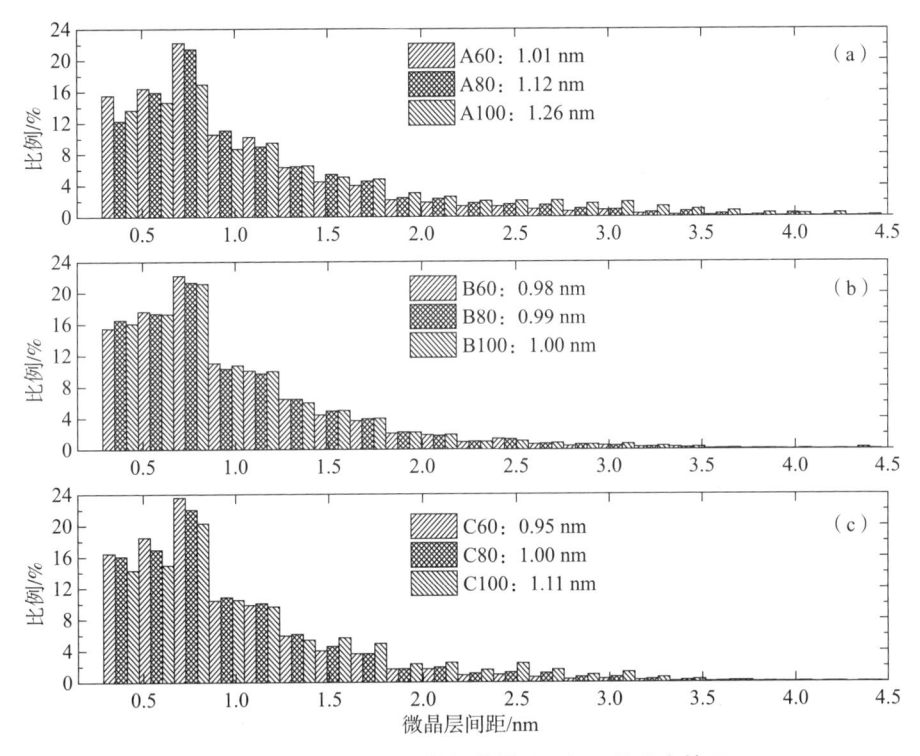

图 5.5 预处理前的颗粒物的微晶层间距的分布情况

颗粒物微晶长度分布与层间距分布相似，呈单峰状分布，峰值点对应的微晶长度为 1.5 nm 左右，且峰值随着负荷的增大而减小，如图 5.6 所示。与微晶层间距分布相同，原始颗粒物微晶长度比逃逸颗粒物和微粒聚集体分布范围广，微晶平均长度为 2.90~3.70 nm。相关研究表明，通过 HRTEM 图像获得的微晶平均长度与拉曼光谱和采用 X 射线法计算获得的数值接近[77]。100% 负荷采集的原始颗粒物、微粒聚集体的微晶较 80% 和 60% 负荷的颗粒物微晶短；60% 负荷采集的原始颗粒物的微晶长度较逃逸颗粒物和微粒聚集体的长度小。80% 负荷下采集的逃逸颗粒物、微粒聚集体与 60%、100% 负荷相比，在等离子体区域中微晶长度的变化幅度最大。经过 NTP 作用后，颗粒物的纳观结构由洋葱状变为排列有序、完全封闭或半封闭的核壳结构。微晶长度一定程度上能够反映颗粒物的石墨化程度。由图 5.6 可见，60% 负荷采集的逃逸颗粒物和微粒聚集体的石墨化程度比原始颗粒物大。与平均层间距不同，不同负荷采集的颗粒物微晶长度随发动机负荷的变化没有一致的规律。

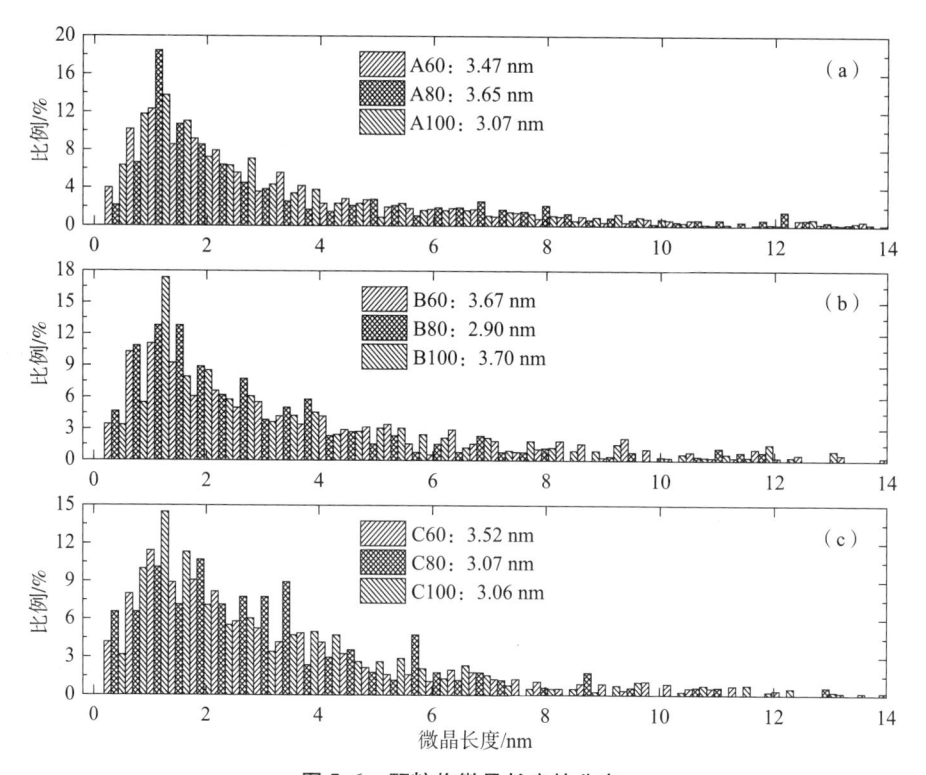

图 5.6 颗粒物微晶长度的分布

与微晶层间距及微晶长度相比，微晶曲率的分布比较杂乱，呈明显的多峰状，如图 5.7 所示。本书采集的颗粒物的微晶平均曲率为 1.45~1.97，与涡轮增压、高压共轨柴油机排放的颗粒物相比，其微晶曲率略大[49]。由于涡轮增压、高压共轨柴油机的缸内燃烧温度高，生成的颗粒物的石墨化程度较大。微晶曲率能够间接表明颗粒物微晶比表面积的相对大小，在氧化过程中，颗粒物微晶对氧气的化学吸附特性对颗粒物的氧化起到至关重要的作用，而化学吸附的作用与比表面积紧密相关。80%负荷采集的原始颗粒物的微晶曲率大于 60%和 100%负荷采集的原始颗粒物；等离子体对不同发动机负荷下采集的颗粒物微晶曲率的影响不同，这主要取决于颗粒物在等离子体区域的氧化程度。对于逃逸颗粒物和微粒聚集体，80%负荷时采集的颗粒物样品的微晶曲率变化最大，间接表明 80%负荷工况下生成的颗粒物，经过 NTP 处理后比表面积的变化最大。颗粒物的纳观结构与其生成环境紧密相关，研究表明：与汽油机相比，柴油机排放的颗粒物的微晶排列更为有序[41]。

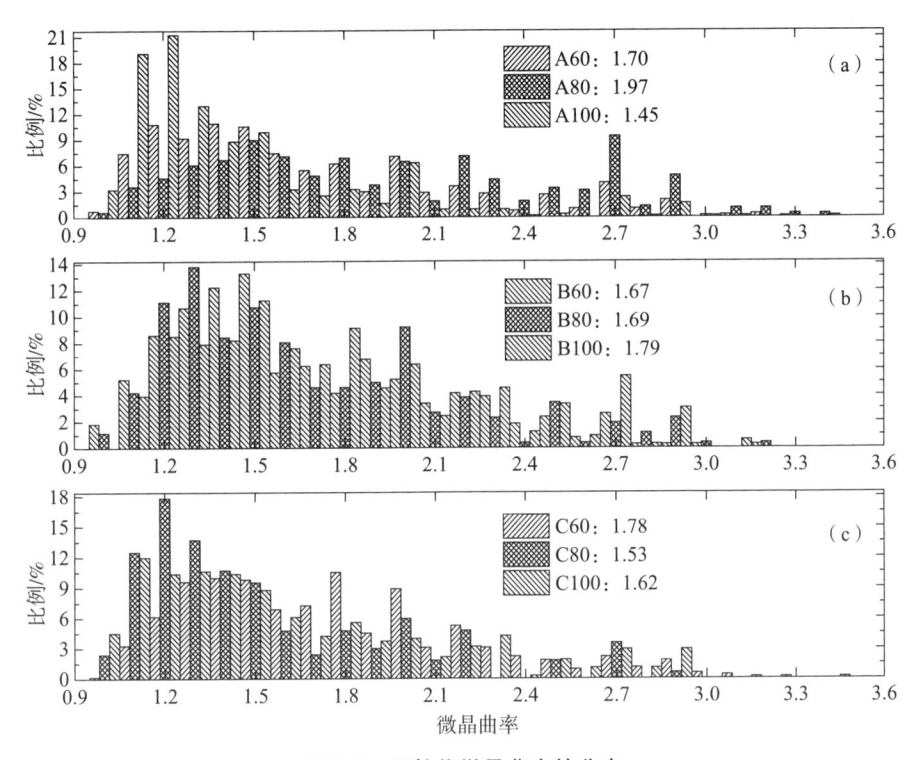

图 5.7 颗粒物微晶曲率的分布

5.3 颗粒物的微晶排列参数与氧化动力学参数的关系

本书第 4 章已经详细计算了各工况下柴油机颗粒物的氧化动力学参数,将预处理前后,采用热重结果计算得到的颗粒物的活化能与采用放热率曲线计算得到的活化能对比,分析得出柴油机颗粒物样品预处理后比预处理前计算得到的动力学参数更为准确。本节研究纳观结构参数与氧化动力学参数的关系所采用的是预处理后的颗粒物的动力学参数。图 5.8 所示为颗粒物微晶层间距与平均活化能的关系。微晶层间距与颗粒物的平均活化能没有明显的单调(递增或递减)关系。由于尾气流经 NTP 发生器时,颗粒物发生了一定程度的氧化,导致颗粒物的石墨化程度加剧,降低了颗粒物的活性。同时,颗粒物在等离子体区域附着了一定量的活性粒子,附着的活性粒子有助于颗粒物的氧化,提高颗粒物的氧化速率,降低颗粒物的平均活化能。图 5.9 和图 5.10 所示分别为颗粒物的平均活化能与微晶平均长度、微晶平均曲率之间的关系。对于相同种类的颗粒物,平均活化能均随微晶长度的增加而升高,但是对于不同种类的颗粒物之间,不具有明显的可比性。与原始颗粒物、微粒聚集体相比,在相同活化能条件下,逃逸颗粒物的微晶平均长度相对较长。原始颗粒物的活化能与微晶长度的关系与文献报道相似[73,76]。颗粒物的微晶曲率总体上随颗粒物平均活化能的增加而增大,且原始

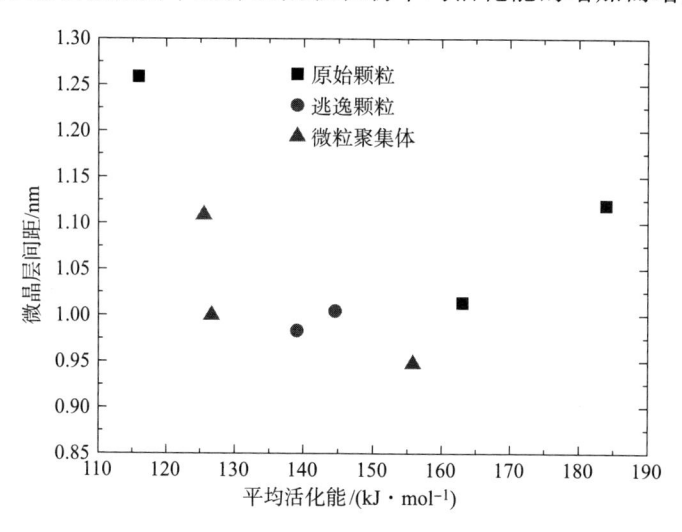

图 5.8 颗粒物的平均活化能与微晶层间距的关系

颗粒物的微晶曲率随发动机负荷的变化范围较大。颗粒物平均活化能随颗粒物微晶曲率的变化关系与微晶曲率的物理含义有所差异。颗粒物活化能随颗粒物纳观结构的异常变化是微晶层间距、微晶长度、微晶曲率综合作用的结果，微晶曲率随活化能的变化趋势可由微晶长度、微晶层间距来补偿。但是，三种纳观结构参数对活化能影响的权重有待验证。

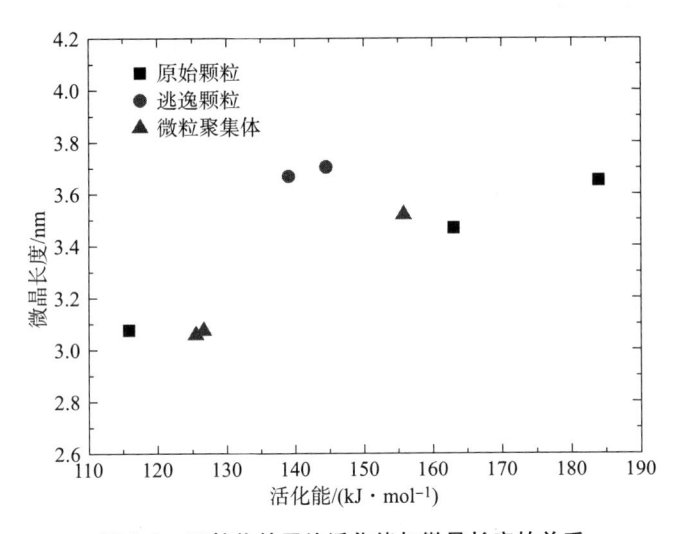

图 5.9 颗粒物的平均活化能与微晶长度的关系

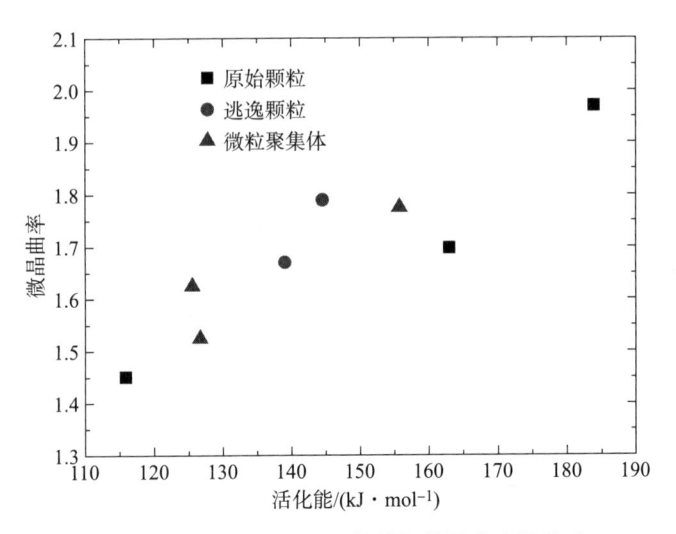

图 5.10 颗粒物的平均活化能与微晶曲率的关系

上述分析了柴油机颗粒物的平均活化能与微晶层间距、微晶长度、微晶曲率的关系，揭示了颗粒物在整个氧化过程中的平均活化能与颗粒物初始纳观结构的关系。颗粒物的初始纳观结构参数应该与颗粒物氧化过程中的初始活化能的关系更为密切，且越靠近起始氧化点，相关性越强。图 5.11 所示为颗粒物的微晶长度与 10% 失重率点对应的活化能之间的关系。由图可知，对于微粒聚集体和逃逸颗粒物，10% 失重率点对应的活化能随微晶长度的增加而增加，与平均活化能的变化趋势相同。由第 3 章可知，预处理后颗粒物的活化能更接近实际活化能的值，所以，图 5.11 中 10% 失重率点对应的活化能为预处理后颗粒物的活化能。但是，预处理后颗粒物的微晶排列发生了显著变化，10% 失重率点对应的活化能与实际值同样存在一定的差距。

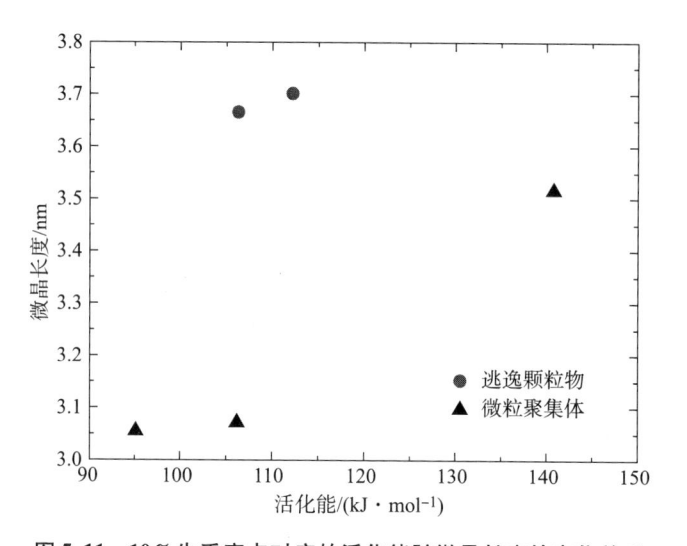

图 5.11 10% 失重率点对应的活化能随微晶长度的变化关系

颗粒物氧化过程中经过表面氧化、内部氧化，逐渐形成核壳结构，核壳结构完全破裂，形成典型的排列有序的带状，颗粒物微晶层间距、微晶长度、微晶曲率均为颗粒物重要的纳观结构参数，在一定程度上能够反映颗粒物的石墨化程度、活性大小。采用单一参数分析法判断颗粒物样品的活性与实际有较大差距，需要将多种纳观结构参数与颗粒物的氧化活性参数建立一定的数学关系。

5.4 预处理过程对颗粒物纳观结构参数的影响

为了观察预处理过程中颗粒物纳观结构的变化，间接评价预处理过程对动力学参数的影响，将样品 A80、样品 C80 和样品 A100 在 N_2 氛围中除去有机成分（在 N_2 氛围中，以 20 ℃/min 的升温速率将样品加热至 450 ℃后恒温 15 min，然后以 15 ℃/min 的速率冷却至室温）。图 5.12 所示为样品 A80 预处理前后微晶层间距的分布。微晶层间距呈单峰状分布，预处理后层间距小于 1 nm 的比例显著增加，且层间距的分布范围变窄，层间距大于 3 nm 的比例小于 1%。图 5.13 所示为预处理前后，样品 A80、样品 C80 和样品 A100 微晶平均层间距的变化。由图可知，预处理后微晶平均层间距显著减小，微晶的排列更为紧密，且 80% 负荷采集的原始颗粒物比 100% 负荷采集的原始颗粒物的变化更为剧烈；80% 负荷微粒聚集体的微晶层间距的变化较原始颗粒物小。

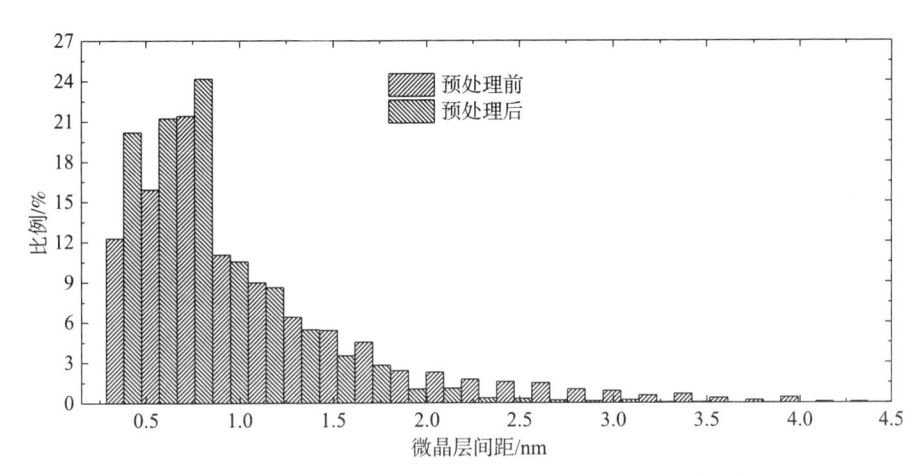

图 5.12 预处理前后颗粒物样品 A80 微晶层间距的分布

在除去有机成分的加热过程中，有机成分不断挥发，同时外界提供了足够的能量使颗粒物的微晶重新排列，导致颗粒物微晶排列更为紧密，微晶的平均层间距显著减小。由于大负荷工况下，颗粒物的生成温度比较高，对热负荷的抵抗能力较强，使其微晶层间距的变化量较小。尾气流经 NTP 发生器的等离子体区域时，颗粒物发生了一定程度的氧化，使预处理过程中外热源的能量输入对微粒聚

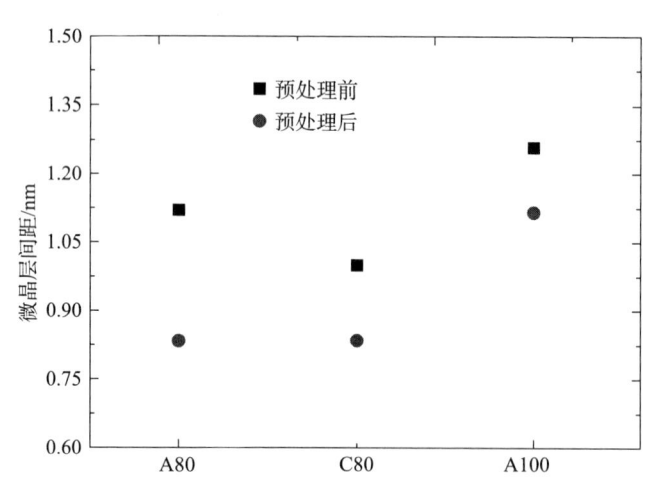

图 5.13　预处理前后颗粒物微晶层间距的变化

集体微晶层间距的影响减小。

图 5.14 所示为样品 A80 预处理前后微晶长度分布的变化情况。样品 A80 预处理后长度较小的部分比例增加，呈双峰状分布。图 5.15 所示为预处理前后样品 A80、样品 C80 和样品 A100 微晶平均长度的变化，样品 A80 的微晶长度增加较为显著，样品 C80 的微晶长度几乎不变。与微晶层间距相同，预处理过程对微晶长度的影响一定程度上依赖颗粒物的生成环境和氧化程度。

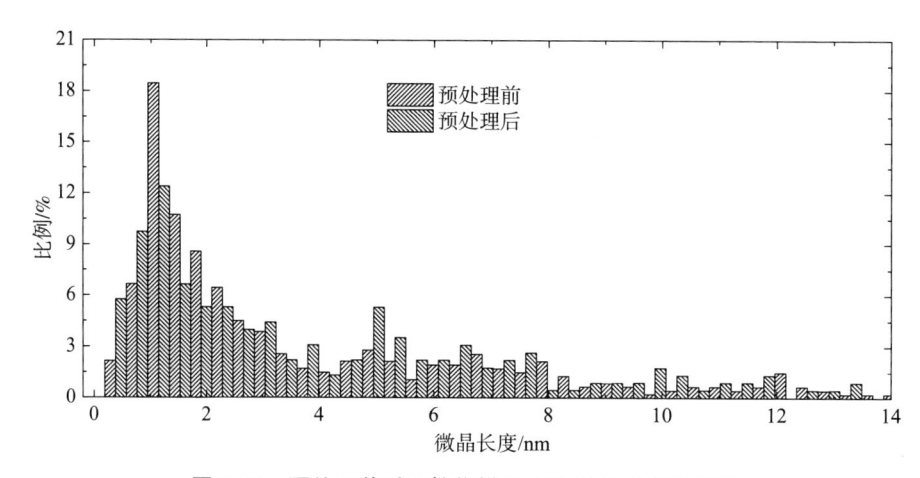

图 5.14　预处理前后颗粒物样品 A80 微晶长度的分布

图 5.16 所示为样品 A80 微晶曲率的分布图。与微晶层间距、微晶长度的分

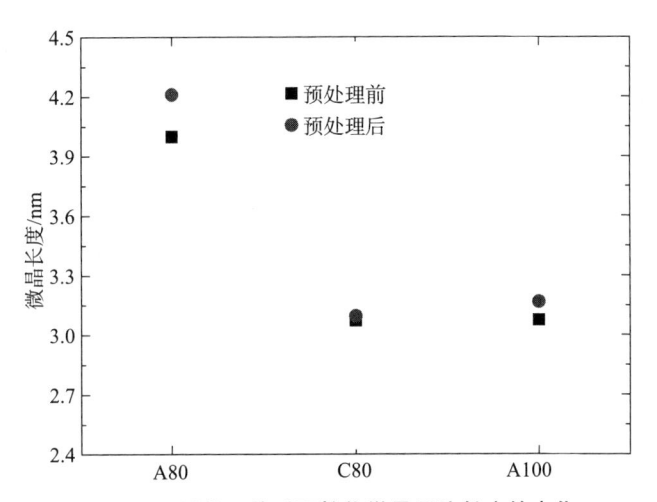

图 5.15　预处理前后颗粒物微晶平均长度的变化

布不同，微晶曲率的分布较为杂乱，明显呈多峰状分布。图 5.17 所示为预处理前后颗粒物微晶曲率平均值的变化情况。样品 A80 的微晶曲率略微减小，样品 C80 和样品 A100 微晶曲率显著增大，间接表明样品 C80 和样品 A100 的比表面积变化最为显著，而样品 A80 变化较小。

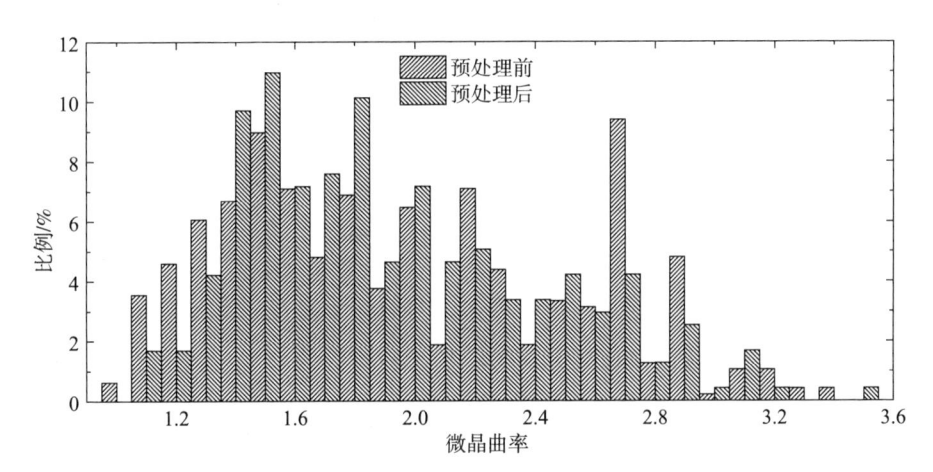

图 5.16　预处理前后颗粒物样品 A80 微晶曲率的分布

预处理后颗粒物样品的纳观结构参数发生了显著的变化，且纳观结构参数的变化均会影响颗粒物的石墨化程度，进而影响颗粒物的氧化动力学参数。与单一参数评价相比，将三种结构参数相结合能够更真实地反映颗粒物的活性。微

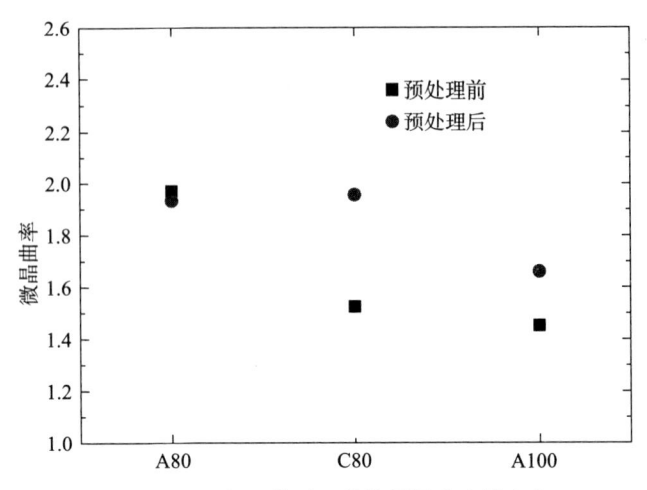

图 5.17　预处理前后颗粒物微晶曲率的变化

晶层间距、微晶长度、微晶曲率分别用 d、L、C 表示，采用量纲为 1 的评价参数 O（$=d^2 \cdot C/L^2$）定性评价预处理后的颗粒物的活性，见表 5.2。参数 O 越大，表明颗粒物的活性越大，石墨化程度越低。三个变量中，曲率 L 能够间接反映颗粒物的比表面积，而比表面积对颗粒物的氧化特性起至关重要的作用，采用 d^2、L^2 是为使这三个参数同时具有面积意义。

表 5.2　预处理前后量纲为 1 的参数 O 的大小

样品	A80	C80	A100
预处理前	0.243	0.181	0.185
预处理后	0.139	0.161	0.149

该参数计算过程中，单一纳观结构参数对石墨化程度的影响与其物理意义相符。预处理后，O 的数值显著减小，且样品 A80 对应的 O 值变化最大。由图 5.2 可知，样品 A80 预处理后 HRTEM 图变化最大，与 O 值的变化趋势相符。由第 4 章计算结果可知，预处理后的颗粒物，以热重实验结果计算得到的活化能大于颗粒物的实际活化能。由量纲为 1 的参数可知，预处理后颗粒物的活性降低，会导致计算得到的活化能偏大，与第 4 章计算结果相符。

颗粒物的氧化过程极为复杂，包含了含氧有机成分的分解、微晶的重组、孔隙率的变化、比表面积的变化、活性比表面积的变化[39,76,78,79]。纳观结构的变化能够直观地观察颗粒物氧化进行的程度,在一定程度上反映活性的变化,但是与实际氧化过程中活性的变化仍存在一定的差异。由于本书颗粒物的预处理过程是在 N_2 氛围中进行的,对于颗粒物在氧化过程中该量纲为 1 的参数能否表明颗粒物活性的变化情况有待验证。

5.5 氧化过程中颗粒物纳观结构参数的变化

由图 5.4 可知,在氧化过程中,600 ℃时颗粒物样品 C80 接近终了氧化温度,典型的核壳结构已经完全破裂,分解成条状或带状,已经无法统计颗粒物的微晶层间距、微晶长度、微晶曲率的分布。图 5.18 和图 5.19 所示为颗粒物样品 C80 和样品 C100 在氧化过程中微晶层间距的分布情况。微晶层间距的分布形状与原始颗粒物相似,均为类抛物线状。微晶层间距较小的部分变化比较明显,550 ℃时,样品 C80 层间距的分布范围明显变窄,而样品 C100 的分布范围比 500 ℃、600 ℃的分布范围宽。

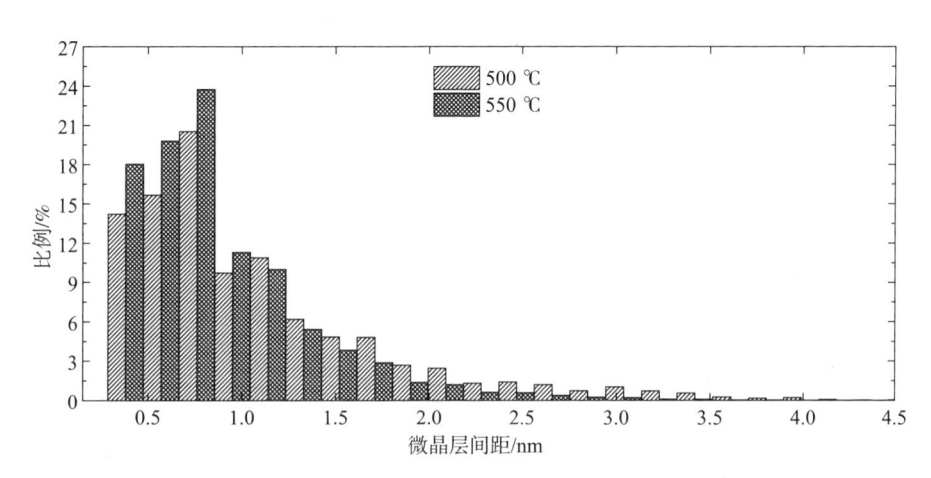

图 5.18 样品 C80 在氧化过程中微晶层间距的分布情况

图 5.20 所示为颗粒物氧化过程中微晶平均层间距的变化情况。为了便于对比,图 5.20~图 5.22 中,450 ℃时对应的微晶参数的值为氧化前颗粒物的纳观结构参数。在氧化过程中,样品 C80 和样品 C100 的微晶平均层间距的变化趋势不同,可能与颗粒物样品的热重特性和氧化过程中温度取点间隔范围偏大有关。

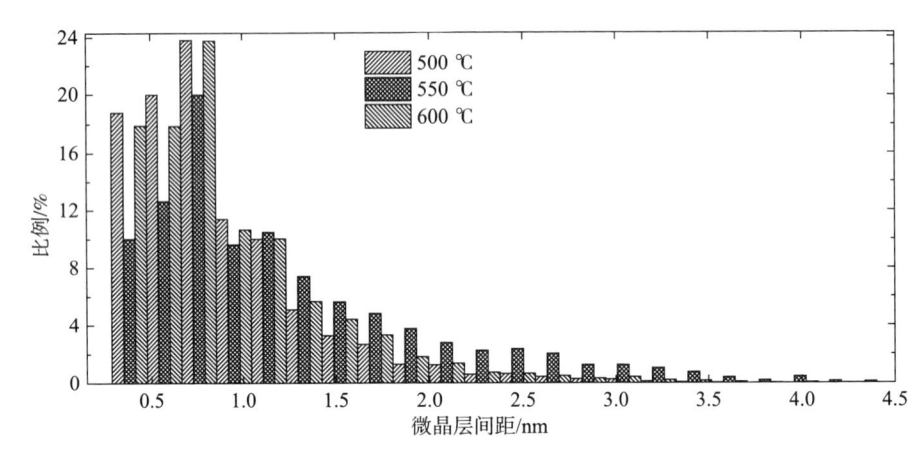

图 5.19　样品 C100 在氧化过程中微晶层间距的分布情况

由热重实验结果可知，样品 C100 的起始氧化温度和终了氧化温度较样品 C80 高，样品 C100 在 600 ℃经过图像处理可以获得纳观结构参数。样品 C80 和样品 C100 平均层间距的峰值点分别对应的温度为 500 ℃和 550 ℃左右，与颗粒物的起始氧化温度（$T_{10\%}$）相近；颗粒物进入氧化后期时，其平均层间距均显著减小，微晶的致密程度显著加剧，微晶排列呈空核的核壳结构；随温度的升高，颗粒物继续氧化，核壳结构开始分解为带状，直至完全氧化。

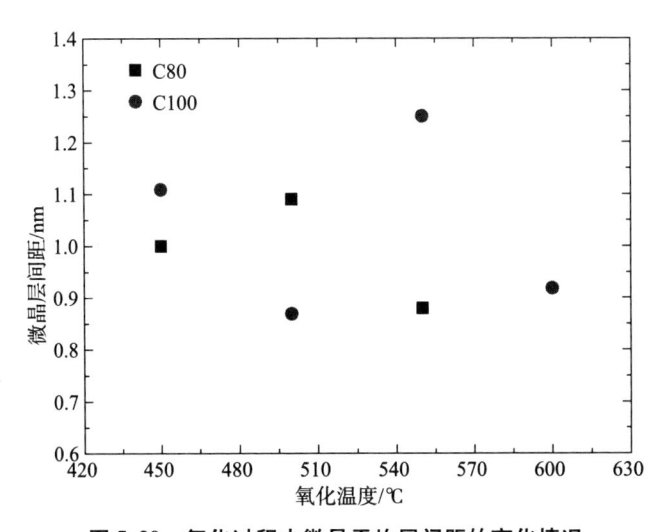

图 5.20　氧化过程中微晶平均层间距的变化情况

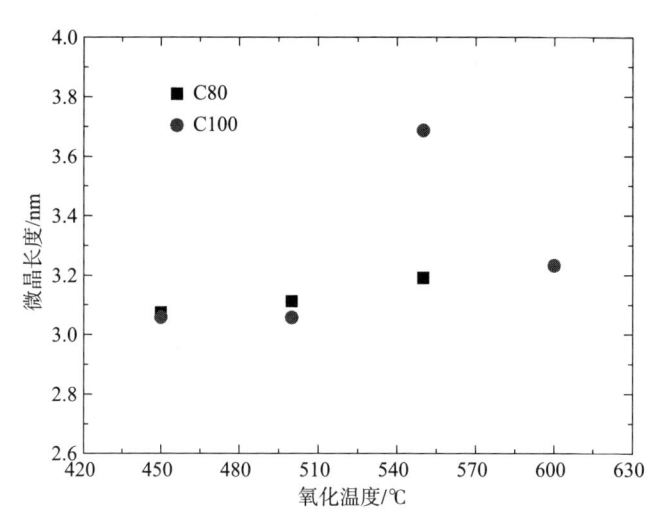

第 5 章 等离子体对柴油机颗粒物微晶排列的影响 75

图 5.21 氧化过程中微晶长度平均值的变化

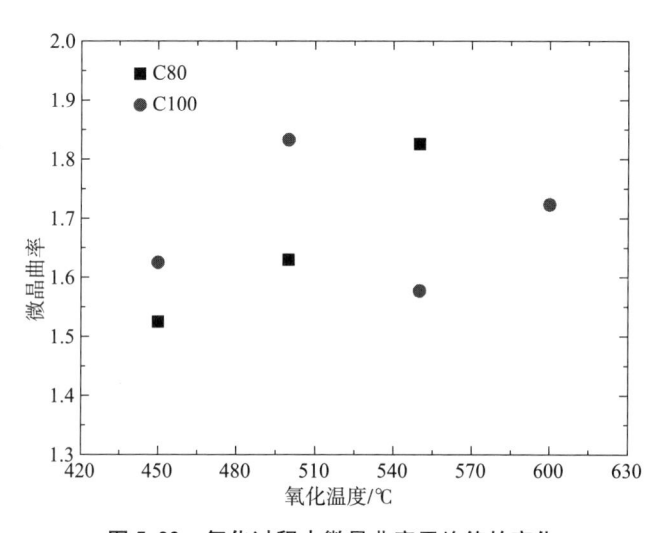

图 5.22 氧化过程中微晶曲率平均值的变化

图 5.21 和图 5.22 所示分别为颗粒物样品 C80 和样品 C100 氧化过程中微晶长度、微晶曲率平均值的变化情况。样品 C100 微晶长度随氧化温度的升高呈先增加后减小的趋势，样品 C100 微晶长度的峰值点对应的温度为 550 ℃左右；样品 C80 的微晶长度随氧化温度逐渐上升，其峰值点对应的温度为 500~550 ℃；氧化温度较低时，微晶长度变化较小。图 5.17 中样品 C80 在 450 ℃的环境温度

下预处理后微晶长度略微增加，但其微晶层间距的变化与氧化环境中变化情况不同。样品 C100 在较高温度下由于核壳结构逐渐开始破裂，导致其微晶长度在较高氧化温度时减小。在氧化过程中，微晶曲率的变化、颗粒物的微孔结构的变化导致颗粒物的表面积不断改变。

样品 C100 在 500 ℃、550 ℃、600 ℃氧化温度下计算得到的动力学参数及微晶结构参数见表 5.3。以微晶层间距、微晶长度、微晶曲率为自变量，以相应温度下瞬时活化能、氧化速率常数为变量，求得的氧化动力学参数与微晶结构参数的关系式见式（5.1）和式（5.2），常数 a、b 为分别为 $kJ \cdot mol^{-1} \cdot nm^{-1.96}$、$Pa^{-1} \cdot s^{-1} \cdot nm^{14.09}$。求解氧化动力学参数与纳观结构参数的关系式时，有唯一的解析解，表明纳观结构参数与动力学参数的紧密关系。以微晶的三种主要结构参数来共同反映颗粒物氧化过程中动力学参数的变化情况更具有说服力。式中微晶层间距、微晶长度、微晶曲率对活化能的影响规律符合其物理意义，微晶长度为氧化过程中瞬时活化能变化的主导因素。同时，氧化过程中微晶参数对速率常数的影响要远远大于对活化能的影响。与第 4 章计算得到的动力学参数的结果相符，氧化过程中速率常数的变化要远远大于活化能的变化。颗粒物的氧化速率常数为温度的函数，所以，式（5.2）中速率常数的表达式中实际已经包含了温度的因素，而活化能的表达式中仅包含结构参数的因素。

$$E = a \cdot d^{-3.75} \cdot L^{5.71} \cdot C^{-3.88} \tag{5.1}$$

$$k = b \cdot d^{-21.02} \cdot L^{6.93} \cdot C^{-49.18} \tag{5.2}$$

表 5.3　样品 C100 氧化动力学参数、微晶结构参数在氧化过程中的变化情况

温度/℃	速率常数 $k/(10^{-8}Pa^{-1} \cdot s^{-1})$	活化能 $E/(kJ \cdot mol^{-1})$	微晶层间距 d/nm	微晶长度 L/nm	微晶曲率 C
500	0.50	92.87	0.87	3.04	1.83
550	1.47	126.74	1.25	6.69	1.58
600	4.94	134.68	0.92	3.23	1.72

5.6　氧化动力学特性与纳观结构演变的相关性

使用多升温速率法计算柴油机颗粒物的氧化动力学参数时，氧化过程中的动

力学细节会被忽略。而基于单升温速率法计算获得的氧化动力学参数在整个氧化过程中是连续的。图 5.23 和图 5.24 为柴油机颗粒物氧化过程中的氧化动力学曲线和纳观结构演变。基于氧化过程中的纳观结构演变，可以更清楚地解释氧化过程中的现象。氧化动力学曲线的斜率反映了柴油机颗粒物氧化过程中的表观活化能[80]。基于 DSC 实验结果，不同升温速率条件下，颗粒物氧化过程中的表观活化能近似相等；而基于 TGA 实验结果，升温速率对表观活化能的影响较小。当温度低于 310 ℃ 时，表观活化能几乎相同；在 344 ℃ 左右降至零以下，并在随后的氧化过程中逐渐增加（基于 DSC 方法）。与基于 TGA 的氧化动力学曲线相比，基于 DSC 的动力学曲线更平滑，主要是因为 DSC 方法在检测放热率时不受振动和噪声的影响。TGA 和 DSC 方法在温度低于 344 ℃ 的低温区域的表观活化能趋势存在差异，以颗粒物样品 A60 和升温速率为 5.0 ℃/min 为例：当温度低于 200 ℃ 时，表观活化能变化很小；在 200~344 ℃ 的温度范围内下降。通过比较颗粒物样品 A60 和颗粒物样品 A80，可以发现，表观活化能的变化趋势相同，主要差异在于特征温度点，如表观活化能增加或降低的温度以及持续时间。对于经

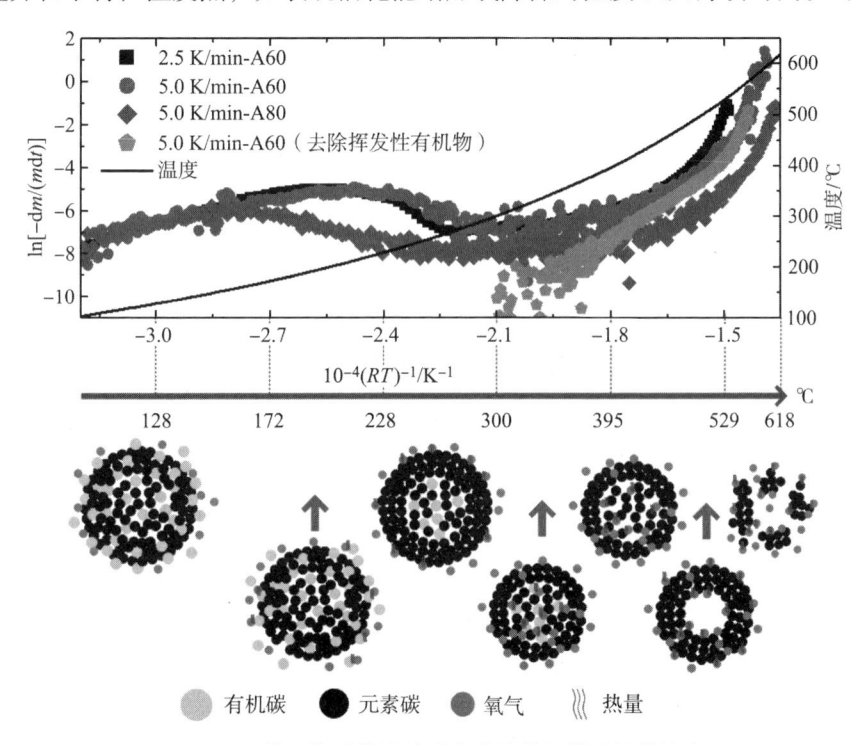

图 5.23 基于热重曲线的动力学特性及微观结构演变

过预处理的颗粒物样品（去除挥发性有机物的样品 A60），在 340～530 ℃的温度范围内，表观活化能几乎不变。非氧化氛围下的预处理对高温区的表观活化能影响较小。

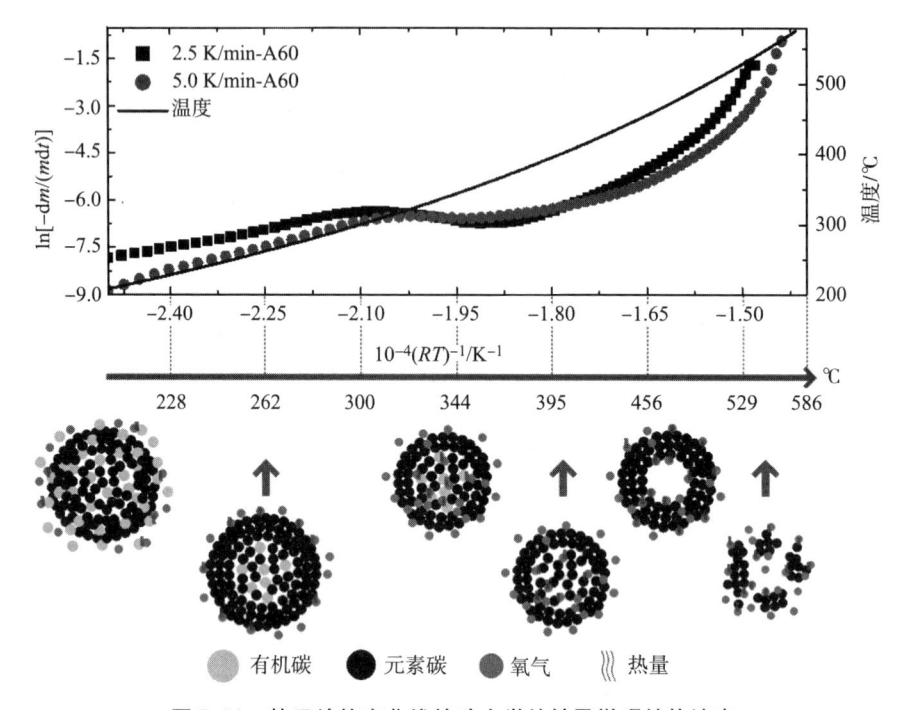

图 5.24　基于放热率曲线的动力学特性及微观结构演变

在低温区域，颗粒物升温氧化过程中主要发生有机成分的挥发。在此温度范围内，表观活化能是柴油机颗粒物中高挥发性有机成分挥发造成的。如图 5.23 中的纳观结构演变所示，该阶段为高挥发性有机成分的挥发，颗粒物质量损失为有机成分的挥发引起的。当温度高于 200 ℃时，有机成分开始发生化学反应。当温度高于 250 ℃时，化学反应主导了质量损失；在此温度区间内，化学反应和挥发同时发生，并伴随着热量释放。表面的碳烟逐渐被氧化，因此氧化从表面向内部核心传导。

在 200～310 ℃的温度范围内观察到了异常现象，根据 TGA 法得到的表观活化能为负值，而基于 DSC 法得到的表观活化能为正值。在该温度范围内，TGA 曲线中的质量损失百分比较高，而放热量较低。该过程中发生了高温热解反应，相对分子质量大的挥发性有机成分分解成相对分子质量小的挥发性有机成分。相对分子质量大的挥发性有机成分的热解反应导致颗粒物质量迅速减少。大部分相对分子质量小的挥发性有机成分随着载气从 TGA 仪器排出。由于 TGA 仪器中的高温，一旦相对分子质量大的挥发性有机成分热解，部分相对分子质量小的挥发性有机成分会发生氧化反应，导致温度区间的低放热量。基于 TGA 的动力学曲线描述的是相对分子质量大的挥发性有机成分的热解反应，而基于 DSC 的动力学曲线描述的是小分子 VOC 的氧化反应。因此，热解反应造成基于 TGA 的动力学曲线中的表观活化能为负值。

在 310～340 ℃ 温度区间内，基于 TGA 和 DSC 法计算获得的表观活化能均为负值或接近零。在此温度区域内，颗粒物质量损失速率较小。通过比较颗粒物样品 A60 和 A80 的氧化动力学曲线可以看出，这种异常现象在柴油机颗粒物氧化过程中普遍存在。然而，在已报道的柴油机颗粒物氧化动力学研究中，该现象经常被忽略[81-83]。该异常现象与相对分子质量大的挥发性有机成分和第二阶段的氧化过程紧密相关；对于不同的柴油机颗粒物样品 A60 和 A80，相对分子质量小的挥发性有机成分的含量基本相等。如果将颗粒物样品在高温环境下进行预处理，去除颗粒物表面附着的有机成分，将无法观察到该异常现象。Smith 等[84]获得相关结论，表观活化能在较窄的温度区间内的基元反应为负值；其他化学反应过程中，同样存在表观活化能为负值的现象[85-87]。

一般化学反应表现为正温度效应，即反应速率常数随温度增加而增加，而如果化学反应表现为负温度效应，则表观活化能将小于零。负温度效应一般出现在异常化学反应阶段。有观点认为，在氧化反应过程中形成了氢键复合物，该氢键复合物的能量低于反应物的能量，从而导致了负表观活化能[84]。在异常反应过程中生成了大量的氢键，导致后续的反应过程中尽管温度持续升高，但是质量损失速率很小。该现象产生原因与柴油机颗粒物氧化过程中，200～310 ℃ 温度区间范围内异常现象的原因相似。异常反应阶段后，柴油机颗粒物的表观活化能随氧化的进行而逐渐升高。

■ 5.7 小结

在不同发动机负荷下采集了柴油机颗粒物样品，观察了颗粒物的微晶排列；

N_2氛围中预处理后以及颗粒物氧化过程中微晶排列的变化；分析了颗粒物的纳观结构参数：微晶层间距、微晶长度、微晶曲率的分布情况；获得了氧化过程中颗粒物的纳观结构参数与动力学参数之间的关系。

（1）预处理前的原始颗粒物的微晶排列呈洋葱状，由短小、排列无序的微晶组成，粒径大小为40 nm左右；逃逸颗粒物和微粒聚集体的粒径较原始颗粒物显著减小，粒径小于30 nm；60%负荷工况下采集的逃逸颗粒物和微粒聚集体呈典型的核壳结构，由数个空心的内核和排列有序的外壳组成；80%负荷、100%负荷采集的逃逸颗粒物、微粒聚集体除粒径变小外，微晶排列变化不明显。

（2）颗粒物的微晶层间距、微晶长度的分布为类抛物状，原始颗粒物的微晶层间距、微晶长度的分布范围较广；三种不同种类的颗粒物，微晶层间距随负荷的增加而增大；纳观结构参数与颗粒物的氧化动力学参数（活化能、反应速率常数）的变化紧密相关，同类颗粒物的活化能随微晶长度的增加而升高。

（3）在N_2氛围中预处理后，80%负荷采集的原始颗粒物和微粒聚集体的微晶排列由洋葱状变为核壳结构，100%负荷采集的原始颗粒物的微晶排列基本不变。颗粒物的纳观结构参数变化显著，微晶层间距显著减小，微晶长度略微增加；量纲为1的参数$A = d^2 \cdot C/L^2$可用于评价在N_2氛围中预处理过程对颗粒物活性大小的影响，量纲为1的参数A越大，活性越大；N_2氛围中预处理后，颗粒物的活性显著降低。

（4）80%负荷和100%负荷采集的微粒聚集体在氧化过程中聚集程度显著降低，600 ℃时，80%负荷采集的微粒聚集体已趋于完全燃烧，核壳结构已完全破裂，微晶排列呈排列密实的带状分布；颗粒物的氧化过程经历了表面氧化、内部氧化的过程，微晶排列经历了洋葱状的无定形结构、核壳结构、排列紧密的带状结构；100%负荷采集的颗粒物样品氧化过程中，瞬时活化能和氧化速率常数可以用纳观结构参数表示：$E = a \cdot d^{-3.75} \cdot L^{5.71} \cdot C^{-3.88}$；$k = b \cdot d^{-21.02} \cdot L^{6.93} \cdot C^{-49.18}$。

（5）在柴油机颗粒物氧化初始阶段，挥发性有机成分的挥发导致了颗粒物质量的损失，但是该过程中基本没有发生化学反应。大量相对分子质量大的发挥性有机成分分解为相对分子质量小的挥发性有机成分，导致了 TGA 动力学分析结果中，在 200~310 ℃ 温度区间内出现了负表观活化能，且部分相对分子质量小的挥发性有机成分的氧化释放了少量的热量。在 310~340 ℃ 的温度区间范围内同样观察到了异常现象，该反应过程中形成了低能量的氢键复合物，其能量低于反应物的能量。此外，氢键复合物导致了后续反应过程中的缓慢氧化反应。当温度高于 340 ℃ 时，表观活化能逐渐增加。当颗粒物在高温条件下经过预处理后，颗粒物氧化过程中存在的异常现象消失，表明该异常现象是由吸附在柴油机颗粒物上的挥发性有机成分引起的。

第 6 章
等离子体对柴油机颗粒物的拉曼特性影响

本章主要研究柴油机不同工况下，原始颗粒物、逃逸颗粒物、微粒聚集体的拉曼光谱特性，采用不同分峰拟合的方式获得拉曼光谱参数：峰强度、峰面积、半高宽。分析拉曼参数与颗粒物的氧化特性、氧化动力学参数的关系，以及氧化过程中颗粒物拉曼参数的变化；对比采用拉曼光谱参数与 HRTEM 计算得到的微晶尺寸。

对获得的拉曼光谱采用第 2 章中所述的 L1G、L2G、L3G、L4G 四种方法进行分峰拟合，获得不同拟合方式下的拉曼参数。拉曼光谱峰的强度表明晶格缺陷、石墨化碳的含量和强度；半高宽表明颗粒物的化学各向异性，即碳原子排列的周期性和疏密程度；峰面积同时包含了峰强度和半高宽的信息。本章主要研究的部分拉曼参数见表 6.1。D1 峰、G 峰拉曼频移分别对应 D 峰、G 峰；D2 峰由微晶的无序性排列引起，常伴随 D1 峰而出现；D3 峰由颗粒物中的无定形碳引起，主要是由颗粒物中的含氧有机成分造成；D4 峰由 sp^3 非晶石墨引起[9,10,12,88-93]。

表 6.1　部分拉曼参数

拉曼参数符号	拉曼参数含义
I_D/I_G	分峰拟合前 D 峰与 G 峰的峰强度的比值
I_{D1}/I_G	D1 峰与 G 峰的峰强度的比值
I_{D2}/I_G	D2 峰与 G 峰的峰强度的比值
I_{D3}/I_G	D3 峰与 G 峰的峰强度的比值
I_{D4}/I_G	D4 峰与 G 峰的峰强度的比值

续表

拉曼参数符号	拉曼参数含义
A_{D1}/A_G	D1 峰与 G 峰的峰面积的比值
A_{D2}/A_G	D2 峰与 G 峰的峰面积的比值
A_{D3}/A_G	D3 峰与 G 峰的峰面积的比值
A_{D4}/A_G	D4 峰与 G 峰的峰面积的比值

6.1 柴油机颗粒物的拉曼光谱

拉曼光谱和 HRTEM 在一定程度上可以互补，二者均可反映颗粒物微晶排列的无序程度、颗粒物的微晶尺寸[94]。柴油机不同负荷、不同位置采集的 9 种颗粒物样品预处理前的拉曼光谱如图 6.1 所示。为了便于对比不同颗粒物样品的拉曼光谱，将不同拉曼光谱进行归一化处理，将 G 峰的强度默认为 1。D 峰、G 峰分别对应的拉曼频移约为 1 340 cm^{-1}、1 590 cm^{-1}，样品 C100 拉曼光谱的 D 峰对应的拉曼频移较其他样品出现一定的偏移。D 峰的半高宽较 G 峰大，表明该柴油机排放的颗粒物中无序性成分的化学各向异性相对较强，石墨化成分的化学各向异性相对较弱。文献表明，不同颗粒物的 D 峰、G 峰的位置有略微差别，峰位置的偏移主要由颗粒物中的 C—H 键的不同导致[95]。60%、80% 负荷采集的逃逸颗粒物拉曼光谱的 D 峰、G 峰的强度比值 I_D/I_G 较原始颗粒物显著增加，半高宽略微减小；100% 负荷采集的逃逸颗粒物的强度比 I_D/I_G 略微降低。等离子体对柴油机不同负荷下采集的颗粒物微晶排列的无序程度和石墨化程度的影响不同，与 HRTEM 实验观察到的结果一致。

图 6.2 和图 6.3 所示分别为颗粒物样品 C80 和样品 C100 氧化过程中原始拉曼光谱的变化情况。样品 C80 的峰值强度比 I_D/I_G 随氧化程度的进行，呈逐渐增加的趋势；样品 C100 的强度比在 550 ℃ 出现波谷；样品 C80 和样品 C100 在氧化过程中强度比 I_D/I_G 较氧化前颗粒物的强度比均大。对于样品 C100，氧化温度为 500 ℃ 时，D 峰对应的拉曼频移较其他温度时的拉曼频移显著右移，且峰值显著增大，半高宽较小，表明引起 D 峰的碳的化学各向异性降低。Markus 等[93]研究发现，碳黑在氧化过程中，拉曼光谱峰值点对应的拉曼频移会发生略微的变化。

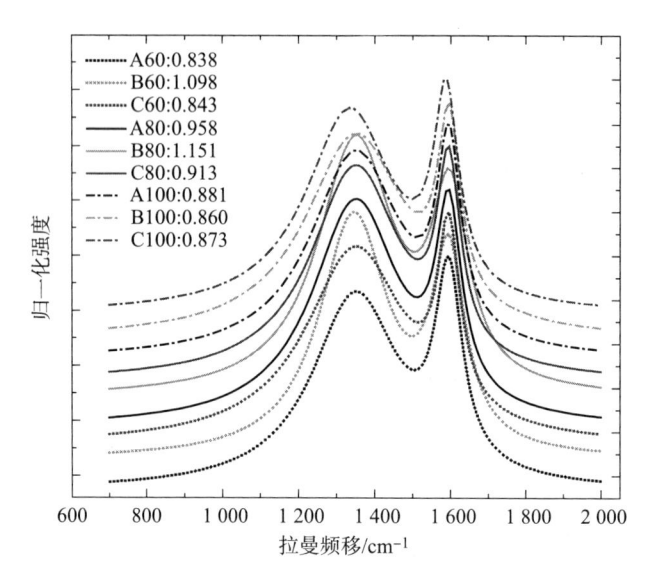

图 6.1 柴油机不同负荷下颗粒物的拉曼光谱

在颗粒物氧化过程中，拉曼光谱的强度及半高宽同时变化，从原始的拉曼光谱很难分析颗粒物氧化过程中晶格缺陷、石墨化程度的详细变化情况，需要对拉曼光谱进行分峰拟合。

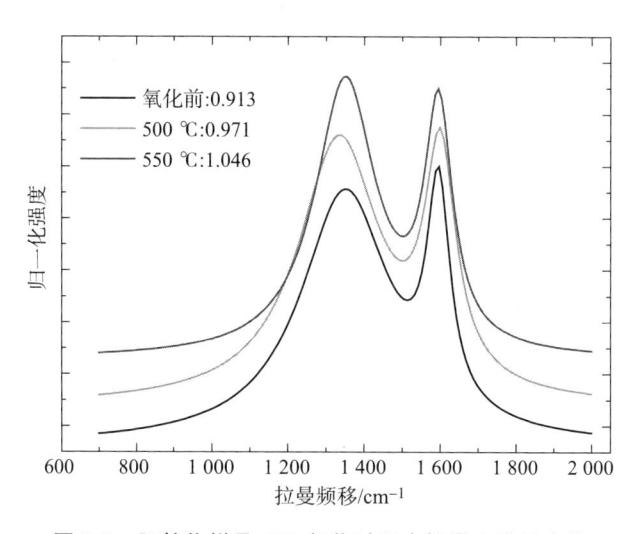

图 6.2 颗粒物样品 C80 氧化过程中拉曼光谱的变化

第 6 章　等离子体对柴油机颗粒物的拉曼特性影响　85

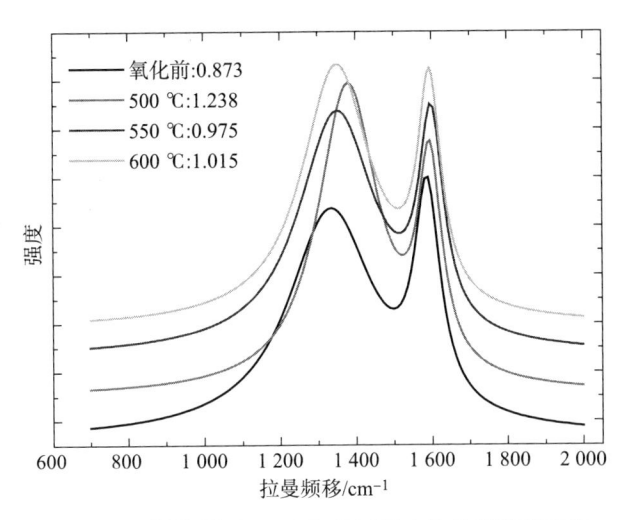

图中图例：
- 氧化前:0.873
- 500 ℃:1.238
- 550 ℃:0.975
- 600 ℃:1.015

图 6.3　颗粒物样品 C100 氧化过程中拉曼光谱的变化

6.2　柴油机颗粒物的拉曼光谱参数的分析

为了详细了解柴油机颗粒物碳原子排列的无序性、石墨化程度、无定形程度、氧化过程中拉曼参数的变化情况，以及拉曼参数与颗粒物氧化特性的关系，本节对颗粒物的拉曼光谱采用不同的方法进行分峰拟合（L1G、L2G、L3G、L4G），并与第 4 章计算得到的氧化特性参数进行对比分析。颗粒物的无序程度越高，石墨化程度越低，无定形碳含量越多，颗粒物的氧化活性越高。对采集的柴油机不同颗粒物样品的拉曼光谱均采用 4 种分峰拟合的方式进行分析，拉曼参数的平均值及标准偏差见表 6.2。为了使图更加清晰、明了，下文中拉曼参数的标准偏差（误差棒）将不在拉曼参数图中表示。

表 6.2　不同颗粒物样品采用 4 种分峰拟合方式获得的拉曼参数的标准偏差

样品	分峰拟合方式	I_{D1}/I_G	I_{D3}/I_G	A_{D1}/A_G	A_{D3}/A_G	$A_{D3}/(A_{D1}+A_G)$	半高宽/cm^{-1} D1	D3	G
A60	L1G	1.03 ± 0.215	—	3.34 ± 0.132	—	—	278.1 ± 3.51	—	85.8 ± 1.57
	L2G	1.02 ± 0.193	0.21 ± 0.007 6	3.29 ± 0.143	0.27 ± 0.032	0.095 ± 0.001 5	248.7 ± 4.72	176.5 ± 7.21	77.2 ± 3.98

续表

样品	分峰拟合方式	I_{D1}/I_G	I_{D3}/I_G	A_{D1}/A_G	A_{D3}/A_G	$A_{D3}/(A_{D1}+A_G)$	半高宽/cm^{-1} D1	D3	G
A60	L3G	0.97 ± 0.157	0.17 ± 0.008 5	2.45 ± 0.185	0.18 ± 0.015	0.053 ± 0.000 7	211.0 ± 5.85	128.9 ± 8.32	73.5 ± 1.23
A60	L4G	1.02 ± 0.852	0.20 ± 0.005 3	10.43 ± 0.214	0.29 ± 0.023	0.076 ± 0.002 1	207.4 ± 10.21	154.0 ± 4.53	154.0 ± 5.32
B60	L1G	1.27 ± 0.153	—	2.65 ± 0.245	—	—	218.0 ± 7.36	—	105.2 ± 0.98
B60	L2G	1.27 ± 0.236	0.17 ± 0.003 5	2.51 ± 0.314	0.13 ± 0.009	0.037 ± 0.008	193.3 ± 6.25	107.6 ± 2.10	71.4 ± 1.98
B60	L3G	1.20 ± 0.310	0.15 ± 0.004 8	2.19 ± 0.452	0.09 ± 0.005	0.028 ± 0.009	181.5 ± 8.56	83.6 ± 1.05	77.7 ± 0.65
B60	L4G	1.41 ± 0.147	0.18 ± 0.007 5	7.88 ± 0.185	0.17 ± 0.012	0.045 ± 0.001 2	172.3 ± 2.31	117.9 ± 0.95	117.9 ± 2.56
C60	L1G	1.11 ± 0.236	—	5.09 ± 0.365	—	—	318.9 ± 9.32	—	70.7 ± 1.04
C60	L2G	1.08 ± 0.352	0.09 ± 0.001 9	3.94 ± 0.149	0.24 ± 0.020	0.021 ± 0.001 9	280.6 ± 514	129.8 ± 0.85	76.4 ± 0.65
C60	L3G	1.00 ± 0.095	0.11 ± 0.001 7	2.68 ± 0.325	0.36 ± 0.021	0.044 ± 0.002 1	212.9 ± 6.74	161.0 ± 2.35	79.7 ± 2.58
C60	L4G	1.02 ± 0.159	0.20 ± 0.009	16.84 ± 0.985	0.63 ± 0.039	0.082 ± 0.003 5	189.9 ± 5.14	162.8 ± 3.52	162.8 ± 5.26
A80	L1G	1.21 ± 0.187	—	4.56 ± 0.423	—	—	290.9 ± 9.32	—	81.3 ± 0.99
A80	L2G	1.20 ± 0.165	0.17 ± 0.001 9	3.60 ± 0.395	0.41 ± 0.026	0.058 ± 0.002 9	237.2 ± 10.32	219.7 ± 8.25	77.9 ± 0.58
A80	L3G	1.11 ± 0.123	0.20 ± 0.003 9	2.72 ± 0.325	0.35 ± 0.028	0.094 ± 0.003 7	198.6 ± 5.36	206.8 ± 2.14	81.2 ± 1.14
A80	L4G	1.20 ± 0.247	0.24 ± 0.003 7	24.67 ± 0.784	0.35 ± 0.012	0.076 ± 0.009	197.1 ± 6.32	146.3 ± 6.85	146.3 ± 4.21

续表

样品	分峰拟合方式	I_{D1}/I_G	I_{D3}/I_G	A_{D1}/A_G	A_{D3}/A_G	$A_{D3}/(A_{D1}+A_G)$	半高宽/cm^{-1} D1	D3	G
B80	L1G	1.40 ± 0.311	—	2.98 ± 0.103	—	—	241.8 ± 7.10	—	115.4 ± 2.95
B80	L2G	1.42 ± 0.236	0.11 ± 0.002 9	2.10 ± 0.082	0.18 ± 0.010	0.080 ± 0.004 8	212.3 ± 4.81	352.2 ± 14.25	141.9 ± 6.85
B80	L3G	1.37 ± 0.235	0.24 ± 0.002 5	1.93 ± 0.051	0.47 ± 0.021	0.192 ± 0.005 1	184.0 ± 5.14	363.9 ± 10.98	127.6 ± 4.25
B80	L4G	1.58 ± 0.148	0.30 ± 0.001 3	2.64 ± 0.125	0.77 ± 0.058	0.222 ± 0.009 5	187.6 ± 12.14	406.7 ± 20.65	307.0 ± 8.25
C80	L1G	1.16 ± 0.168	—	4.50 ± 0.096	—	—	285.3 ± 10.18	—	73.6 ± 2.56
C80	L2G	1.14 ± 0.198	0.21 ± 0.003 2	3.55 ± 0.078	0.20 ± 0.019	0.054 ± 0.003 7	223.1 ± 9.10	119.6 ± 1.25	72.2 ± 0.85
C80	L3G	1.07 ± 0.187	0.27 ± 0.004 1	2.35 ± 0.095	0.36 ± 0.021	0.107 ± 0.004 9	169.0 ± 7.56	151.5 ± 1.95	77.4 ± 0.85
C80	L4G	1.09 ± 0.287	0.33 ± 0.003 1	10.71 ± 0.562	0.59 ± 0.038	0.165 ± 0.008 3	153.7 ± 4.65	167.5 ± 5.26	160.5 ± 8.58
A100	L1G	1.11 ± 0.254	—	4.20 ± 0.246	—	—	289.5 ± 7.95	—	84.7 ± 2.25
A100	L2G	1.11 ± 0.258	0.17 ± 0.001 4	3.58 ± 0.358	0.27 ± 0.045	0.061 ± 0.001 0	235.2 ± 7.25	171.4 ± 6.32	74.6 ± 1.52
A100	L3G	1.00 ± 0.147	0.17 ± 0.001 5	2.49 ± 0.452	0.25 ± 0.017	0.073 ± 0.001 7	184.7 ± 3.85	156.2 ± 2.85	75.2 ± 0.75
A100	L4G	1.08 ± 0.365	0.35 ± 0.003 5	12.24 ± 0.109	0.33 ± 0.024	0.208 ± 0.008 2	171.0 ± 6.14	225.1 ± 3.54	225.1 ± 9.52
B100	L1G	1.14 ± 0.102	—	5.65 ± 0.215	—	—	319.2 ± 8.20	—	70.5 ± 2.36
B100	L2G	1.10 ± 0.099	0.18 ± 0.000 9	3.96 ± 0.147	0.20 ± 0.009	0.041 ± 0.000 4	253.8 ± 7.21	113.8 ± 5.24	98.4 ± 2.47
B100	L3G	1.00 ± 0.102	0.25 ± 0.001 1	2.46 ± 0.159	0.33 ± 0.018	0.096 ± 0.001 0	187.4 ± 8.10	147.7 ± 0.99	101.1 ± 1.25
B100	L4G	1.06 ± 0.259	0.28 ± 0.002 1	12.88 ± 0.327	0.39 ± 0.023	0.104 ± 0.003 6	180.3 ± 2.36	138.4 ± 1.06	138.4 ± 4.56

续表

样品	分峰拟合方式	I_{D1}/I_G	I_{D3}/I_G	A_{D1}/A_G	A_{D3}/A_G	$A_{D3}/(A_{D1}+A_G)$	半高宽/cm^{-1} D1	半高宽/cm^{-1} D3	半高宽/cm^{-1} G
C100	L1G	1.06 ± 0.308	—	3.75 ± 0.654	—	—	278.8 ± 5.25	—	80.1 ± 0.98
C100	L2G	1.09 ± 0.214	0.14 ± 0.001 5	3.21 ± 0.345	0.11 ± 0.007	0.040 ± 0.000 9	261.7 ± 10.25	145.4 ± 1.98	71.2 ± 0.45
C100	L3G	0.98 ± 0.056	0.23 ± 0.001 2	2.20 ± 0.146	0.32 ± 0.017	0.099 ± 0.001 5	176.4 ± 2.95	140.5 ± 2.05	76.7 ± 1.25
C100	L4G	1.05 ± 0.087	0.28 ± 0.001 1	8.08 ± 0.423	0.36 ± 0.026	0.100 ± 0.002 3	175.5 ± 8.01	132.4 ± 1.25	132.4 ± 8.52
C80$_{550℃}$	L1G	1.15 ± 0.320	—	3.05 ± 0.253	—	—	204.6 ± 6.09	—	99.0 ± 4.25
C80$_{550℃}$	L2G	1.18 ± 0.209	0.27 ± 0.005 4	3.07 ± 0.145	0.17 ± 0.009	0.044 ± 0.002 5	261.0 ± 8.20	322.2 ± 5.98	96.0 ± 5.32
C80$_{550℃}$	L3G	1.23 ± 0.320	0.21 ± 0.003 6	2.46 ± 0.253	0.50 ± 0.038	0.167 ± 0.005 8	248.1 ± 5.63	333.5 ± 8.59	93.9 ± 4.01
C80$_{550℃}$	L4G	1.20 ± 0.302	0.22 ± 0.003 7	10.44 ± 0.251	0.26 ± 0.014	0.071 ± 0.000 6	184.9 ± 9.56	296.4 ± 8.47	296.4 ± 5.25
C80$_{600℃}$	L1G	1.14 ± 0.203	—	2.577 ± 0.125	—	—	171.2 ± 2.50	—	88.9 ± 4.20
C80$_{600℃}$	L2G	1.12 ± 0.154	0.19 ± 0.000 7	2.59 ± 0.214	0.12 ± 0.005	0.112 ± 0.009 5	194.1 ± 5.21	238.0 ± 4.25	79.6 ± 1.02
C80$_{600℃}$	L3G	1.21 ± 0.147	0.19 ± 0.000 8	2.310 ± 0.385	0.36 ± 0.010	0.108 ± 0.005 1	168.1 ± 1.95	223.0 ± 2.47	82.2 ± 0.98
C80$_{600℃}$	L4G	1.17 ± 0.175	0.17 ± 0.002 1	29.84 ± 0.976	0.10 ± 0.008	0.030 ± 0.001 0	157.3 ± 2.09	75.0 ± 0.87	75.0 ± 0.75
C100$_{550℃}$	L1G	1.51 ± 0.250	—	3.99 ± 0.475	—	—	197.7 ± 9.52	—	74.1 ± 0.65
C100$_{550℃}$	L2G	1.52 ± 0.138	0.21 ± 0.003 2	4.19 ± 0.256	0.57 ± 0.040	0.111 ± 0.003 5	194.7 ± 5.52	294.1 ± 8.95	72.7 ± 0.89
C100$_{550℃}$	L3G	1.55 ± 0.146	0.15 ± 0.001 8	3.30 ± 0.354	0.26 ± 0.028	0.081 ± 0.001 8	198.5 ± 7.45	307.6 ± 15.65	80.0 ± 1.25
C100$_{550℃}$	L4G	1.79 ± 0.312	0.25 ± 0.001 4	19.64 ± 0.754	0.59 ± 0.030	0.127 ± 0.001 1	172.9 ± 4.23	268.5 ± 10.85	268.5 ± 9.52

续表

样品	分峰拟合方式	I_{D1}/I_G	I_{D3}/I_G	A_{D1}/A_G	A_{D3}/A_G	$A_{D3}/(A_{D1}+A_G)$	半高宽/cm^{-1} D1	半高宽/cm^{-1} D3	半高宽/cm^{-1} G
C100$_{600℃}$	L1G	1.17±0.075	—	3.70±0.4529	—	—	190.6±6.58	—	76.3±1.52
C100$_{600℃}$	L2G	1.21±0.183	0.16±0.0017	3.52±0.145	0.36±0.014	0.080±0.0012	246.9±7.65	249.4±5.85	78.4±2.36
C100$_{600℃}$	L3G	1.12±0.097	0.14±0.0025	2.69±0.075	0.22±0.030	0.076±0.0031	226.7±3.75	245.1±2.59	82.4±1.52
C100$_{600℃}$	L4G	1.33±0.302	0.22±0.0005	9.19±0.120	0.46±0.035	0.102±0.0037	197.3±5.85	218.8±7.85	218.8±6.58
C100$_{650℃}$	L1G	1.12±0.084	—	3.66±0.325	—	—	160.3±1.09	—	73.0±2.36
C100$_{650℃}$	L2G	1.13±0.054	0.14±0.0015	3.18±0.098	0.21±0.018	0.052±0.0018	223.0±11.23	159.2±2.52	72.0±4.12
C100$_{650℃}$	L3G	1.11±0.047	0.13±0.0054	2.50±0.090	0.17±0.010	0.051±0.0020	185.4±8.23	147.9±4.39	74.3±0.85
C100$_{650℃}$	L4G	1.22±0.204	0.19±0.0034	16.70±0.489	0.22±0.017	0.060±0.0017	162.8±5.23	122.9±1.08	122.9±2.58

6.2.1 发动机不同负荷下颗粒物的拉曼参数

拉曼光谱经过分峰拟合后的主要参数包括峰强度比、峰面积比、峰带的半高宽，本节主要研究柴油机不同负荷下，三种不同类型颗粒物的拉曼参数。相比于发动机转速的变化，负荷的变化对颗粒物的活性和微观-纳观结构的影响较大[96]。图6.4所示为采用L1G、L2G分峰拟合的方式获得的拉曼光谱中D1峰和G峰的强度比I_{D1}/I_G随发动机负荷的变化关系。采用L3G、L4G分峰拟合的方式得到的拉曼参数见表5.2，将不绘制于图中。由图6.4可知，采用不同的分峰拟合的方式获得的拉曼参数I_{D1}/I_G随发动机负荷的变化趋势一致；三种不同种类的颗粒物，I_{D1}/I_G变化趋势相同；80%负荷时强度比I_{D1}/I_G最大，表明80%负荷采集的柴油机颗粒物的无序性、石墨化程度与60%、100%负荷采集的颗粒物的差距较大。对于不同发动机负荷下生成的颗粒物，等离子体对其拉曼参数的影响不同：60% 负荷下生成的颗粒物，经过 NTP 处理后，逃逸颗粒物和微粒聚集体的 I_{D1}/I_G 显著增加，表明石墨层中边界碳原子比例的增加[97]；80% 负荷时，逃逸颗粒物的强度比 I_{D1}/I_G 的变化比较显著，微粒聚集体略微降低；100% 负荷采集的颗粒物样品 I_{D1}/I_G 的变化受等离子体的影响较小。

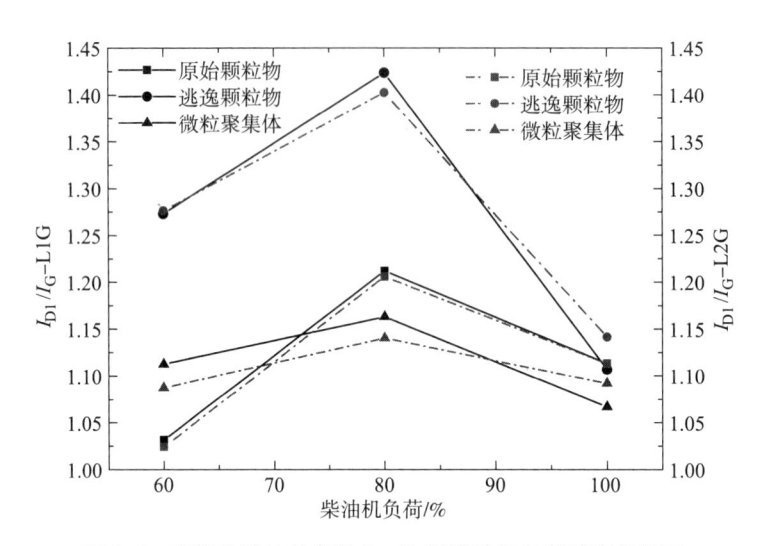

图 6.4 颗粒物的拉曼参数 I_{D1}/I_G 随发动机负荷的变化关系

分峰拟合获得的拉曼峰 D3 是由颗粒物中的含氧官能团引起的，表示颗粒物中的无定形碳。图 6.5 所示为采用 L2G 分峰拟合的方式获得的 D3 峰与 G 峰强度比 I_{D3}/I_G 随柴油机负荷的变化关系。不同种类的颗粒物 I_{D3}/I_G 随发动机负荷的变化趋势不同，等离子体对不同负荷生成颗粒物的拉曼参数影响不同。与 I_{D1}/I_G 变化情况相似，经过等离子体处理后，60%、80% 负荷下采集的颗粒物 I_{D3}/I_G 变化显著，100% 负荷采集的颗粒物变化较小。100% 负荷时颗粒物的生成温度较高，无定形程度较小，抗氧化特性较强，流经等离子体区域时，受等离子体的影响较小。与 HRTEM 图像观察的结果相似，发动机负荷越大，颗粒物的微观结构受加热温度、等离子体的影响越小。

图 6.6 和图 6.7 所示为采用 L1G、L2G 分峰拟合的方式获得的 D1 峰、D3 峰与 G 峰的峰面积比 A_{D1}/A_G、A_{D3}/A_G 随发动机负荷的变化。采用不同分峰拟合方式获得的 A_{D1}/A_G 随柴油机负荷的变化趋势相似。经过低温等离子体处理后，逃逸颗粒物的 A_{D1}/A_G 变化比微粒聚集体更为显著；发动机负荷对原始颗粒物 A_{D1}/A_G 的影

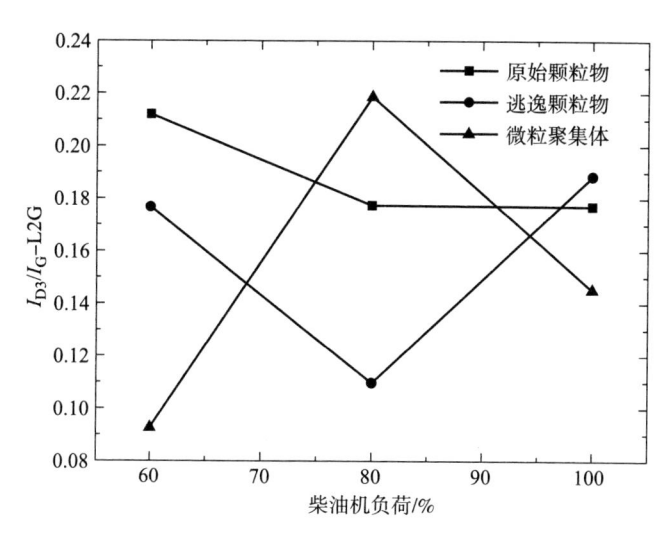

图 6.5　颗粒物的拉曼参数 I_{D3}/I_G 随发动机负荷的变化关系

响较小，逃逸颗粒物、微粒聚集体受负荷的影响较大。Lapuerta 等[98]的研究结果显示，燃用生物柴油的发动机产生的颗粒物，峰强度比 I_{D1}/I_G、峰面积比 A_{D1}/A_G 随发动机负荷的变化比较显著，燃用柴油生成颗粒物的峰强度比 I_{D1}/I_G、面积比 A_{D1}/A_G 随负荷的增大略微减小。

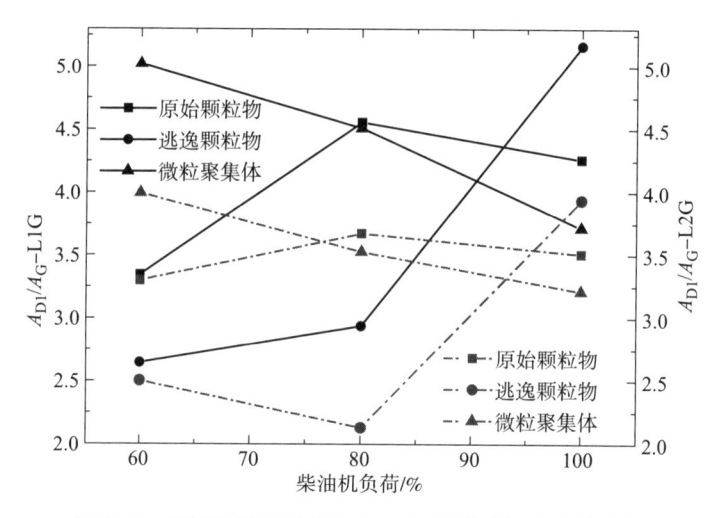

图 6.6　颗粒物的拉曼参数 A_{D1}/A_G 随发动机负荷的变化

与原始颗粒物相比，逃逸颗粒物、微粒聚集体的峰面积比 A_{D3}/A_G 显著降低，尤其是 80% 负荷生成的颗粒物变化更为显著。拉曼光谱 D3 峰面积与 G 峰面积的

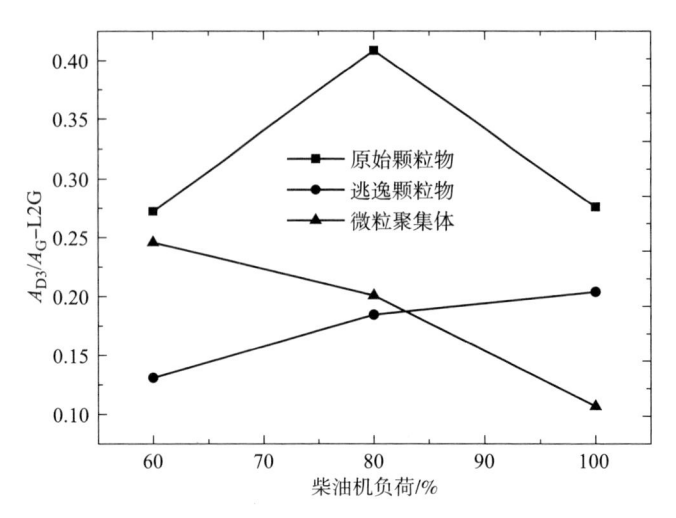

图 6.7 颗粒物的拉曼参数 A_{D3}/A_G 随发动机负荷的变化

比值 A_{D3}/A_G 体现了颗粒物中含氧有机成分的含量与化学各向异性综合作用的效果。等离子体对颗粒物中含氧有机成分的作用受发动机负荷的影响，导致不同负荷下含氧有机成分的含量、化学各向异性的变化情况不同。相关研究表明，不同扭矩下采集的颗粒物拉曼参数 I_{D3}/I_G、A_{D3}/A_G 差异较大，且颗粒物的石墨化程度随发动机负荷并非呈现单调变化的趋势[98]。

Frank 等[99]研究结果表明，峰面积比 $A_{D3}/(A_{D1}+A_{D3})$ 与颗粒物的活性相关，图 6.8 为不同负荷下采集的柴油机颗粒物的拉曼参数 $A_{D3}/(A_{D1}+A_{D3})$ 随负荷的变化关系。逃逸颗粒物、微粒聚集体的变化趋势相同，在 80% 负荷时出现峰值，且 100% 负荷时逃逸颗粒物与微粒聚集体的值基本相同。经过 NTP 处理后，60% 负荷和 100% 负荷生成的颗粒物，其拉曼参数 $A_{D3}/(A_{D1}+A_{D3})$ 显著降低。拉曼参数随发动机负荷的变化趋势相差较大，主要与所用燃料、颗粒物生成环境紧密相关[10]，且受燃料种类的影响较大[96,100]。

半高宽反映颗粒物的化学各向异性程度，半高宽越大，化学各向异性越显著。D1 峰的半高宽与碳颗粒微晶排列的无序程度、晶格缺陷有关，D3 峰的半高宽与颗粒物中的无定形碳相关，G 峰的半高宽受碳颗粒的石墨化、碳化程度影响。图 6.9 ~ 图 6.11 所示为采用 L1G、L2G 分峰拟合的方式获得的颗粒物拉曼光谱的 D1 峰、D3 峰、G 峰的半高宽随发动机负荷的变化关系。逃逸颗粒物 D1 峰的半高宽随发动机负荷的增加而升高，说明导致颗粒物无序性排列的碳的化学各

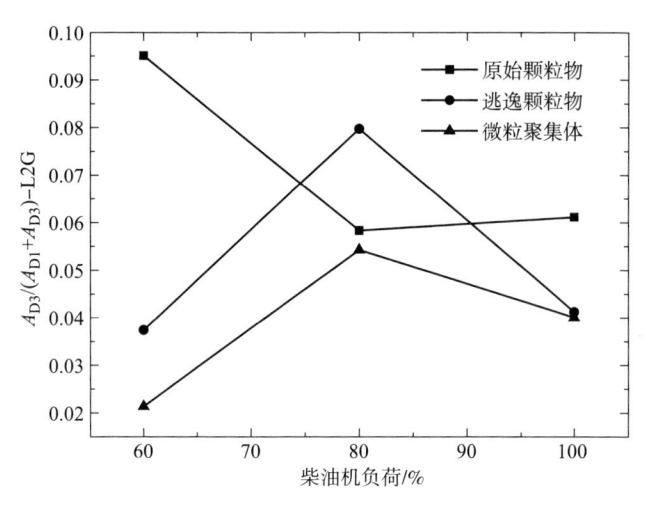

第 6 章　等离子体对柴油机颗粒物的拉曼特性影响

图 6.8　颗粒物的拉曼参数 $A_{D3}/(A_{D1}+A_{D3})$ 随发动机负荷的变化关系

向异性随负荷的提高而加剧；D3 峰和 G 峰的半高宽在 80% 负荷出现峰值，且较 60% 和 100% 负荷的半高宽相差较大，即逃逸颗粒物中无定形碳的化学各向异性受发动机负荷的影响较大；原始颗粒物和微粒聚集体 G 峰的半高宽受发动机负荷的影响不太显著。Mühlbauer 等[101]对不同发动机运行工况采集的柴油机颗粒物进行了拉曼光谱实验，表明 D1 峰的半高宽和强度比 I_{D1}/I_G 随发动机工况变化较大，且没有明显的规律。

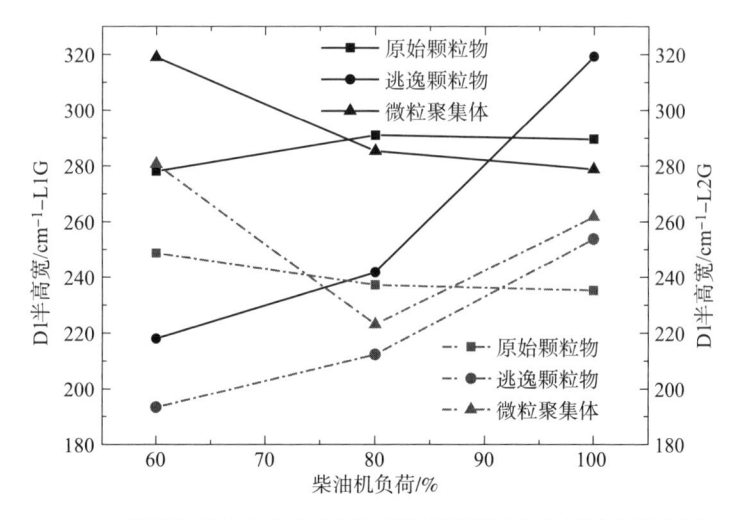

图 6.9　颗粒物的拉曼参数 D1 峰半高宽随发动机负荷的变化关系

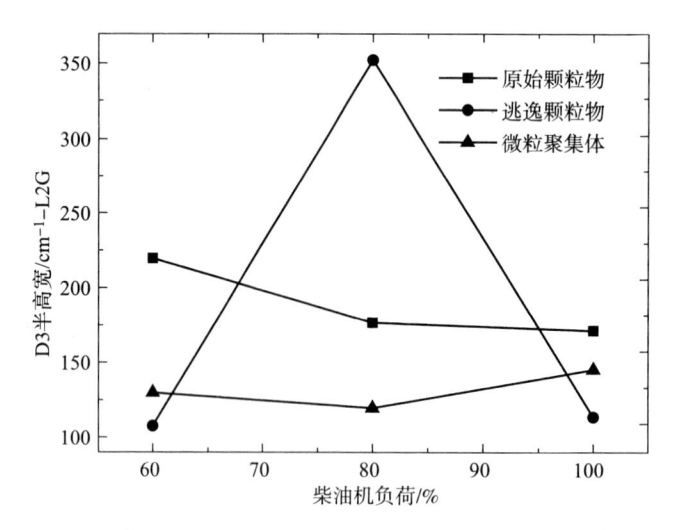

图 6.10 颗粒物的拉曼参数 D3 峰半高宽随发动机负荷的变化关系

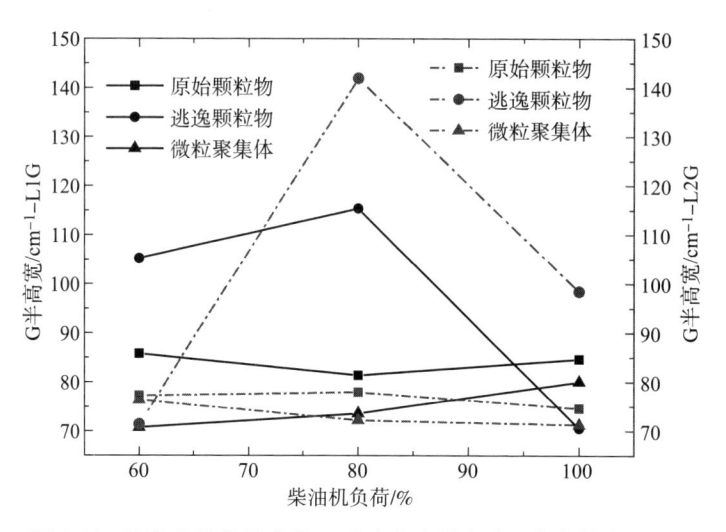

图 6.11 颗粒物的拉曼参数 G 峰半高宽随发动机负荷的变化关系

6.2.2 颗粒物的拉曼参数与氧化特性的关系

不同来源的颗粒物，由于燃料及生成环境的不同，导致拉曼参数的变化情况不同，拉曼参数与颗粒物氧化特性之间的关系还具有一定的争议[90,94,99,102-105]。图 6.12 和图 6.13 所示为柴油机不同负荷下采集的逃逸颗粒物、微粒聚集体，采用不同的分峰拟合方式获得的拉曼参数 A_{D1}/A_G、A_{D3}/A_G 与平均活化能之间的关系。由第 4 章可知，预处理后的柴油机颗粒物的动力学参数与实际动力学参数差异较小，本章中所指的动力学参数均为采用预处理后的颗粒物计算得到的数值。由图 6.12 可知，采用不同的分峰拟合方式获得的拉曼参数随平均活化能变化的关系相似，均随峰面积比值 A_{D1}/A_G、A_{D3}/A_G 的增加而增加。对于微粒聚集体，当活化能超过一定值时，活化能大小对 A_{D1}/A_G、A_{D3}/A_G 的变化较为敏感；逃逸颗粒物的平均活化能受峰面积比值 A_{D1}/A_G、A_{D3}/A_G 的影响较小；原始颗粒物的平均活化能随峰面积的比值没有明显的变化规律。

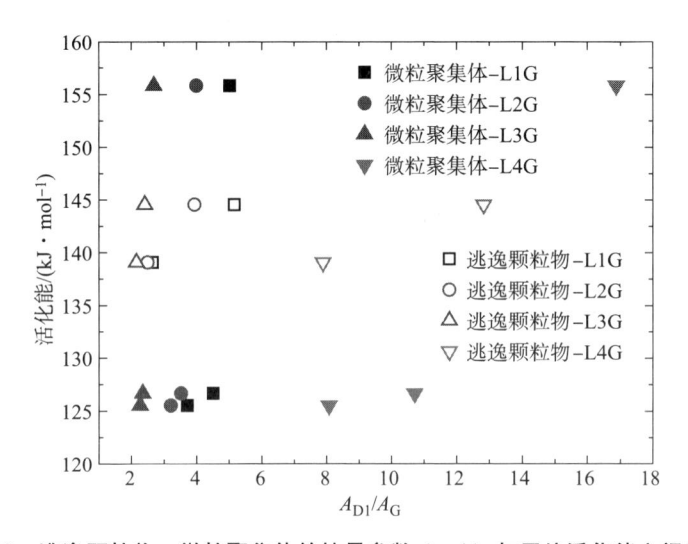

图 6.12 逃逸颗粒物、微粒聚集体的拉曼参数 A_{D1}/A_G 与平均活化能之间的关系

A_{D1}/A_G 表示引起颗粒物微晶无序性排列的碳含量、化学各向异性随发动机负荷的变化关系，A_{D3}/A_G 表示颗粒物中无定形碳的含量、化学各向异性随负荷的变化关系[102]。相关研究表明，颗粒物的氧化活性随 A_{D1}/A_G、A_{D3}/A_G 的增加而提高[102]，导致颗粒物平均活化能的降低，与本书的结果恰好相反；文献 [88，108，109] 中观察到类似的现象，Zaida[109]将这种现象归因于拉曼光谱对于较小的微晶具有"不可见性"，即无法检测到尺寸很小的碳颗粒微晶的拉曼光谱。分析可能由以下几种原因导致：逃逸颗粒物和微粒聚集体在等离子体区域时，表面附着了一定量的活性离子；由第 4 章的热重结果可知，经过 NTP 后，逃逸颗粒物和微粒聚集体对有机成分的吸附特性发生了变化，使无定形碳的含量、化学各向

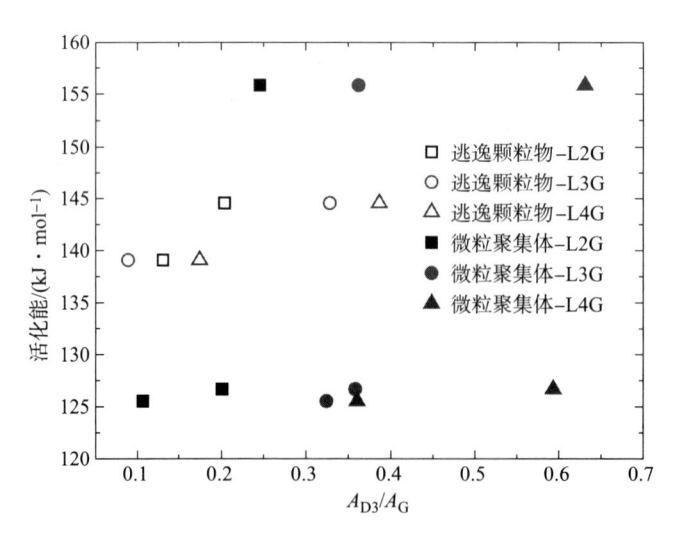

图 6.13 逃逸颗粒物、微粒聚集体的拉曼参数 A_{D3}/A_G 与平均活化能之间的关系

异性发生了变化,导致平均活化能与 A_{D1}/A_G、A_{D3}/A_G 的关系发生了变化;A_{D1}/A_G、A_{D3}/A_G 反映的是颗粒物初始状态时的拉曼特性,但平均活化能表征的是颗粒物在整个氧化过程中的加权平均活性,使二者之间的关系与实际出现一定的差异;由无定形碳转化为完美石墨的过程需要经历三个阶段,微晶的无序性先增加后降低[13],A_{D1}/A_G、A_{D3}/A_G 和颗粒物活性的关系与颗粒物中无定形碳所处的初始状态相关。

图 6.14 所示为原始颗粒物拉曼光谱 G 峰的半高宽与平均活化能的关系。G 峰与碳颗粒中石墨化碳的化学各向异性相关;石墨化程度越高,颗粒物的活性越差。不同工况下采集的原始颗粒物,其平均活化能随 G 峰半高宽的增加而显著增大。Sheng 等[8]的研究结果表明,随着 G 峰半高宽的增加,碳黑的活性显著降低;Hee 等[9]对颗粒物的拉曼光谱采用 L1G 分峰拟合的方式也得到相似的结论,G 峰半高宽的增加会导致颗粒物活化能的升高。

图 6.15 和图 6.16 所示分别为逃逸颗粒物、微粒聚集体的拉曼光谱分峰拟合后 G 峰的半高宽与颗粒物的 10% 失重率对应的活化能 $E_{10\%}$、平均活化能之间的关系。$E_{10\%}$ 与平均活化能均随 G 峰的半高宽的增加而显著提高。微粒聚集体的 $E_{10\%}$、平均活化能随 G 峰半高宽的变化比逃逸颗粒物更为显著,尤其是颗粒物的活化能超过一定值时,对 G 峰半高宽的变化极为敏感。颗粒物的 $E_{10\%}$ 与颗粒物

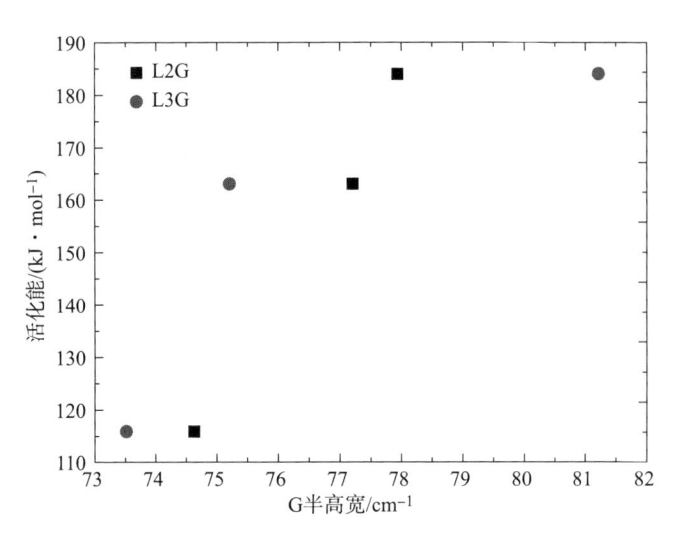

图 6.14 原始颗粒物拉曼光谱 G 峰的半高宽与平均活化能的关系

的初始微观结构、初始微晶参数的相关性较强,比平均活化能更能够反映氧化动力学参数与拉曼参数之间的关系。理论上,颗粒物的失重率越小,对应的活化能与拉曼参数之间的关系越紧密,二者都反映颗粒物氧化初期的特性。但颗粒物的失重率过小时,颗粒物的反应速率较慢导致计算得到的活化能与真实值之间产生较大的差异,所以采用了失重率为 10% 时的活化能作为分析对象。

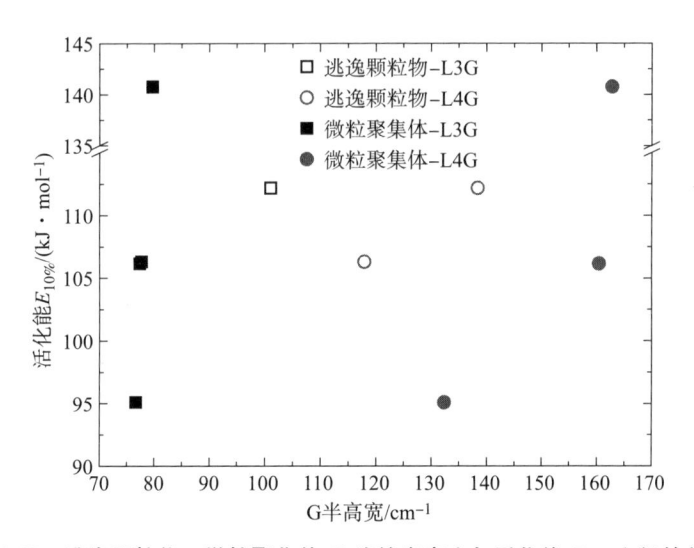

图 6.15 逃逸颗粒物、微粒聚集体 G 峰的半高宽与活化能 $E_{10\%}$ 之间的关系

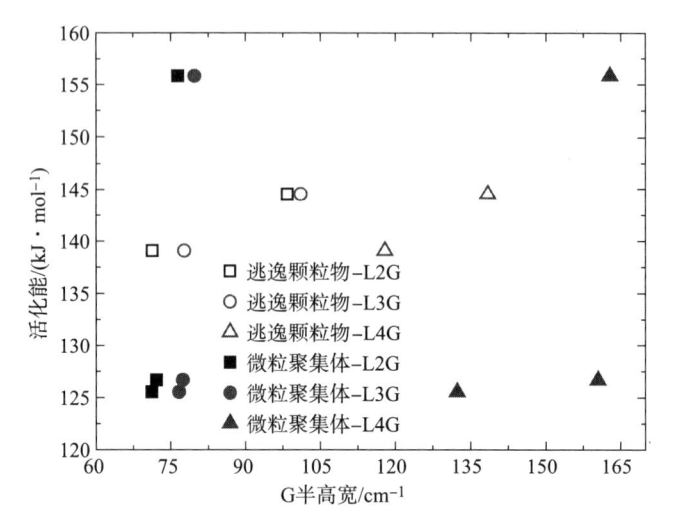

图 6.16　逃逸颗粒物、微粒聚集体 G 峰的半高宽与平均活化能之间的关系

图 6.17 所示为颗粒物拉曼光谱采用 L2G 分峰拟合的方式得到的 D3 峰半高宽与 50% 失重率对应的温度（$T_{50\%}$）的关系。三种不同的颗粒物，温度 $T_{50\%}$ 均随 D3 峰的半高宽的增加而降低。D3 峰较大的半高宽对应无定形碳较强的化学各向异性，无定形碳主要是由颗粒物中含氧有机成分引起的，含氧有机成分有助于活性位点（Active Sites）的形成，促进颗粒物的氧化。对于原始颗粒物、逃逸颗粒物、微粒聚集体，由于生成后所处的环境不同，导致不同类型颗粒物的 $T_{50\%}$ 与半高宽之间的关系没有可比性。由图 6.17 可知，微粒聚集体和逃逸颗粒物 D3 峰的

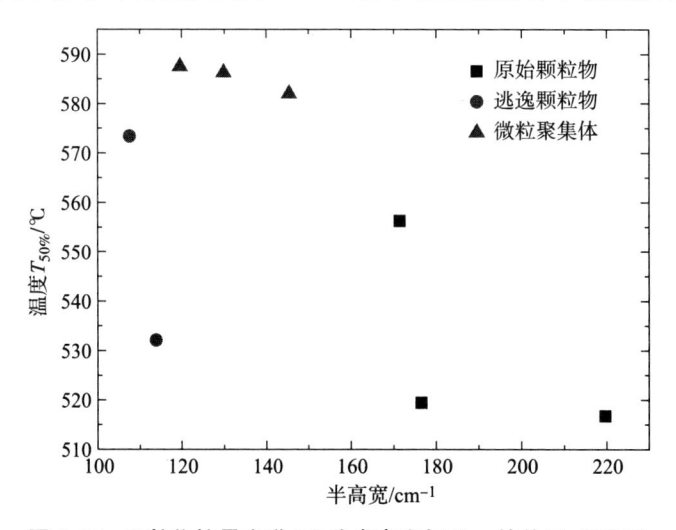

图 6.17　颗粒物拉曼光谱 D3 峰半高宽与 $T_{50\%}$ 的关系（L2G）

半高宽较原始颗粒物小，且活化能偏高，该结果与 HRTEM 观察的结果相符：微粒聚集体与逃逸颗粒物在等离子体区域发生了一定程度的氧化。Mühlbauer 等[101]研究了 D1 峰半高宽与颗粒最高氧化速率点对应的温度 T_{max} 的关系，D1 峰的半高宽与 T_{max} 之间没有明显的单调关系。与 Mühlbauer 等[101]的研究结果不同，Hee 等[9]发现，采用 4 种不同的分峰拟合的方式获得的 D1 峰的半高宽与 50% 失重点对应的时间 $t_{50\%}$ 呈单调递减的趋势，与 G 峰半高宽没有明显相关性。

图 6.18 和图 6.19 所示为不同工况下采集的颗粒物，采用不同的分峰拟合方式获得 D1 峰的半高宽与 20%、50% 失重率对应的氧化速率常数（$k_{20\%}$、$k_{50\%}$）之间的关系。由上述可知，D1 峰的半高宽与颗粒物的活性密切相关，能够间接反映颗粒物微晶排列的无序性。原始颗粒物的 $k_{20\%}$、$k_{50\%}$ 随 D1 峰半高宽显著增加，逃逸颗粒物与微粒聚集体的 $k_{50\%}$ 与 D1 峰半高宽呈单调递增的趋势。原始颗粒物 20%、50% 失重率对应的氧化速率常数越高，受 D1 峰半高宽的影响越小；微粒聚集体 50% 失重率的氧化速率常数与 D1 峰半高宽线性相关性较强。颗粒物的拉曼光谱特性与颗粒物的氧化动力学参数紧密相关，但是对于不同的颗粒物得出的结论一致性较差。目前，比较一致的观点认为，随着颗粒物的 D1 峰、D3 峰的强度（面积或半高宽）增加，氧化温度下降，氧化速率常数上升；G 峰的强度（面积或半高宽）增加，氧化温度升高，氧化速率常数下降。

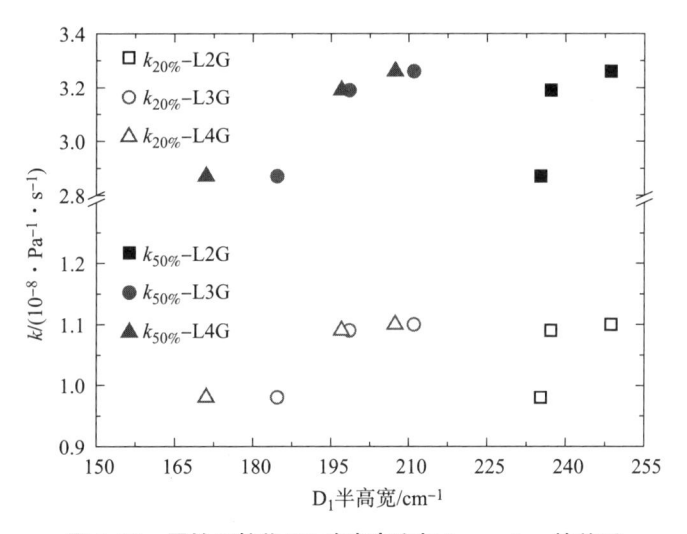

图 6.18　原始颗粒物 D1 峰半高宽与 $k_{20\%}$、$k_{50\%}$ 的关系

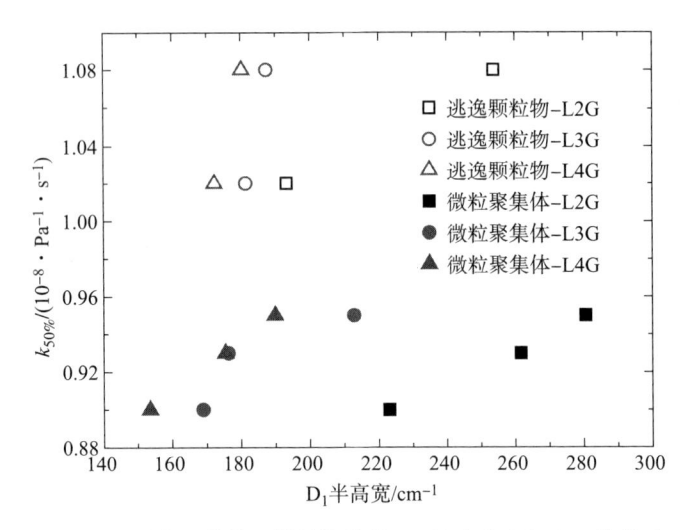

图 6.19 逃逸颗粒物、微粒聚集体 D1 峰半高宽与 $k_{50\%}$ 的关系

6.2.3 氧化过程中拉曼参数的变化

对于柴油机颗粒物氧化过程中拉曼参数的变化还没有一致的定论，对于不同的颗粒物样品、采用不同分峰拟合的方式，得到的结论有一定的差异[13,32,93,102]。本节主要研究颗粒物样品 C80 和样品 C100 在氧化氛围中拉曼参数的变化。颗粒物在空气氛围中分别被加热至 500 ℃、550 ℃、600 ℃，观察拉曼参数的变化情况。为了使图能够更明显地表示氧化过程中拉曼参数的变化关系，将氧化前颗粒物的拉曼参数作为 450 ℃时的拉曼参数。图 6.20 和图 6.21 所示为样品 C80 和样品 C100 的拉曼光谱采用不同分峰拟合的方式得到的拉曼参数 I_{D1}/I_G 和 I_{D3}/I_G 随氧化温度的变化关系。对于样品 C80 和样品 C100，D1 峰与 G 峰强度的比值 I_{D1}/I_G 随氧化温度的变化呈现先上升后下降的趋势；D3 峰与 G 峰强度的比值 I_{D3}/I_G 随氧化温度的升高而下降。含氧有机成分的活性较元素碳的活性强，在加热过程中，含氧有机成分率先氧化，导致颗粒物在氧化过程中含氧有机成分的含量逐渐降低；无定形碳转变为完美石墨的过程中，I_{D1}/I_G 随石墨化程度的加剧呈先增加后降低的趋势，在氧化过程中，I_{D1}/I_G 的变化趋势取决于其所处的初始状态，但在氧化后期必定出现随氧化温度的升高而降低的过程。相关研究显示，煤炭粉末在惰性气体氛围中预处理后，I_{D1}/I_G、I_{D3}/I_G 逐渐降低[8]。

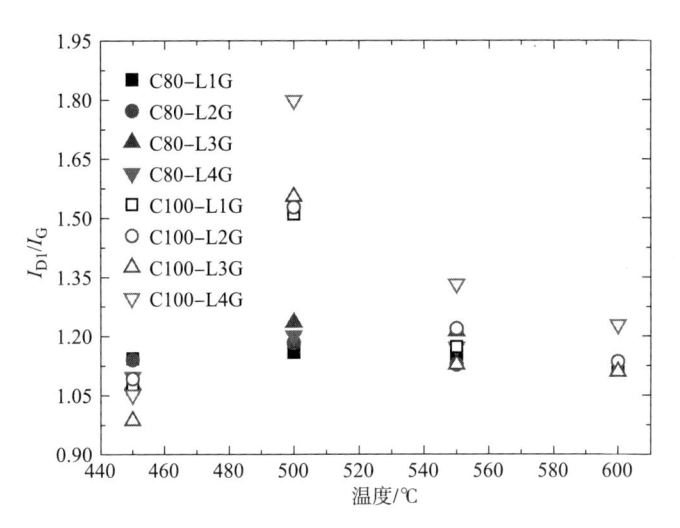

图 6.20　颗粒物氧化过程中拉曼参数 I_{D1}/I_G 的变化

氧化过程中，颗粒中的有机成分、含氧官能团被氧化，无定形碳的含量逐渐减少，且在氧化初期减少速率较快，氧化后期减缓，导致在整个氧化过程中 I_{D3}/I_G 随氧化温度的升高而降低，且降低程度越来越小。图 6.21 中只反映出了氧化初期和中期 I_{D3}/I_G 的变化关系，氧化后期由于灰分（无机盐、金属）含量较多，颗粒物样品的拉曼光谱曲线已经严重失真，无法进行峰值点的判断及分析。文献结果表明，不同种类颗粒物的拉曼光谱特性参数 $I_{D3}/(I_G + I_{D3} + I_{D2})$ 的变化不同，

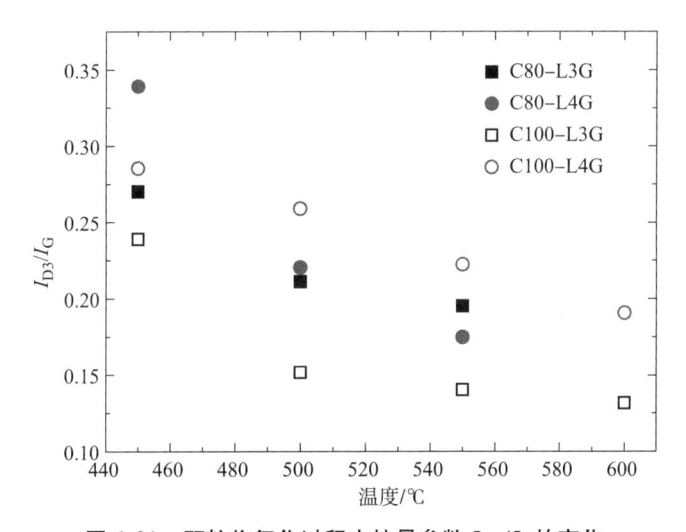

图 6.21　颗粒物氧化过程中拉曼参数 I_{D3}/I_G 的变化

汽油机颗粒物在氧化过程的初期呈现急剧下降的趋势,在氧化后期基本趋于平稳,柴油机颗粒物的变化不太明显[102]。

图 6.22 和图 6.23 所示为样品 C80 和样品 C100 在氧化过程中拉曼参数 A_{D1}/A_G、A_{D3}/A_G 随氧化温度的变化关系。样品 C80 的拉曼参数 A_{D1}/A_G 随氧化温度的升高逐渐降低,样品 C100 随温度的升高先略微上升后逐渐下降,A_{D3}/A_G 的变化趋势类似。煤炭粉末在 N_2 氛围中进行高温预处理后,G 峰的半高宽随预处理温度的升高逐渐减小,石墨化程度逐渐加剧[89],I_{D1}/I_G、A_{D1}/A_G 均随着氧化过程的进行,先略微增加后急剧下降[88],I_{D3}/I_G 随颗粒物预处理温度的上升而降低[89]。

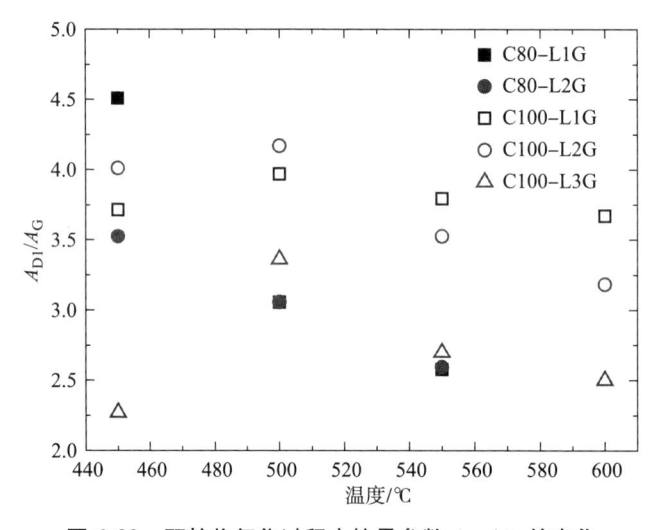

图 6.22 颗粒物氧化过程中拉曼参数 A_{D1}/A_G 的变化

图 6.24～图 6.26 所示为颗粒物样品 C80 和样品 C100 氧化过程中拉曼参数 D1 峰、D3 峰、G 峰的半高宽随氧化温度的变化关系。在 500～650 ℃氧化区间内,D1 峰、D3 峰、G 峰的半高宽均随颗粒物氧化温度的提高而显著减小。采用不同分峰拟合的方式得到的颗粒物 G 峰的半高宽随温度的上升先升高后降低。汽油机颗粒物在氧化过程中拉曼参数 D1 峰的半高宽随氧化温度的升高先逐渐上升后急剧下降;与汽油机颗粒拉曼参数不同,满足欧 4 排放标准的重型柴油机排放颗粒物的拉曼参数 D1 峰的半高宽在氧化过程中变化不明显[102]。Tsachi 等[88]以

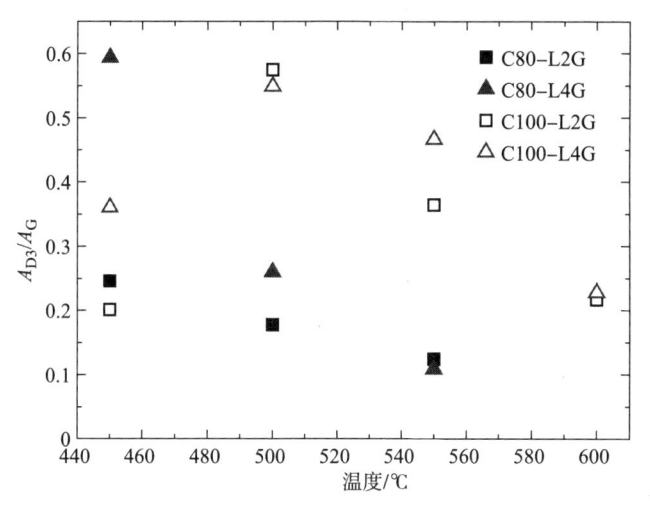

图 6.23 颗粒物氧化过程中拉曼参数 A_{D3}/A_G 的变化

多孔的碳黑为研究对象，以 L2G 分峰拟合的方式得到氧化过程中颗粒物 D 峰、G 峰的半高宽均随氧化程度的进行，逐渐增大，且在氧化初期范围内变化较为明显。不同颗粒物氧化过程中各峰半高宽的变化趋势并不完全一致，但是氧化进行到一定程度后，D1 峰、D3 峰的半高宽均随氧化程度的进行显著减小。

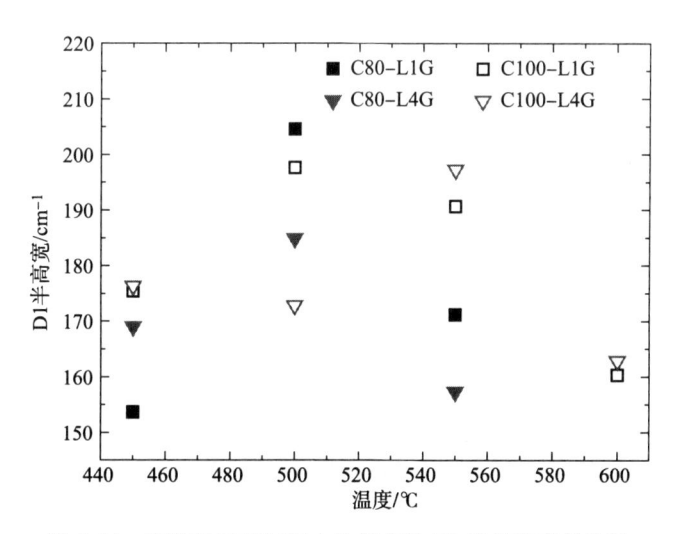

图 6.24 颗粒物氧化过程中拉曼参数 D1 峰半高宽的变化

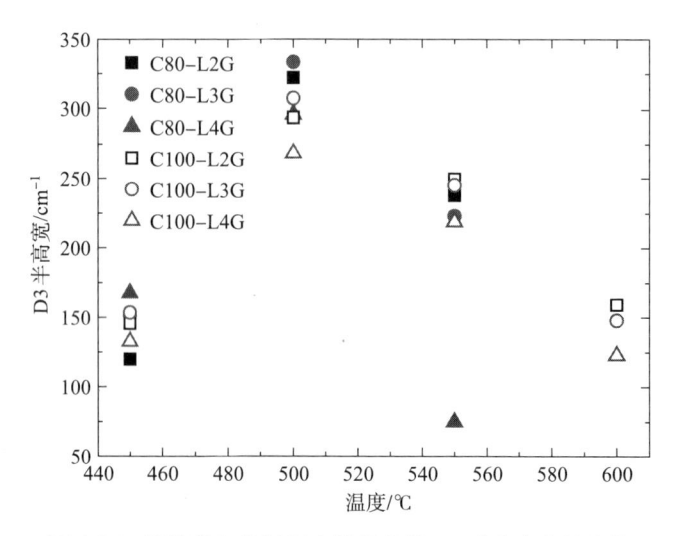

图 6.25 颗粒物氧化过程中拉曼参数 D3 峰半高宽的变化

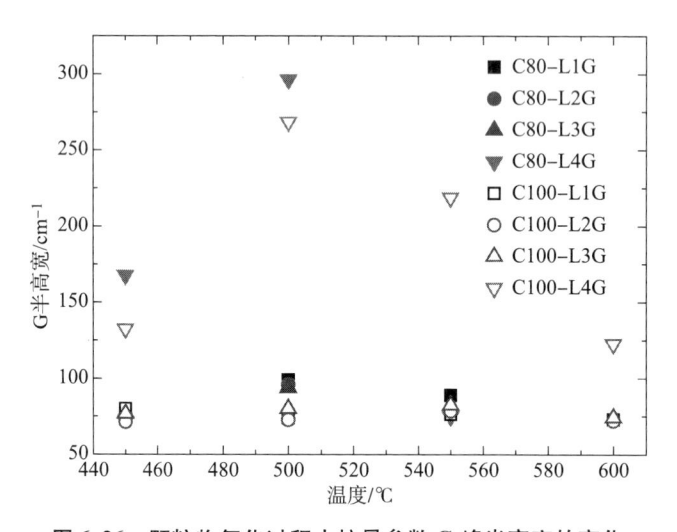

图 6.26 颗粒物氧化过程中拉曼参数 G 峰半高宽的变化

6.3 采用拉曼光谱和 HRTEM 计算得到的微晶尺寸的对比

Knight 和 White[95]根据采用 L2G 分峰拟合的方式获得的 I_{D1}/I_G 计算了石墨的微晶尺寸,见式(6.1)。基于 Knight 和 White 计算公式,Hee 等[9]提出了改进的

Knight 和 White 计算方法，见式（6.2）。文献［94］表明，颗粒物的拉曼光谱在一定程度上为 HRTEM 实验的补充，能够定性地提供颗粒物的信息，如无序性、无定形碳、石墨化程度等。本节对比了不同工况下采集的颗粒物采用 Knight 和 White 计算公式、改进的 Knight 和 White 计算公式、HRTEM 实验计算得到的微晶尺寸；氧化过程中采用三种不同方法计算得到的微晶尺寸的变化。

$$L_a = 4.4(I_{D1}/I_G)^{-1} \qquad (6.1)$$

$$L_a = 4.4(A_{D1}/A_G)^{-1} \qquad (6.2)$$

图 6.27 所示为对 60%、80%、100% 负荷采集的柴油机颗粒物，采用上述三种不同方法计算得到的颗粒物的微晶尺寸。可以看出，采用改进的 Knight 和 White 计算式得到的颗粒物的微晶尺寸明显较 Knight 和 White 的计算结果小。对于改进的计算式（6.2），文献表明，其结果较 XRD 计算结果较小[9]，通过 HRTEM 计算得到的微晶尺寸与 Knight 和 White 计算公式得到的微晶尺寸相差较小，且变化趋势相似。Hee 等[9] 提出的改进的计算方法，准确度较差。Cançado 等[110] 对采用拉曼参数 I_{D1}/I_G 计算颗粒物的微晶尺寸的方法进行了详尽的阐述和解释。图 6.28 和图 6.29 所示为颗粒物样品 C80 和样品 C100 氧化过程中颗粒物的微晶尺寸随氧化温度的变化关系。可知，采用 A_{D1}/A_G 计算得到的微晶尺寸较 I_{D1}/I_G、HRTEM 计算得到的结果小，HRTEM 获得的微晶尺寸与 I_{D1}/I_G 尺寸比较接近，且

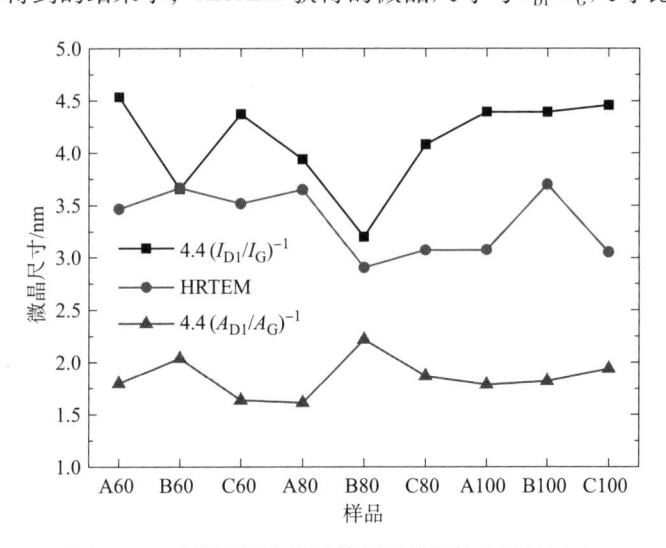

图 6.27　采用不同方法计算得到的颗粒物微晶尺寸

随温度的变化趋势也较为接近。文献 [9] 采用 A_{D1}/A_G 和 I_{D1}/I_G 计算方法得到的微晶尺寸与本书结果相似。

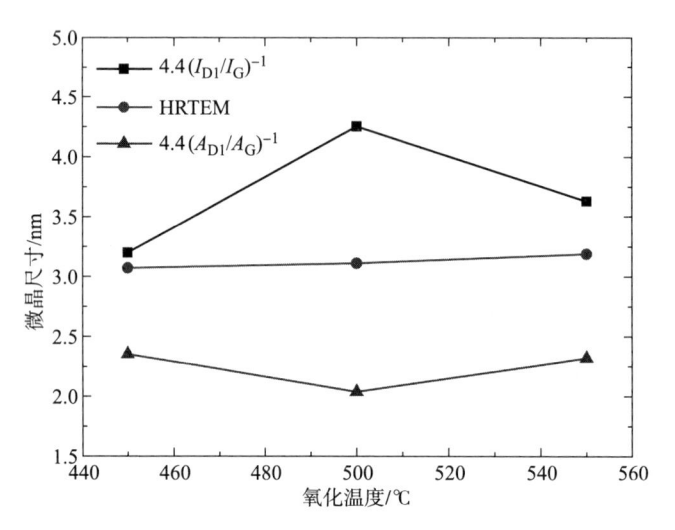

图 6.28　样品 C80 氧化过程颗粒物的微晶尺寸随氧化温度的变化关系

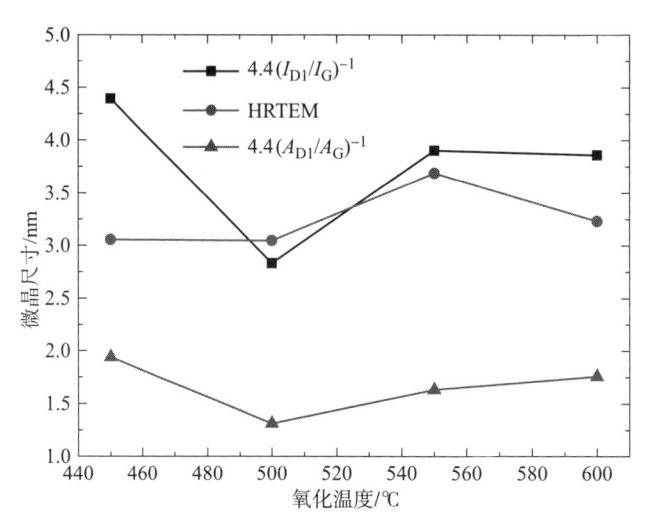

图 6.29　样品 C100 氧化过程中颗粒物的微晶尺寸随氧化温度的变化关系

6.4　小结

在发动机不同负荷下采集了柴油机颗粒物，对比了不同负荷采集的颗粒物的原始拉曼光谱，观察了样品 C80 和样品 C100 氧化过程中拉曼光谱的变化情况；采用 L1G、L2G、L3G、L4G 四种方式对颗粒物的拉曼光谱进行分峰拟合，并分析了拉曼参数随发动机负荷的变化情况；探讨了经过低温等离子体处理后拉曼参数的变化；结合热重实验结果，分析了拉曼参数对颗粒物氧化特性的影响，以及氧化过程中颗粒物的拉曼参数的变化；将采用拉曼参数计算得到的颗粒物的微晶尺寸与 HRTEM 计算结果进行了对比分析。本章主要得出以下结论：

（1）60%负荷和80%负荷采集的逃逸颗粒物的拉曼特性参数 I_D/I_G 较原始颗粒物和微粒聚集体大；经过 NTP 处理后，颗粒物的拉曼参数发生较大变化，且变化趋势与发动机负荷相关。颗粒物样品 C80 氧化过程中拉曼参数 I_D/I_G 随氧化温度的升高逐渐增加，样品 C100 随着氧化温度的升高呈先上升后下降的趋势，且峰值点对应的拉曼频移发生了略微偏移。

（2）不同种类颗粒物的拉曼参数随发动机负荷的变化不同。颗粒物的拉曼参数 I_{D1}/I_G 随发动机负荷的增加呈先增加后降低的趋势；微粒聚集体 I_{D3}/I_G 的变化趋势与 I_{D1}/I_G 相同，原始颗粒物与逃逸颗粒物的 I_{D3}/I_G 变化趋势与 I_{D1}/I_G 相反；经过 NTP 处理后，颗粒物 I_{D1}/I_G、A_{D1}/A_G、I_{D3}/I_G、A_{D3}/A_G 的变化与柴油机工况相关，逃逸颗粒物的 I_{D1}/I_G 显著增加，A_{D3}/A_G 明显降低；原始颗粒物和微粒聚集体 G 峰的半高宽随发动机负荷的变化并不明显，逃逸颗粒物 G 峰的半高宽在80%负荷条件下远大于60%和100%负荷；D3 峰的半高宽随负荷变化的关系与 G 峰半高宽的变化趋势相似。

（3）逃逸颗粒物和微粒聚集体的平均活化能随 A_{D1}/A_G、A_{D3}/A_G 的增加而逐渐上升，且平均活化能越小，受 A_{D1}/A_G、A_{D3}/A_G 的影响越不明显；原始颗粒物的平均活化能随 G 峰半高宽的增加而上升，逃逸颗粒物和微粒聚集体10%失重率的活化能、平均活化能 G 峰半高宽的变化为单调递增的趋势；颗粒物50%失重点对应的温度随 D3 峰半高宽的增加而下降；原始颗粒物20%、50%失重点对应的氧化速率常数随 D1 峰半高宽的增加而提高；逃逸颗粒物、微粒聚集体50%失重点的氧化速率常数随 D1 峰半高宽的变化关系与原始颗粒物相似。

（4）样品 C80 和样品 C100 在氧化过程的初期和中期，I_{D1}/I_G 随氧化温度的升高先上升后降低，I_{D3}/I_G 随氧化温度的升高逐渐下降；A_{D1}/A_G、A_{D3}/A_G 随着氧化程度的加剧逐渐降低；D1 峰、D3 峰、G 峰的半高宽随氧化温度的升高先上升后下降。

（5）采用 I_{D1}/I_G 计算得到的颗粒物微晶的大小与 HRTEM 实验结果具有较好的一致性，且在颗粒物氧化初期和中期，采用两种方法计算得到的微晶尺寸的变化趋势相似。

第 7 章
排气过程中柴油机颗粒物理化特性的变化

柴油机排气管中温度较高,颗粒物从发动机气缸排出的过程中会经历高温氧化的过程,导致颗粒物的理化特性发生显著变化,进而会影响 DPF 的再生特性及排放到大气中的间接毒理特性。本章中柴油机颗粒物分别在距离发动机排气口 0.5 m、1.0 m、1.5 m 和 2.0 m 的位置,相应的采样温度分别为 253 ℃、231 ℃、208 ℃、185 ℃,分别命名为样品 1、样品 2、样品 3、样品 4。将颗粒物样品在空气氛围中加热至质量损失至 40% 后,将空气氛围切换为 N_2,并冷却至室温,分别命名为样品 1 - 40%、样品 2 - 40%、样品 3 - 40%、样品 4 - 40%。将以上柴油机颗粒物样品为目标进行分析。

7.1 柴油机颗粒物氧化特性在排气管中演变特性

在发动机排气管不同位置采集的柴油机颗粒物具有不同理化特性[111]。相对于不同发动机工况采集的柴油机颗粒物样品之间的差异,不同位置采集的颗粒物的理化特性差异较小,尤其是颗粒物的纳观结构。发动机排气管不同位置采集的柴油机颗粒物的生成条件相同,理化性质的差异主要由采样温度的差异引起;较为明显的差异为颗粒物的模态,采样温度较低时,部分气相有机成分冷凝生成核态颗粒,进而导致颗粒物粒径分布的变化。以上结果与现有研究结果类似[111]。但是颗粒物采样位置对积聚态颗粒物的影响较小。理化特性的差异导致了柴油机颗粒物氧化活性的不同。在本节中提到的氧化活性主要指起始氧化温度和燃尽温度。

图 7.1 为排气管不同位置采集的柴油机颗粒物部分氧化前后的热重曲线。预处理前，样品 1、2 和 3 的热重曲线略有差异。由于样品 4 的采样温度最低，低温氧化过程中的质量损失最为显著，起始氧化温度最低（207.8 ℃）。柴油机颗粒物排放到大气中的过程中，部分挥发性有机成分凝结在柴油机颗粒物表面，导致其特征温度的显著差异。表 7.1 为排气管不同位置采集的柴油机颗粒物的特征温度，特征温度的差异比发动机不同工况下采集的柴油机颗粒物间的差异要小[101,112]。与原始颗粒物相比，预处理后的起始氧化温度和燃尽温度均有所提高。当温度高于 400 ℃ 时，部分氧化后的颗粒物质量逐渐下降；预处理过程中，部分氧化导致颗粒物活性表面积减小、石墨化程度加剧。上述原因可导致部分氧化的柴油机颗粒物的氧化活性降低。经过预处理后，颗粒物样品 3 的燃尽温度升高了 14.7 ℃，远高于其他颗粒物样品。可能是因为样品 3 预处理过程中颗粒物的理化特性的变化最为显著。

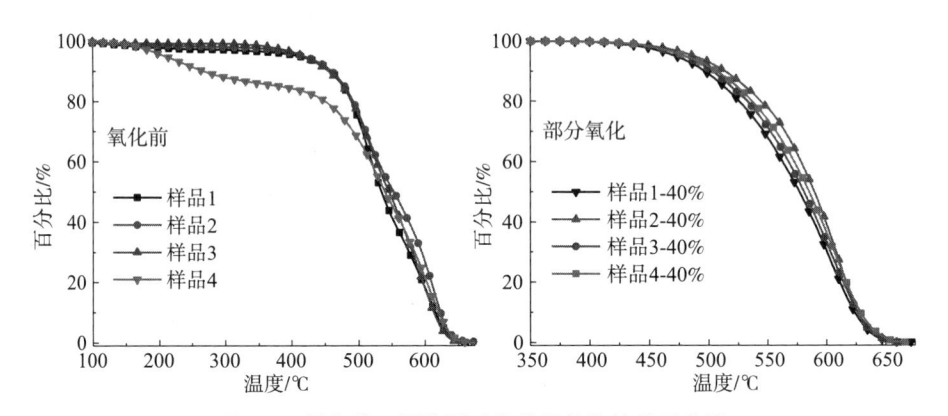

图 7.1 排气管不同位置采集的颗粒物的热重曲线

表 7.1 排气管不同位置采集的颗粒物的特征温度　　　　　℃

样品	$T_{5\%}$	$T_{10\%}$	$T_{90\%}$	$T_{95\%}$
1	411.7	457.8	615.2	627.0
2	418.3	459.1	622.9	630.6
3	417.8	455.2	612.8	623.2
4	207.8	267.3	620.3	631.5
1 − 40%	472.1	496.5	623.5	632.6

续表

样品	$T_{5\%}$	$T_{10\%}$	$T_{90\%}$	$T_{95\%}$
2-40%	488.3	514.2	626.1	633.8
3-40%	481.5	506.7	628.7	637.9
4-40%	480.3	503.1	626.1	634.9

7.2 柴油机颗粒物微观形态在排气管中的演变特性

柴油机排气管不同位置采集的柴油机颗粒物的微观形态如图7.2所示。柴油机颗粒物呈现类分支结构，且严重堆积，与文献［113，114］中观察到的现象相似；单颗粒碳烟呈类球状，并且众多单颗粒聚集形成堆积结构。柴油机颗粒物的团聚部分由液体和固体间吸附力和黏性力引起。颗粒物样品4的有机成分的含量最高，其堆积情况最为严重。Soewono 等[10]证明低负荷条件下采集的柴油机颗粒物比高负荷条件下采集的颗粒物的聚集程度更严重，主要由于低负荷工况下生成的颗粒物中有机成分含量较高。部分氧化后，柴油机颗粒物的堆积程度降低，并且定性地观察到颗粒物尺寸有所减小。

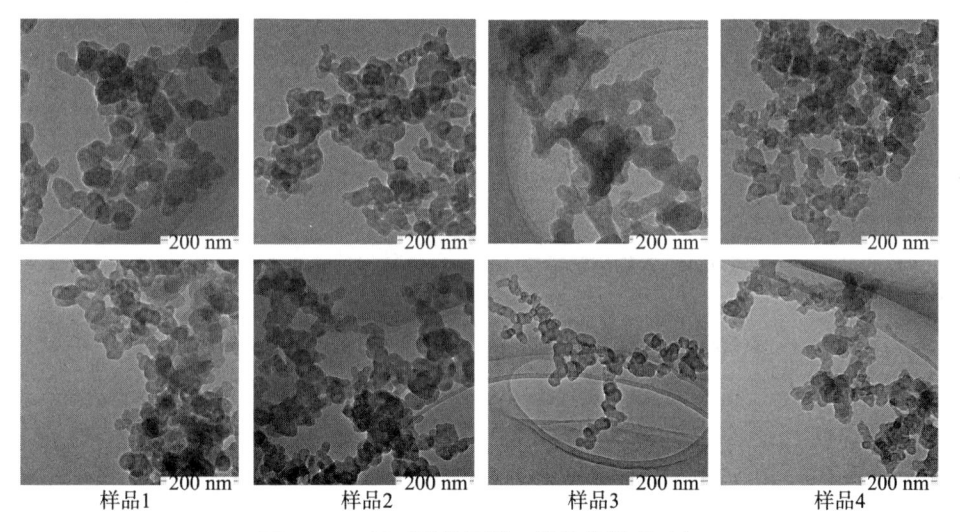

图7.2 不同采样位置的颗粒物的微观形态

下文通过透射电子显微镜图像中颗粒物的轮廓获得初级粒子的直径,用于统计直径的颗粒物的数量超过 300 个。从投射电镜图像中提取的颗粒物的直径分布与相关粒径分析仪检测到的粒径有较大差异[115,116],粒径分析检测到的粒径为空气动力学直径,而本书中的粒径是物理直径。图 7.3 为预处理前后颗粒物的初级粒子粒径分布。排气管不同位置采集的颗粒物的粒径分布趋势相似,表明采样温度(低于 300 ℃)对初级粒子直径的影响较小。与研究结果[113]相比,颗粒物粒径分布略微向小粒径方向移动,峰值位置为 40 nm 左右,比 Qu 等[113]的研究结果偏大。部分氧化后,颗粒物的粒径分布明显向小粒径方向移动,峰值位置小于 40 nm,小粒径颗粒物增加。样品 3 的平均颗粒物粒径变化最为明显,颗粒物粒径降至 27.1 nm(表 7.2)。粒径小于 25 nm 的颗粒物所占比例超过 40%,几乎没有观察到粒径大于 80 nm 的颗粒物。颗粒物氧化过程中,表面附着大量的活性位点,颗粒物表面首先发生氧化,导致颗粒物粒径减小。柴油机颗粒物粒径最大变化,可能导致样品 3 在热重实验过程中燃尽温度的下降最为显著。

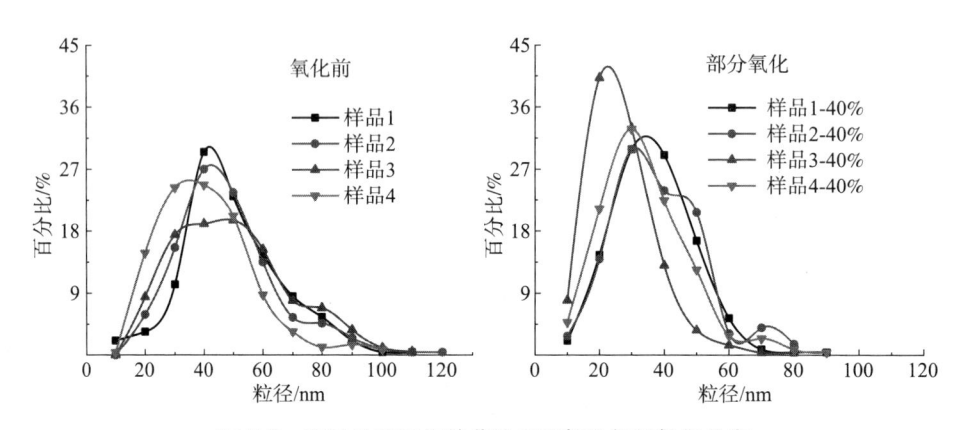

图 7.3 不同位置采集的柴油机颗粒物初级粒径分布

表 7.2 不同位置采集的柴油机颗粒物初级粒子平均粒径

样品	平均粒径/nm
1	49.2
2	48.6
3	48.9
4	41.1

续表

样品	平均粒径/nm
1 – 40%	38.2
2 – 40%	38.8
3 – 40%	27.1
4 – 40%	33.9

7.3 柴油机颗粒物微晶排列在排气管中的演变特性

发动机不同工况下采样的柴油机颗粒物呈现出类洋葱的纳观结构，微晶以不同的形式进行排列，表现为核壳状结构。其中，外壳的微晶排列有序，内核为中空结构[1,62,93]。在高温条件下形成的颗粒物通常具有空核结构，如参考文献[60，61，74，117]所示。采样温度对颗粒物纳米结构的影响较小，均表现出类洋葱状结构，内核具有随机排列的短微晶，如图 7.4 所示。预处理前，柴油机颗粒物的表面可以观察到无定形碳；对于部分氧化的柴油机颗粒物，内核变为中空结构，外壳微晶部分或完全封闭。微晶的有序排列表明柴油机颗粒物的石墨化程度更严重。颗粒物表面附着有大量的含氧官能团，导致表面的氧化活性比内核更

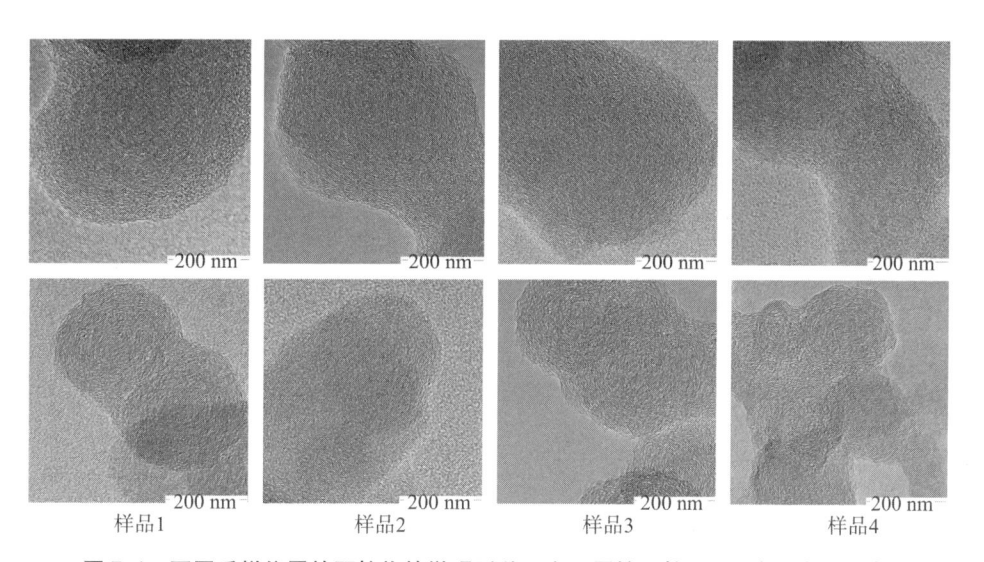

图 7.4 不同采样位置的颗粒物的微观形貌：上，原始颗粒；下，部分氧化颗粒

活跃，造成颗粒物的表面优先氧化。随着表面氧化的进行，石墨化程度加剧，颗粒物表面的氧化活性降低，氧化逐渐由表面转移到内核；内核逐渐被氧化，导致中空结构的生成[118]。参考文献［73］从部分氧化的颗粒物（质量损失50%）中观察到大面积的中空内核。由于活性表面的减少、石墨化程度的加深，部分氧化的颗粒物的起始氧化温度和燃尽温度有所增加。Pawlyta等[89]观察到相同的现象：高温预处理后，颗粒物的类洋葱状结构转化为中空的内核和排列有序的外壳。

7.4 柴油机颗粒物红外光谱特性在排气管中的演变特性

傅里叶变换红外光谱可以测试颗粒物的含氧官能团，而无定形碳主要由含氧官能团引起。无定形碳的存在促进了颗粒物的氧化，导致颗粒物氧化活性的差异。图7.5为柴油机颗粒物部分氧化前后的红外光谱对比。由于样品1的采样温度最高，有机成分含量最少，吸光度强度最弱。波数为1 450~1 750 cm^{-1}时，吸

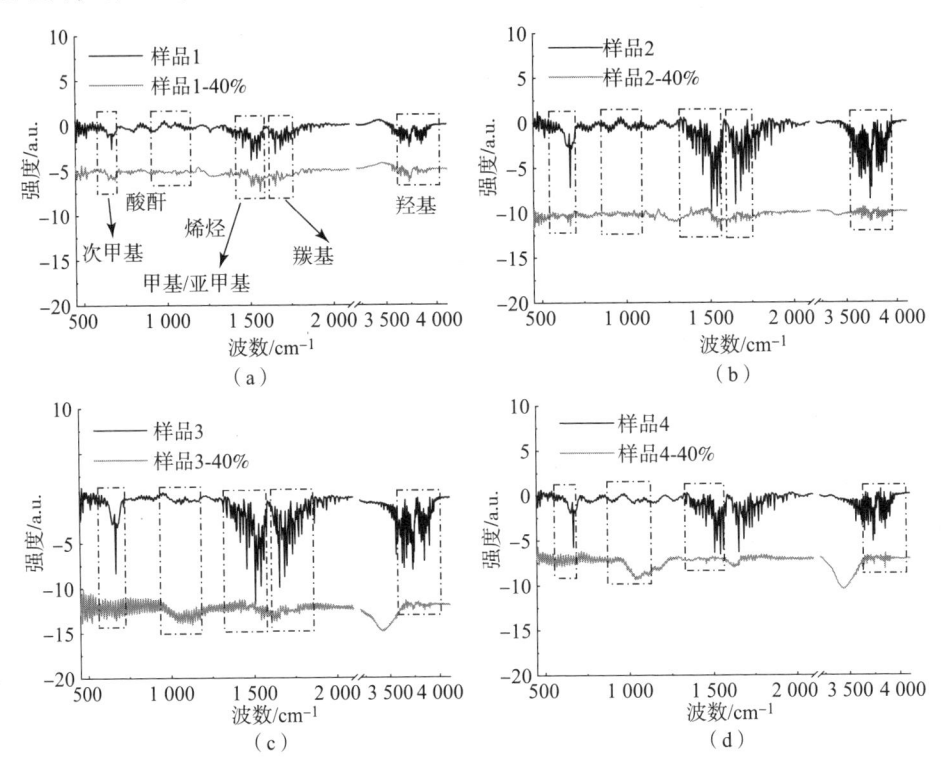

图7.5 不同采样位置的颗粒物的红外光谱

光强度较强，对应于甲基、亚甲基和羰基。除样品1外，柴油机颗粒物中含有大量的亚甲基。由于氧化过程中有机成分的提前氧化，官能团的吸光度强度与原始颗粒物相比较弱。部分氧化后，样品3的吸光强度变化最大，解释了该颗粒物经过预处理后燃尽温度增加最高。柴油机颗粒物中含有的含氧官能团（羰基和羟基）为颗粒物氧化提供了活性位点，颗粒物部分氧化后，其含量显著降低。文献［42］表明，当颗粒物的失重率为80%时，含氧量基本降为零。

7.5 柴油机颗粒物拉曼特性在排气管中的演变特性

拉曼光谱中1 350 cm^{-1}和1 580 cm^{-1}位置的峰由晶格缺陷和石墨化碳引起。拉曼光谱与颗粒物的氧化活性密切相关。图7.6为柴油机颗粒物部分氧化前后的拉曼光谱。部分氧化后，拉曼参数I_D/I_G的变化不同；参考文献［42］中，该比值在整个氧化过程持续下降。该现象可以通过Livneh等[88]提出的理论解释，即拉曼参数I_D/I_G的变化趋势取决于颗粒物初态的石墨化程度。对于某些柴油机颗粒物，D峰和G峰的拉曼频移略有变化，主要由柴油机颗粒物中H-C的变化引起[95]。Meng等[34]发现，挥发性有机成分蒸发和部分氧化后，I_D/I_G的值有所下降。

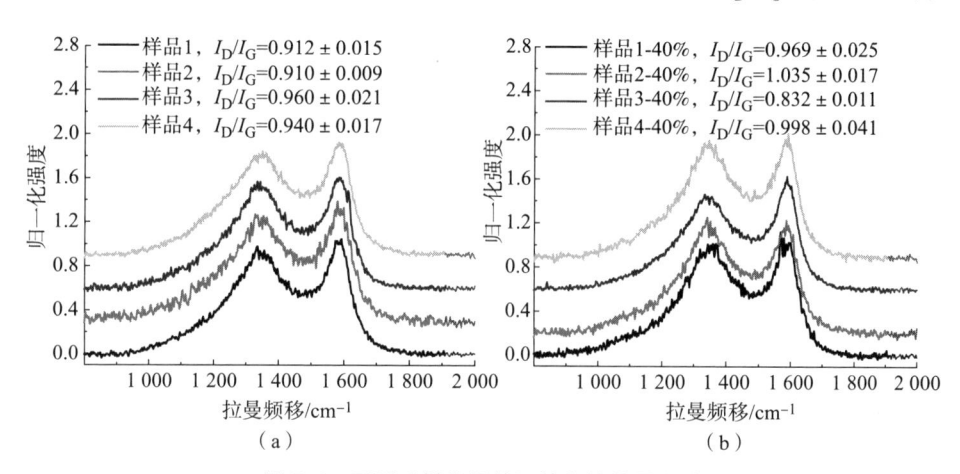

图7.6 不同采样位置的颗粒物的拉曼光谱

图7.7为拉曼光谱分峰拟合方式。拟合结果的相关系数大于0.98。D1、D3和G带的拉曼频移分别对应于约1 350 cm^{-1}、500 cm^{-1}和1 580 cm^{-1}。D1带和G带分别由微晶缺陷和石墨碳引起，而D带由无定形碳引起，主要指含氧官能团。

通过分峰拟合方法得到的拉曼特性参数见表7.3。半高宽（FWHM）表示柴油机颗粒物的各向异性。拉曼光谱表明，不同位置采集的原始颗粒物没有明显差异。柴油机颗粒物部分氧化后，拉曼参数 I_{D3}/I_G 降低，由含氧官能团的氧化引起。参考文献 [89] 获得了相同的结果。Lapuerta 等[98]表明，随着发动机负荷的增加，拉曼参数 I_{D1}/I_G 和 I_{D3}/I_G 略有下降。部分氧化后颗粒物的 D1 峰的 FWHM 显著减小，D3 峰的变化相反。表明 D1 和 D3 峰各向异性的变化不同。Zhao 等[100]研究表明，生物柴油机颗粒物的 D3 峰 FWHM 随生物柴油含量的增加而提高。对于来源不同的碳烟，D1 峰的 FWHM、I_{D1}/I_G、A_{D1}/A_G 与 $t_{50\%}$（质量损失达到 50% 的时间）呈负相关的关系；G 峰的 FWHM 几乎相同[9]。然而，对于不同发动机采样的颗粒物样品氧化过程中 D1 峰的 FWHM 几乎相同[93]，表明 D1 峰的 FWHM 与氧化活性的关联性较小。

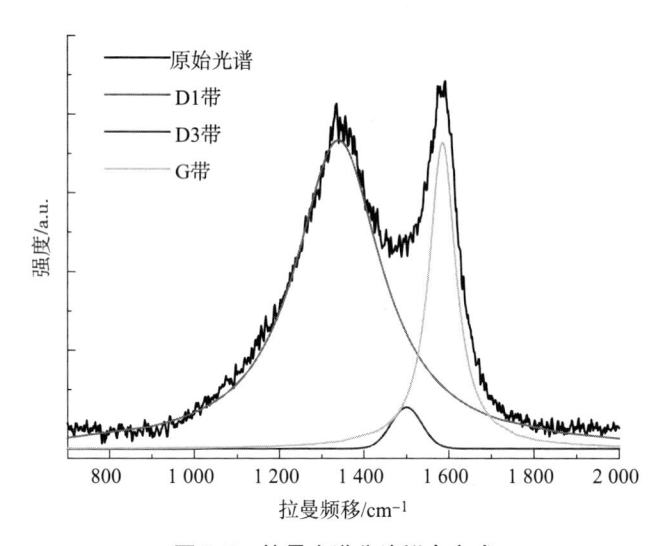

图 7.7　拉曼光谱分峰拟合方式

表 7.3　拉曼特性参考

样品		1	2	3	4	1-40%	2-40%	3-40%	4-40%
半高宽/cm^{-1}	D1	247.7 ± 9.6	270.3 ± 11.7	240.6 ± 5.4	262.1 ± 17.3	233.7 ± 12.3	219.7 ± 10.8	224.3 ± 8.6	224.5 ± 9.7
	D3	85.5 ± 4.1	74.4 ± 8.1	89.3 ± 9.3	91.2 ± 4.8	122.0 ± 3.6	102.7 ± 8.5	130.3 ± 5.8	110.3 ± 7.1
	G	76.76 ± 3.5	77.6 ± 7.6	75.3 ± 5.1	77.0 ± 4.6	79.8 ± 3.9	79.9 ± 8.2	73.1 ± 4.2	74.9 ± 12.5

续表

样品		1	2	3	4	1-40%	2-40%	3-40%	4-40%
比值	I_{D1}/I_G	1.01±0.04	1.02±0.11	1.01±0.09	1.02±0.03	1.06±0.15	1.08±0.08	0.94±0.03	1.09±0.05
	I_{D3}/I_G	0.14±0.02	0.15±0.02	0.14±0.01	0.13±0.02	0.11±0.01	0.13±0.02	0.13±0.02	0.12±0.01
	A_{D1}/A_G	3.25±0.29	3.53±0.17	3.24±0.35	3.46±0.28	3.11±0.52	3.02±0.31	2.88±0.42	3.14±0.29
	A_{D3}/A_G	0.10±0.01	0.08±0.01	0.11±0.01	0.10±0.01	0.12±0.01	0.12±0.01	0.16±0.01	0.12±0.01

I_{D1}/I_G：D1 带与 G 带峰值比；A_{D1}/A_G：D1 带与 G 带峰面积比；I_{D3}/I_G：D3 带与 G 带峰值比；A_{D3}/A_G：D3 带与 G 带峰面积比。

7.6 小结

本章在排气管不同位置采集了四种柴油机颗粒物样本，主要表现为采样温度的差异。颗粒物样品在高温下加热至质量损失40%。对部分氧化前后的颗粒物的理化性质进行了测试，颗粒物理化特性在排气管中的演变。本章的主要结论如下：

（1）除了颗粒物样品4，采样温度对原始颗粒物的氧化特性影响较小，排气管不同位置采集的颗粒物的起始氧化温度和燃尽温度差异较小。对于部分氧化的颗粒物样品，起始氧化温度超过470 ℃；部分氧化后，起始氧化温度和燃尽温度有所增加、氧化活性下降。

（2）采样温度对原始颗粒物的微观形貌影响较小；颗粒物呈球形并严重堆积。颗粒物部分氧化后，堆积程度显著降低，粒径分布朝着小粒径方向移动。排气管不同位置采样的原始颗粒物呈洋葱状，微晶呈无序排列；部分氧化后呈内核中空的核壳结构。

（3）采样温度最高的柴油机颗粒物的傅里叶红外光谱的吸收强度最弱，表明有机成分含量最低。部分氧化后，含氧官能团含量显著减少，导致氧化活性的显著下降。颗粒物样品3预处理后，含氧官能团含量的降低最为显著，解释了该样品预处理后燃尽温度的增加量最大。部分氧化后颗粒物的拉曼参数 I_{D3}/I_G 降低，与傅里叶红外光谱的现象一致。

第 8 章
柴油机颗粒物老化过程中氧化活性恢复特性

本章为了研究柴油机颗粒物部分氧化后,在空气中老化过程对颗粒物氧化活性恢复特性的影响,在柴油机排气管不同位置采集了三种柴油机不同颗粒物(采样点温度分别为 253 ℃、231 ℃、185 ℃)。将柴油机颗粒物在空气氛围中持续加热升温至质量损失达到 40% 后,将载气切换为 N_2,冷却至室温。将预处理样品在空气中放置老化 40 天后,对其理化特性进行检测,并且与老化前的情况进行对比分析,见表 8.1。

表 8.1 柴油机原始颗粒物有机成分含量和特征温度

序号	高挥发性有机成分 (200 ℃)/%	低挥发性有机成分 (200~450 ℃)/%	有机 成分/%	预处理 温度[①]/℃	燃尽温度[②] /℃
1	2.28	6.35	8.63	519.5	630.8
2	1.75	6.95	8.70	529.3	630.7
3	4.38	15.77	20.15	517.1	632.6

①40% 质量损失对应的温度;②95% 质量损失对应的温度。

■ 8.1 老化过程对柴油机颗粒物氧化特性的影响

柴油机颗粒物预处理过程中,含氧有机化合物被部分氧化,碳烟的石墨化程度加剧,造成颗粒物氧化活性位点减少。图 8.1 为柴油机颗粒物老化前后的热重曲线。当温度高于 400 ℃时,预处理后的颗粒物开始氧化。由于颗粒物的生成环境相同，不同位置采集的颗粒物的燃尽温度差异较小，在空气中老化后，燃尽温度略微降低（表8.2）。部分氧化的颗粒物在空气中老化40天后，颗粒物的理化性质发生了较大变化，尤其是有机成分的含量显著增加。450～600 ℃的温度范围内，颗粒物的氧化特性变化较大。经过老化后，预处理后的颗粒物氧化活性有一定程度的恢复，起始氧化温度明显降低。老化后的颗粒物在加热温度高于250 ℃时开始氧化；然而，老化对燃尽温度的影响很小。不同位置采集的颗粒物，部分氧化后的颗粒物的平均活化能经过老化后，分别降低了7.84 kJ/mol、7.55 kJ/mol、11.08 kJ/mol（表8.2）。活化能的计算基于阿伦尼乌斯方程，氧化动力学曲线如图8.2所示。活化能的降低表明碳烟在空气中老化后，氧化活性得到一定程度的恢复。

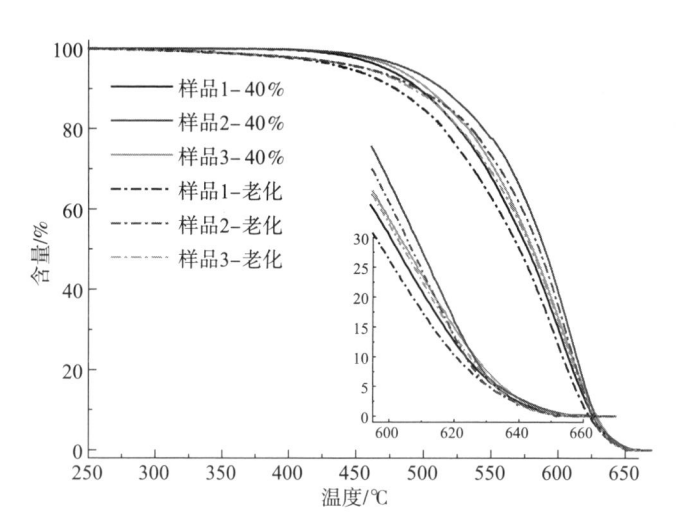

图8.1　柴油机颗粒物老化前后的热重曲线

表8.2　老化前后颗粒物的特征温度和活化能

样品	$T_{5\%}$/℃	$T_{10\%}$/℃	$T_{90\%}$/℃	$T_{95\%}$/℃	活化能/(kJ·mol^{-1})
1－40%	472.1	496.5	623.5	632.6	136.14
2－40%	488.3	514.2	626.1	633.8	145.24
3－40%	480.3	503.1	626.1	634.9	175.45
1－老化	444.5	479.3	620.6	630.9	128.30
2－老化	457.7	496.0	623.6	630.7	137.69
3－老化	457.3	492.1	624.9	632.6	164.37

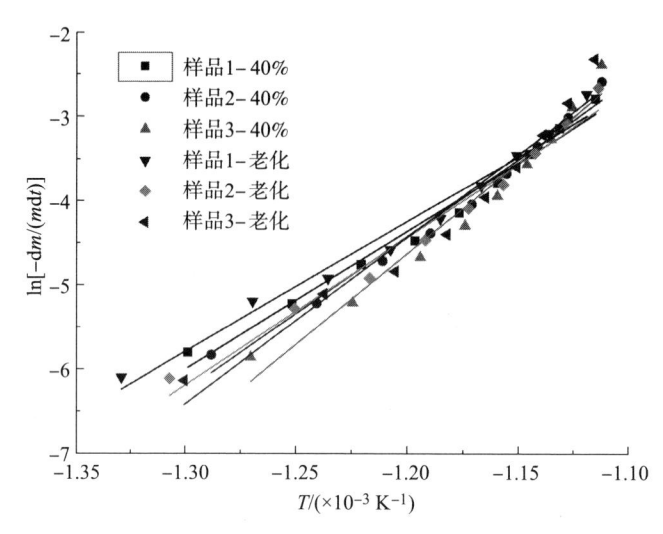

图 8.2 老化前后颗粒物的氧化动力学曲线

经过老化后,不同位置采集到的颗粒物样品的 $T_{5\%}$ 分别降低了 27.6 ℃、30.6 ℃ 和 23.0 ℃;不同位置采集的颗粒物样品的起始氧化温度的下降趋势与高挥发性有机成分含量相反;燃尽温度的变化约为 2 ℃。Yezerets 等[119]指出,将颗粒物暴露在空气中数周后,初始氧化活性会得到恢复;但在 N_2 氛围中老化的颗粒物,其氧化活性没有变化;其推测,氧化活性恢复的原因主要是碳烟表面形成了高活性基团。Lambe 等[120]观察到颗粒物在 OH 氛围中老化后,表层的化学组成发生了显著变化。

8.2 老化过程对颗粒物微观形态的影响

柴油机颗粒物部分氧化后,粒径显著减小,微晶排列更加有序,该变化很大程度上取决于发动机的运行工况[118]。Dou 等[111]研究了排气管长度对粒径分布和颗粒数量浓度(总颗粒、核态颗粒和集聚态颗粒)的影响。随着排气管长度的增加,颗粒物粒径分布向小粒径方向移动。核态颗粒数量随排气管长度的增加而迅速增加,主要由低挥发性有机成分的冷凝造成。颗粒物的堆积程度与 VOC 含量也紧密相关有关,VOC 含量越高,黏度越大,柴油机颗粒物的堆积更加显著[113,121]。图 8.3 所示为部分氧化颗粒物老化前后的微观拓扑形态。不同位置采集的颗粒物堆积现象较为显著，碳烟粒子边缘互相重叠；在空气中老化 40 天后，柴油机颗粒物的微观形态几乎没有变化。尽管空气中存在活性粒子（O_3、NO_2），但由于活性粒子的浓度和温度较低，微观形态基本未发生变化。

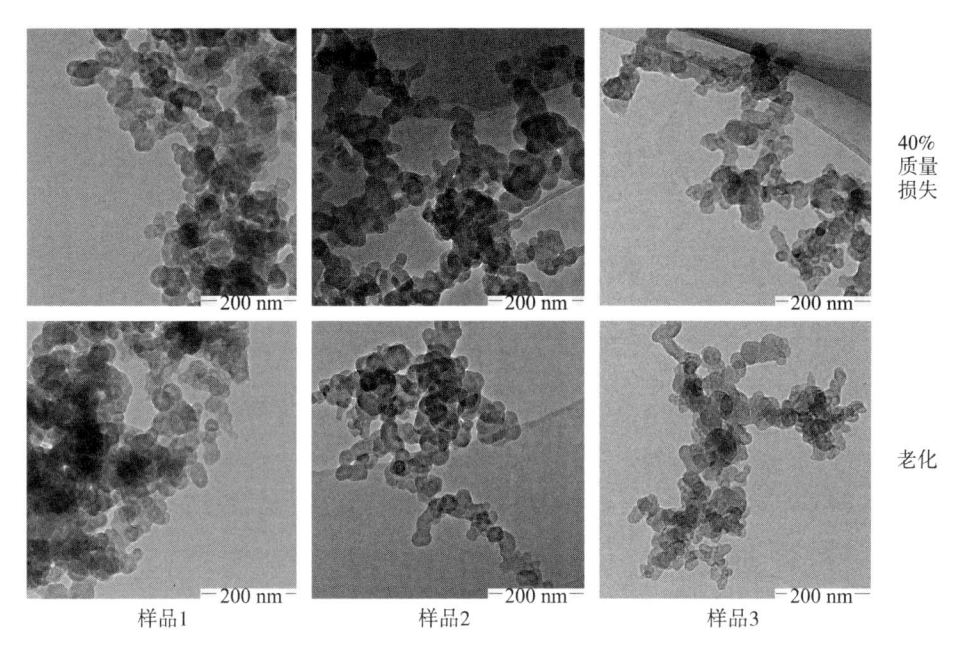

图 8.3　柴油机部分氧化颗粒物老化前后的微观拓扑形态

基于透射电镜获得的柴油机颗粒物粒径分布如图 8.4 所示。统计得到柴油机颗粒物的数量多于 300 个。对于从排气管不同位置采样的柴油机颗粒物，部分氧化后的粒径分布相似，且峰值位置约为 30 nm，略大于其他研究结果[101]；几乎没有观察到粒径大于 80 nm 的颗粒物。在空气中老化后，部分氧化的颗粒物的峰值稍微向大粒径方向移动。与快速迁移粒子计数器（FMPS）及电子低压冲击仪（ELPI）检测的粒径分布差异较大[111,122]，本研究中没有明显的核态颗粒和集聚态颗粒的分界。本研究中颗粒物的粒径为几何直径，而 FMPS 和 ELPI 检测结果基于空气动力学计算获得，且核态颗粒被认为主要由无机盐及可溶性有机成分引起。颗粒物老化前后，平均粒径基本相等（表 8.3）。部分氧化后的颗粒物在老化过程中的化学反应速率非常低。根据透射电子显微镜图像和颗粒物的粒径分布可知，颗粒物的形态和粒径分布对氧化活性的恢复影响较小；颗粒物的燃尽温度更多地依赖颗粒物的生成条件，并非采样方式和老化过程。

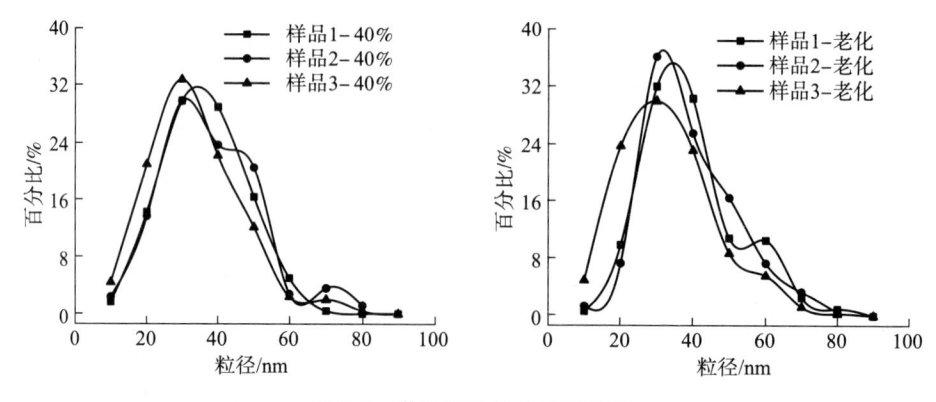

图 8.4　柴油机颗粒物粒径分布

表 8.3　基本粒子平均粒径

样品	平均直径/nm
1-40%质量损失	38.2
2-40%质量损失	38.8
3-40%质量损失	33.9
1-老化	38.5
2-老化	38.4
3-老化	33.6

8.3　老化过程对柴油机颗粒物微晶排列的影响

微晶排列与颗粒物氧化活性紧密相关,排列紧密、长度较大的微晶会降低颗粒物表层的氧化活性[118]。图 8.5 为部分氧化的颗粒物在空气中老化前后的纳观结构。部分氧化后的颗粒物为典型的核壳结构,具有中空的内核和排列有序的微晶。部分氧化后的颗粒物的纳观结构与文献［73,76］相似。在空气中长时间老化后,核壳结构基本保持不变,中空的内核仍然较为明显。在空气中老化后,部分无定形碳附着在颗粒物的表面;该现象在样品 2 中明显,在样品 1 和样品 3 中比较模糊,在一定程度上解释了样品 2 起始温度的下降最大（30.6 ℃）。参考文献［1,105］表明,无定形碳由含氧有机成分组成,为颗粒物的氧化提供了活性位点。尽管在高温预处理后，氧化活性位点大大减少，经过空气中老化后，一定程度上恢复了颗粒物的活性位点。因此，当温度在 300 ℃左右时，老化后的颗粒物开始氧化。

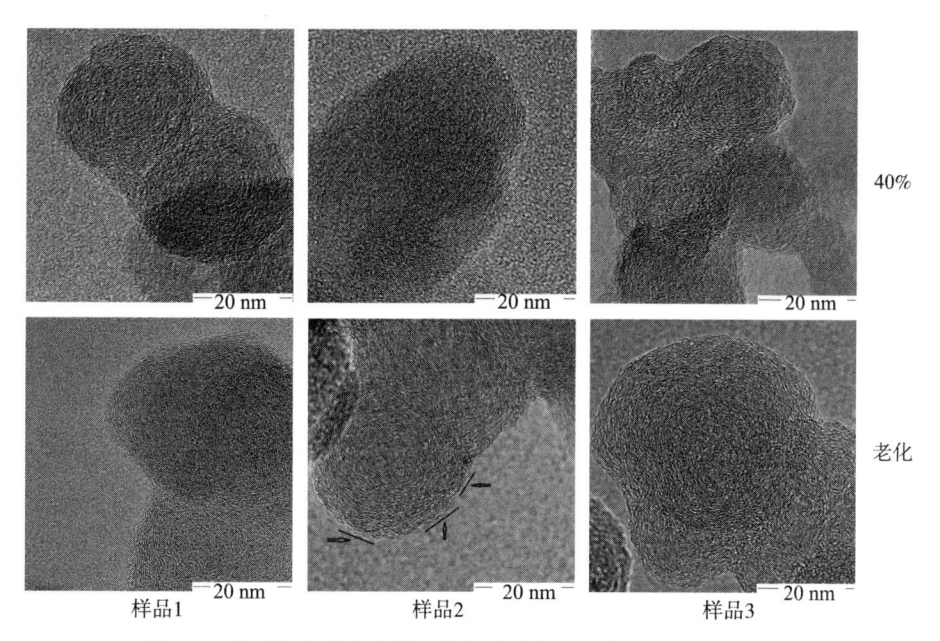

图 8.5 柴油机部分氧化的颗粒物在空气中老化前后的纳观结构

8.4 老化过程对柴油机颗粒物红外光谱特性的影响

通过透射电镜图像可以观察到部分老化的颗粒物样品表面附着有无定形碳，使用红外光谱可以进一步检测颗粒物上附着的有机成分。图 8.6 为空气中老化后颗粒物的红外光谱图。部分氧化后颗粒物的吸收强度较弱；在颗粒物预处理过程中，柴油机颗粒物质量损失达 40%，有机成分几乎被完全氧化分解。Song 等[42]检测了柴油机和生物柴油机颗粒物的含氧量，当生物柴油机颗粒物的质量损失达到 40% 以上时，颗粒物中的氧含量急剧下降；当柴油机颗粒物的质量损失达到 40% 时，颗粒物的氧含量相当低，与本研究中的结果一致。Song 等[43]指出，颗粒物中的氧含量对颗粒物氧化活性的影响要比其纳观结构更加显著。该结论可由以下结果证实：尽管生物柴油机颗粒物的微晶排列比柴油机颗粒物微晶排列更加有序，但是由于生物柴油机颗粒物的含氧量高，导致生物柴油机颗粒物的氧化活性为柴油机颗粒物氧化活性的 5 倍。

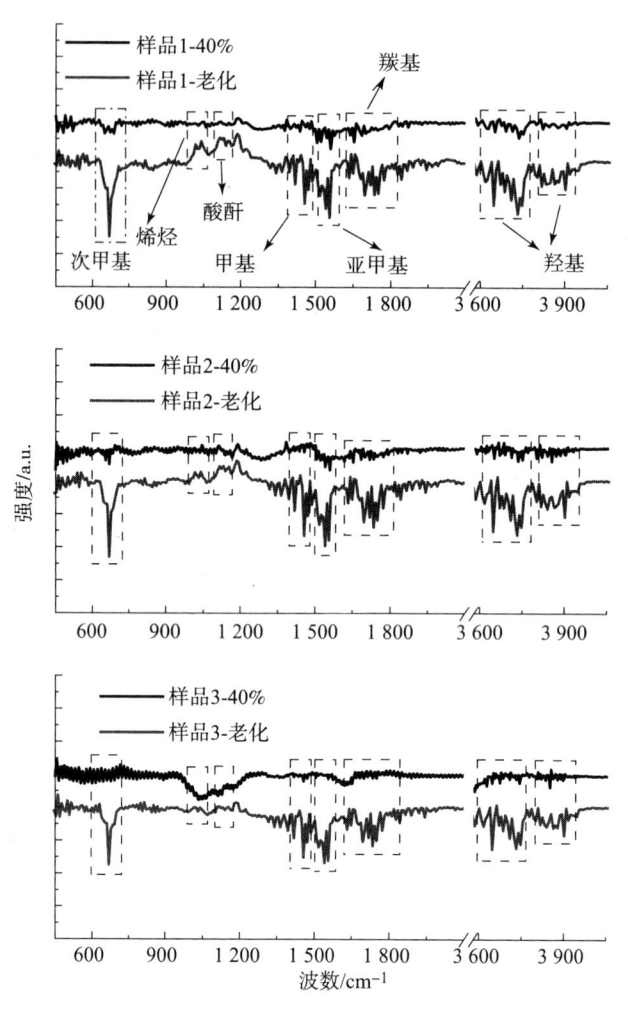

图 8.6 柴油机颗粒物老化前后红外光谱对比

由图 8.6 可见，与部分氧化颗粒物相比，老化后的颗粒物的红外光谱吸收强度变大，特别是在 670 cm^{-1}、1 450 cm^{-1}、1 550 cm^{-1}、1 700 cm^{-1} 和 3 700 cm^{-1} 波数处。老化过程中，附着在颗粒物表面的有机成分主要为甲基、亚甲基、亚甲基、酮基和羟基。酮基包含无水酸酐（1 810 cm^{-1}、1 760 cm^{-1}）、醛（1 735 cm^{-1}）、酮（1 725 cm^{-1}）、羧酸（1 715 cm^{-1}）和酰胺（1 690 cm^{-1}）。

酮基和羟基含有氧元素，为颗粒物的表面氧化提供活性位点。该有机成分易于氧化，并为氧化活性恢复提供了活性表面（表面含有活性位点）。颗粒物表面吸附的有机成分的数量可能与老化环境中有机成分的浓度、柴油机颗粒物的比表面积、微孔结构有关。老化过程中，样品3的红外光谱的吸收强度变化最小，导致老化后起始氧化温度下降最小（23.0 ℃）。

8.5 老化过程对柴油机颗粒物拉曼特性的影响

拉曼光谱包含了颗粒物的微晶缺陷和石墨化程度。微晶缺陷和石墨化与颗粒物的氧化活性密切相关[123]。图8.7为柴油机颗粒物老化前后的拉曼光谱。D带（1 350 cm^{-1}）与石墨烯微晶缺陷相关，而G带（1 580 cm^{-1}）与石墨化碳有关。排气管不同位置采集的部分氧化颗粒物的拉曼参数I_D/I_G差异较大，该参数随着排气管长度的增加而先增大后减小。拉曼参数与发动机的运行条件及燃料性质密切相关，但目前相关研究结果的一致性较差[97,101,108,123]。老化后颗粒物样品的参数变化不同，颗粒物样品1和2的参数减小，而颗粒物样品3的参数增加。

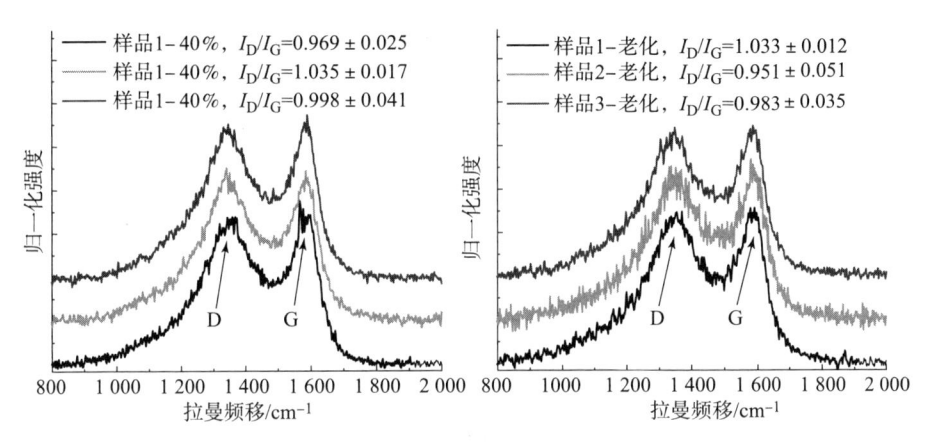

图8.7 柴油机颗粒物老化前后拉曼光谱

对一阶拉曼光谱，采用不同方法对拉曼曲线进行了拟合（图8.8）。表8.4和表8.5列出了相关拉曼光谱的参数，其中，拟合曲线的相关系数大于0.988。D1、D3和G带的峰位分别对应于约1 350 cm^{-1}、1 500 cm^{-1}和1 590 cm^{-1}。D1和G带使用洛伦兹曲线拟合，D3带使用高斯曲线拟合。D1和G带分别由微晶缺陷和石墨化碳引起，而 D3 带由无定形碳引起，主要指含氧有机成分。

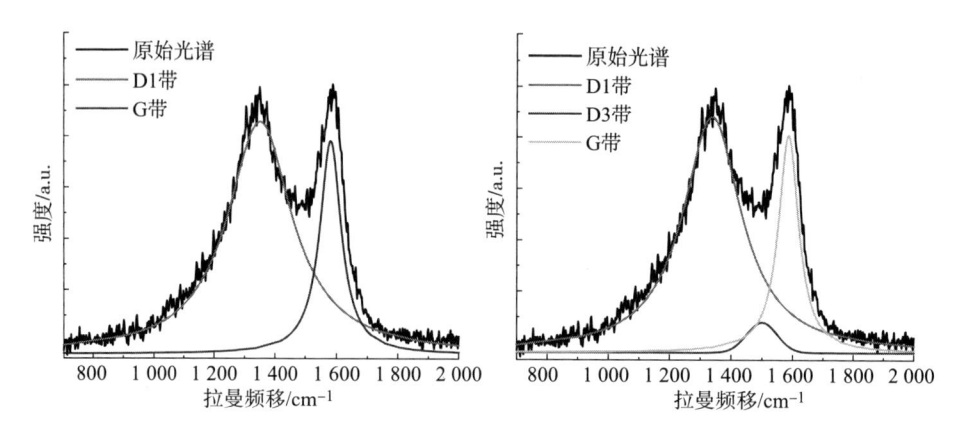

图 8.8　一阶拉曼光谱不同拟合方式

表 8.4　二阶拟合拉曼光谱参数

参数	样品	1-40%	2-40%	3-40%	1-老化	2-老化	3-老化
半高宽 /cm^{-1}	D1	247.1 ± 15.2	240.2 ± 9.6	239.6 ± 20.1	257.1 ± 8.9	245.7 ± 15.8	259.2 ± 23.6
	G	86.6 ± 6.8	86.2 ± 5.4	81.7 ± 3.2	86.7 ± 8.2	91.4 ± 5.9	83.2 ± 10.1
比值	I_{D1}/I_G	1.07 ± 0.13	1.09 ± 0.09	1.08 ± 0.08	1.11 ± 0.15	1.10 ± 0.06	1.09 ± 0.11
	A_{D1}/A_G	3.06 ± 0.25	3.12 ± 0.37	3.16 ± 0.16	3.29 ± 0.28	2.97 ± 0.19	3.40 ± 0.26

I_{D1}/I_G：D1 峰与 G 峰的峰值比；A_{D1}/A_G：D1 峰与 G 峰的峰面积比。

表 8.5　三阶拟合拉曼光谱参数

参数	样品	1-40%	2-40%	3-40%	1-老化	2-老化	3-老化
半高宽 /cm^{-1}	D1	233.7 ± 12.3	219.7 ± 10.8	224.5 ± 9.7	236.3 ± 17.2	233.9 ± 5.2	230.7 ± 20.3
	D3	122.0 ± 3.6	102.7 ± 8.5	110.3 ± 7.1	154.0 ± 10.2	95.8 ± 8.3	115.6 ± 15.3
	G	79.8 ± 3.9	79.9 ± 8.2	74.9 ± 12.5	79.9 ± 10.8	80.1 ± 8.6	80.1 ± 13.4

续表

参数	样品	1-40%	2-40%	3-40%	1-老化	2-老化	3-老化
比值	I_{D1}/I_G	1.06 ± 0.15	1.08 ± 0.08	1.09 ± 0.05	1.15 ± 0.11	1.11 ± 0.07	1.12 ± 0.06
	I_{D3}/I_G	0.11 ± 0.01	0.13 ± 0.02	0.12 ± 0.01	0.15 ± 0.03	0.14 ± 0.01	0.14 ± 0.01
	A_{D1}/A_G	3.11 ± 0.52	3.02 ± 0.31	3.14 ± 0.29	3.28 ± 0.17	3.12 ± 0.25	3.13 ± 0.41
	A_{D3}/A_G	0.12 ± 0.01	0.12 ± 0.01	0.12 ± 0.01	0.19 ± 0.01	0.10 ± 0.01	0.17 ± 0.01

I_{D3}/I_G：D3 峰与 G 峰的峰值比；A_{D3}/A_G：D3 峰与 G 峰的峰面积比。

在空气中老化40天后，排气管不同位置采集的部分氧化的颗粒物样品的拉曼参数变化相似。在空气中老化后，I_{D1}/I_G 增加，表明柴油机颗粒物的微晶缺陷增加，石墨化碳相对减少。D1 带的 FWHM 减小，G 带的 FWHM 增加，表明微晶缺陷碳的各向异性降低，而石墨化碳的各向异性增加。以上变化部分导致了氧化后颗粒物氧化活性的恢复。G 带的 FWHM 及 I_{D1}/I_G 随着碳烟生成温度的增加而减小[8]，表明氧化活性与 G 带的 FWHM 和 I_{D1}/I_G 呈正相关。该结果与本研究中观察到的现象一致。I_{D3}/I_G 拉曼参数的增加表明老化后颗粒物中含氧有机成分的增加。颗粒物在空气老化导致无定形碳的增加，一定程度上也造成了氧化活性的恢复。该结果与傅里叶红外光谱的结果一致。

拉曼参数和高分辨率透射电镜结果在计算微晶尺寸方面互相补充。微晶尺寸 L_a 可以使用 Knight 和 White 方程计算，见式 (8.1)[9]。微晶尺寸与拉曼参数 I_{D1}/I_G 呈负相关。式 (8.1) 中的拉曼参数中，I_{D1}/I_G 是使用三曲线拟合方法获得的，见表 8.5。使用强度比 I_{D1}/I_G 计算获得的微晶尺寸如图 8.9 所示。颗粒物在空气中老化后，微晶尺寸略微减小。晶粒尺寸的减小也使颗粒物的氧化活性得到一定程度的恢复。

$$L_a = 4.4(I_{D1}/I_G)^{-1} \tag{8.1}$$

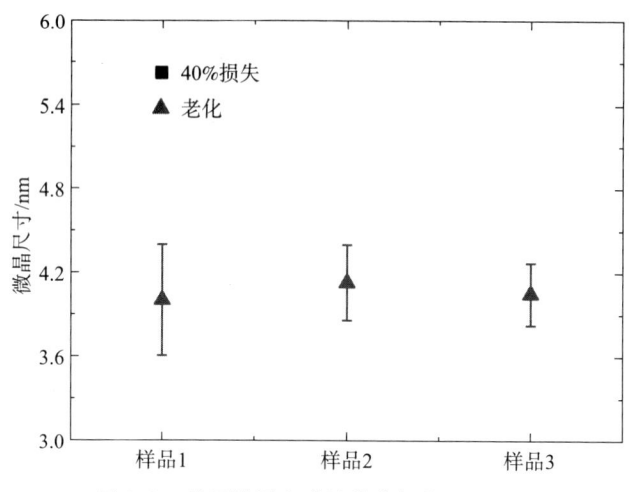

图 8.9 基于拉曼光谱计算获得的微晶尺寸

8.6 小结

针对部分氧化的颗粒物在空气中老化前后的样品,通过热重实验检测了其氧化活性,并使用透射电镜、红外光谱仪和拉曼光谱仪获得了部分氧化后柴油机颗粒物老化前后的理化性质。得出的主要结论如下:

(1) 部分氧化颗粒物在空气中老化后,氧化活性一定程度上得到了恢复。排气管不同位置采样的柴油机颗粒物的起始氧化温度分别降低了 27.6 ℃、30.6 ℃和 23.0 ℃;老化后的燃尽温度下降较小,大约为 2 ℃。

(2) 柴油机颗粒物经过老化后,微观形态和平均粒径略有变化,一定量的无定形碳附着在颗粒物的表面。

(3) 通过红外光谱仪检测到了部分氧化后颗粒物经过老化后,表面吸附了官能团酮、羟基、亚甲基、甲基、亚甲基、烯烃和酸酐,吸附的有机成分为部分氧化颗粒物提供了活性位点,并主导了氧化活性的恢复。

(4) 部分氧化的颗粒物在空气中老化后,导致微晶缺陷加剧、石墨化程度较低;颗粒物中含氧官能团在空气中老化后有所增加。采用拉曼参数 I_{D1}/I_G 计算得到的老化颗粒物的微晶尺寸与老化前相比有所减小。

第 9 章

柴油机颗粒物单阶段 - 多阶段氧化过程动力学分析

本章对不同升温程序下颗粒物的氧化动力学进行分析,并针对颗粒物氧化过程中的异常现象进行分析。

9.1 柴油机颗粒物不同升温过程的氧化动力学分析

热重实验过程中,温度低于 200 ℃ 的质量损失由高挥发性有机成分的氧化和挥发引起;200~450 ℃ 对应低挥发性有机成分;450 ℃ 以上的质量损失主要由碳烟引起。图 9.1 (a) 为原始颗粒物在阶段升温过程中的多阶段氧化曲线。当温度低于 450 ℃ 时,质量略微下降,主要由于原始颗粒物中含有少量低挥发性和高挥发性的有机成分。当温度高于 450 ℃ 时,质量损失显著增加;颗粒物的氧化反应速率以指数方式随温度增加而提高[76]。200 ℃ 的等温阶段为反应从高挥发性有机成分向低挥发性有机成分过渡阶段,在该阶段中几乎没有氧化发生。以上结果在参考文献 [124] 中通过放热率测试得到验证。氧化第二阶段 (200~450 ℃),氧化速率明显增加;高于 450 ℃ 的温度区间,质量损失百分比与温度几乎呈线性增加。与升温过程相比,在 550 ℃ 等温条件下的质量损失率显著降低。在等温过程中,颗粒物的石墨化程度加剧,氧含量减少,微晶排列更加有序,导致氧化活性降低[118]。

图 9.1 (b) 为单阶段氧化过程中的热重曲线。图中,部分氧化的颗粒物的预处理温度约为 530 ℃。部分氧化的颗粒物的质量在 450 ℃ 左右开始下降,此时有机成分的氧化基本已经结束。部分氧化后的颗粒物的初始氧化温度比原始颗粒

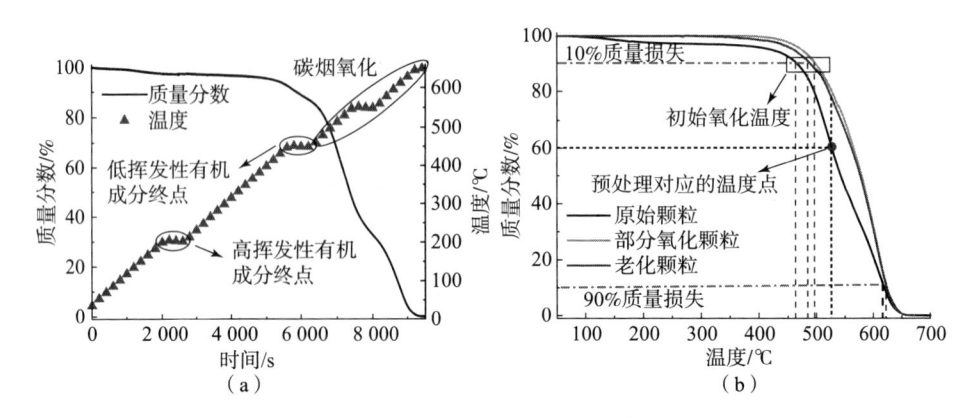

图 9.1　不同升温过程的氧化特性曲线

(a) 多阶段氧化过程；(b) 单阶段氧化过程

物高约 20 ℃。此外，部分氧化后的颗粒物在空气老化后，该初始氧化温度略有下降，但仍高于原始颗粒物。以上三种颗粒物的燃尽温度几乎相同，表明预处理对高温氧化行为的影响较小。

氧化过程中的活化能变化可以通过氧化动力学曲线表示。图 9.2 为阶段性温度升高过程中颗粒物的氧化动力学曲线，图中动力学曲线的斜率即为活化能。当温度较低时，由于有机成分的挥发占主导，从而导致计算获得的活化能为非线性的。当温度低于 400 ℃ 时，颗粒物质量损失较小，导致微分质量损失波动较大。质量损失速率较慢时，则环境条件（振动和噪声）对氧化动力学曲线的影响将被显著放大。在第二个等温阶段（450 ℃）前后，活化能几乎相同；但在第三个等温阶段（550 ℃）之后显著增加。表明高温条件显著降低了颗粒物的氧化活性，而低温条件（低于 450 ℃）对颗粒物氧化活性的影响较小。

图 9.3 为三种颗粒物在单阶段氧化过程中的氧化动力学曲线，覆盖了质量损失 10%～90% 的范围。不同颗粒物的初始氧化温度和燃尽温度的差异较为显著。在氧化过程中，原始颗粒物存在异常阶段，表观活化能远低于常规值，这是热传递的限制所致。热传递限制通常发生在最大质量损失速率点附近，该过程释放了大量的热，导致颗粒物内部温度迅速升高。颗粒物内部温度远高于表观温度，导致较高的反应速率常数，进一步加快了颗粒物的氧化反应。以上快速氧化过程在微分热重曲线中表现为第二个峰值（图 9.4）。图 9.4 中包含了严重偏离动力学

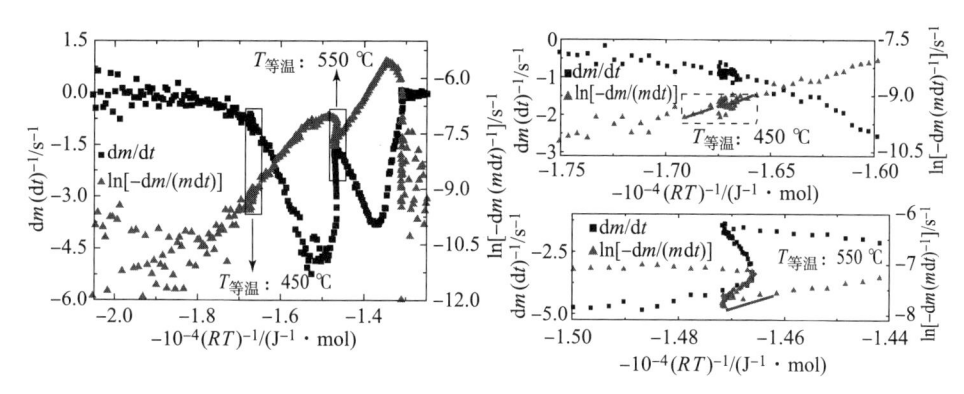

第 9 章 柴油机颗粒物单阶段 - 多阶段氧化过程动力学分析 131

图 9.2 阶段性升温过程中颗粒物的氧化动力学曲线

曲线的点（波动），这是由环境因素（振动和噪声）造成的，导致了微分热重曲线的瞬变。温度为 592~619 ℃ 时，三条动力学曲线的斜率相似。

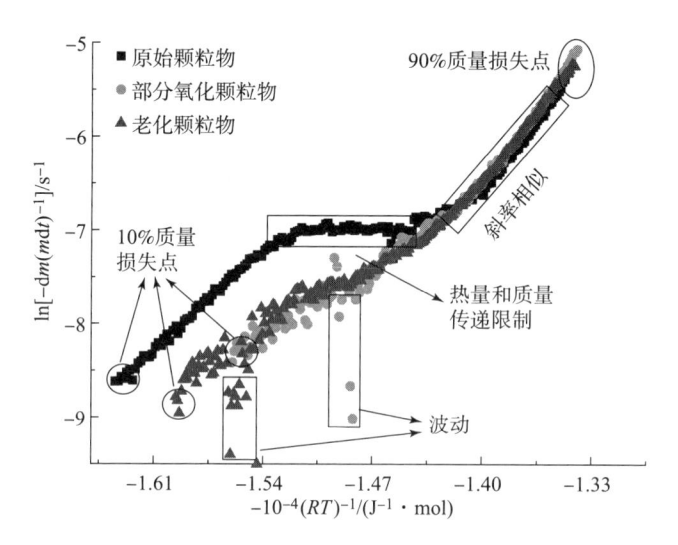

图 9.3 单阶段升温过程中三种颗粒物的氧化动力学曲线

不同颗粒物样品在氧化过程中的表观活化能见表 9.1。通常情况下，随着氧化温度的升高，颗粒物在氧化过程中的活化能也增加[82]，与本书的研究结果不同。使用了 Kissinger - Akahira - Sunose（KAS）方法[82]计算活化能时，该方法计算得出的活化能是不连续的，导致颗粒物氧化过程中部分活化能细节信息缺失。氧化温度高于预处理温度（450 ℃）时，部分氧化和空气老化对活化能的影响较

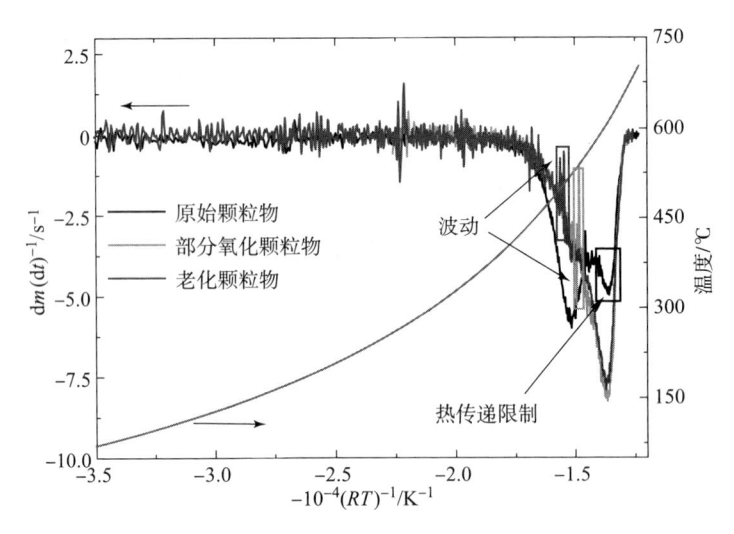

图 9.4　颗粒物微分热重曲线

小。部分氧化颗粒物和老化颗粒物的活化能在 592~619 ℃ 范围内略低于原始颗粒物样本，这是由部分氧化颗粒物和老化颗粒物更强的催化效应引起的。因为以上两个样品均在高温条件下进行了预处理，因此，与原始颗粒物相比，灰分含量较高；灰中的金属对颗粒物氧化具有显著的催化作用[41,125]，其中，钙、镁和锌对碳烟氧化的催化效果最佳，而钠对羟化物表现出优异的催化性能。对于原始柴油机颗粒物，热传递限制导致了 518~556 ℃ 大量的热量释放；该阶段的表观活化能（10.8 kJ/mol）远低于其他温度区间（470~518 ℃ 和 592~619 ℃）的正常值。热传递限制还影响了后续氧化反应（556~592 ℃）过程中的活化能（96.4 kJ/mol），导致其值小于正常值。

表 9.1　不同颗粒物样品氧化过程中的活化能

样品	活化能/(kJ·mol^{-1})（温度范围/℃）			
原始颗粒物	147.5（470~518）	10.8（518~556）	96.4（556~592）	211.7（592~619）
部分氧化颗粒物	123.7（495~537）	93.5（525~537）	210.8（537~557）	196.4（557~623）
老化颗粒物	120.5（480~523）	87.0（523~548）	205.4（548~622）	—

对于部分氧化的颗粒物，活化能逐渐增加，在氧化过程结束时略有下降，主要是灰分的催化氧化作用加强导致，以上研究结果与 López – Fonseca[82] 的研究结

果一致。氧化过程结束时的活化能也受到颗粒物石墨化程度的影响，两者共同决定了活化能变化的趋势。另外，无论是部分氧化的颗粒物还是老化的颗粒物，在一个较窄的温度范围内（约在 530 ℃），活化能明显降低。值得注意的是，原始颗粒物的热传递限制从 530 ℃开始。在空气中老化的过程中，一些有机成分附着于颗粒物表面，导致初始氧化温度和活化能比部分氧化的颗粒物略微降低。

9.2 柴油机颗粒物的纳观结构及红外特征

图 9.5 为不同颗粒物样品的微观和纳观结构。在透射电子显微镜图像中，柴油机颗粒物呈分枝状结构，众多颗粒重叠在一起。明显可见，部分氧化后原始颗粒直径减小，与此同时，在空气中老化后对直径分布的变化较小。颗粒物粒径分布如图 9.6 所示。与原始颗粒物粒径分布相比，部分氧化和老化颗粒物对应的峰值粒径向小粒径方向移动。部分氧化和老化颗粒物的所有粒径都小于 100 nm。本研究中用于粒径分布的统计方法与专业方法完全不同：在研究中，颗粒物粒径为几何值，但专业仪器计算得出为空气动力学直径[116,126,127]。

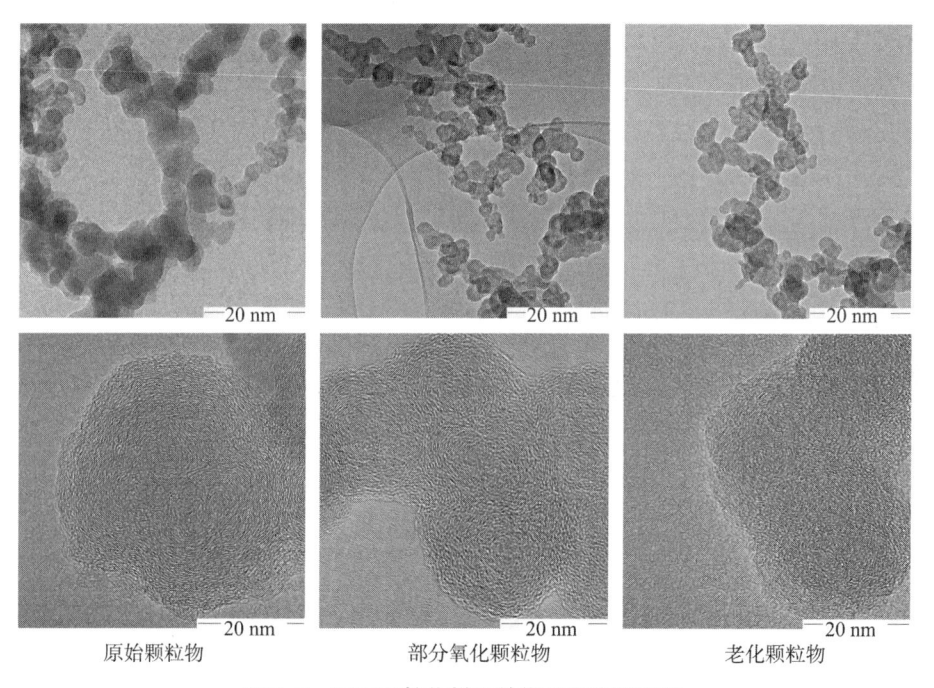

图 9.5 不同颗粒物样品的微观和纳观结构

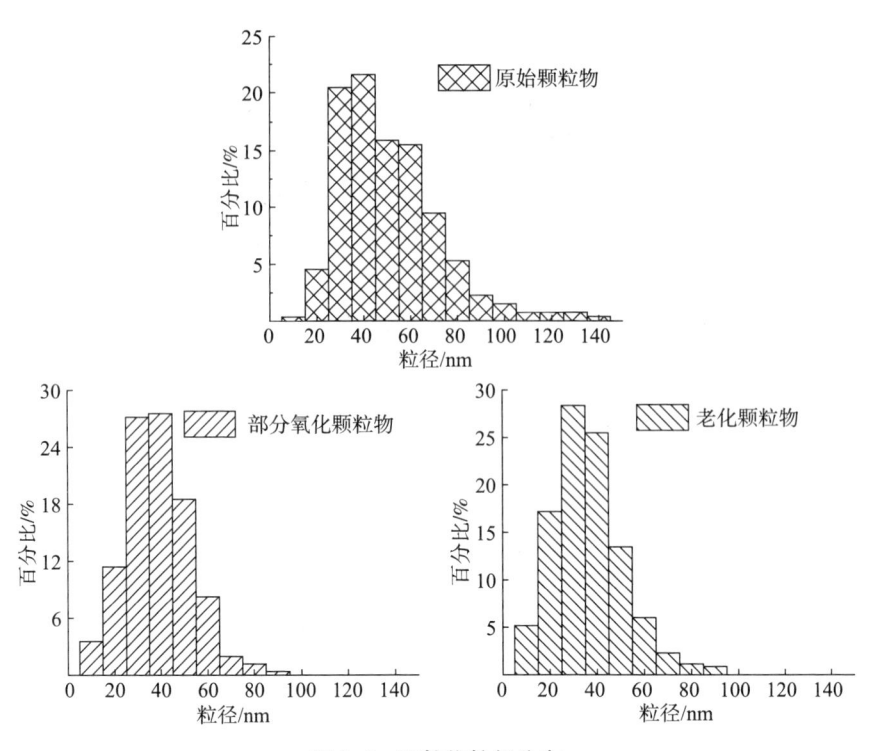

图9.6　颗粒物粒径分布

在高分辨率透射电子显微镜图像中，原始颗粒物为洋葱状的核壳状结构，该结构严重依赖缸内燃烧过程[104,113,118]。部分氧化后，纳观结构从洋葱状转变为带有中空内核的核壳结构，并且直径缩小。由于颗粒物表面存在大量活性位点，颗粒物氧化过程中首先发生表面氧化。氧化过程中由于活性位点的减少，表面氧化活性逐渐降低；然后氧化反应逐渐转移到颗粒物内核，内核的氧化活性仍然较高且包含含氧有机成分，为进一步氧化提供了活性位点。以上因素导致了部分氧化和老化颗粒物的活化能在530 ℃左右显著下降。如上所述阶段称为转化过渡阶段。从外部表面到内部核心的转移氧化促进了化学反应的进行，进而在短时间内释放了更多的热量。以上为本研究中原始颗粒热传递受限的原因。在样品质量较大的条件下，可能导致颗粒物氧化温度在短时间内失控，进一步造成质量损失率增加。综上所述，转化阶段在正常氧化过程中只持续较短的时间，并且有可能演变为热传递受限的反应。颗粒物的氧化过程模型如图9.7所示。

图9.8为柴油机不同颗粒物的傅里叶红外光谱图。由于傅里叶红外设备

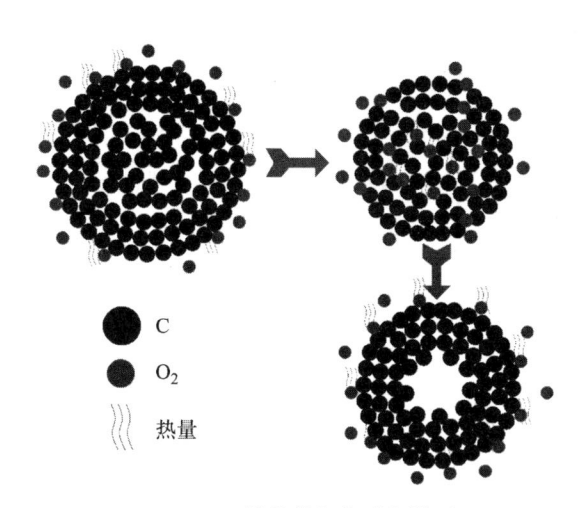

图 9.7　颗粒物的氧化过程模型

不是真空状态,该光谱观察到了两个吸收峰,分别位于约 3 300 cm^{-1} 和约 2 349 cm^{-1},是由空气中的水蒸气和二氧化碳引起的。原始颗粒物中的有机成分含量在三种颗粒物样品中最高,与图 9.1 的研究结果一致。部分氧化颗粒物的傅里叶红外光谱中没有显著的吸收峰,表明颗粒物高温部分氧化后,有机碳几乎降至零。在空气中长时间老化后,部分有机碳附着在颗粒物表面,导致起始氧化温度和表观活化能的下降。此外,附着的有机碳主要为低挥发性有机成分,虽然官能团可以通过傅里叶红外光谱检测到,但需要使用气相色谱 - 质谱联用仪器进行进一步检测,并进一步分析特定有机成分的吸附特性。

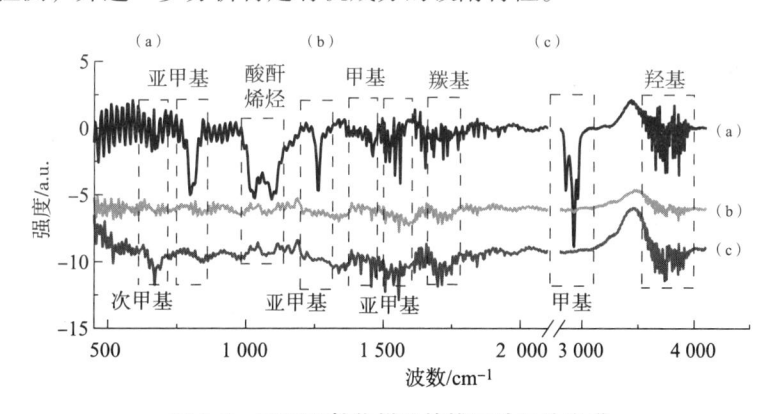

图 9.8　不同颗粒物样品的傅里叶红外光谱

(a) 原始颗粒物;(b) 部分氧化颗粒物;(c) 老化颗粒物

图9.9为三种颗粒物样品的拉曼光谱。部分氧化的颗粒物的G峰与D峰的强度比高于原始颗粒物和老化颗粒物。高温氧化导致G峰的强度增加，这是由sp^{2}位点的E2g对称拉伸模式引起的[13]。部分氧化颗粒物的D峰强度在空气老化后得到一些恢复，主要是由有机碳的吸附引起的。

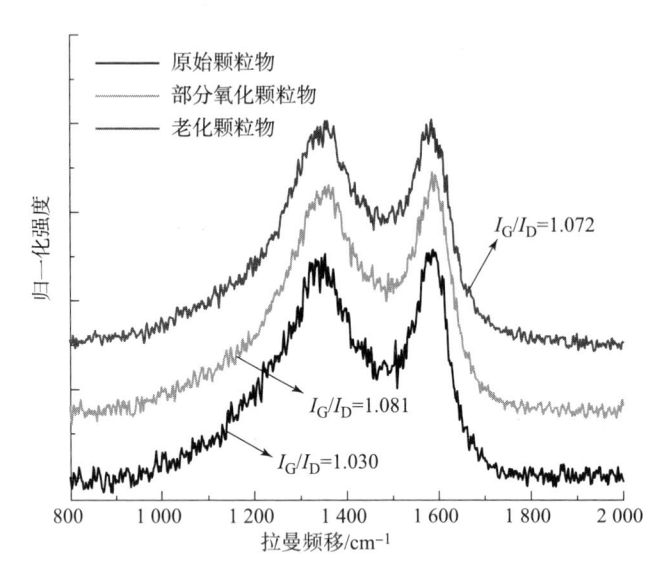

图9.9 三种颗粒物样品的拉曼光谱

9.3 小结

基于原始颗粒物、部分氧化颗粒物和老化颗粒物，对氧化特性和氧化动力学特性进行了深入分析。对颗粒物的氧化行为在不同温度升高程序下开展研究。此外，使用阿伦尼乌斯方程计算了氧化动力学。进一步地，对纳观结构、傅里叶红外光谱和拉曼光谱特性进行了分析，以阐明多阶段升温颗粒物的氧化行为。结论如下：

（1）在阶段升温过程中，氧化表现为明显的多步反应过程。200 ℃等温阶段对后续过程的影响有限；然而，氧化过程在450 ℃和550 ℃等温条件下受到了极大的影响。在450 ℃和550 ℃等温阶段，活化能大幅增加，并导致后续氧化过程中活化能的增加。

（2）热传递限制导致了高氧化速率，在微分热重曲线上出现另一个峰值。由于热传递限制发生时释放了大量热量，活化能远低于正常值。氧化从表面向内部核心转移，导致活化能在狭窄温度范围内降低，被认为是原始颗粒物热传递限制的起源。部分氧化颗粒物和老化颗粒物氧化过程末端的活化能小于原始颗粒物。

（3）颗粒物在高温环境部分氧化后，粒径显著减小，粒径分布的峰值向较小粒径方向处移动。柴油颗粒物的纳观结构从洋葱状结构变为具有空心内核的核壳状结构。傅里叶红外光谱和拉曼光谱中的有机碳和 D 峰强度在部分氧化后大幅减小，并经过长时间的空气老化后部分得到恢复；空气中老化过程对颗粒物的纳观结构影响较小。

第 10 章
柴油机颗粒物灰分空气氛围中对颗粒物催化氧化效果

本项研究中所用的部分颗粒物样品见表 10.1。柴油机颗粒物来源于玉柴涡轮增压四冲程柴油机。柴油机颗粒物和 Printex – U 分别在空气氛围中以 5 ℃/min 速率加热至表 10.1 所列目标温度。表 10.1 中的颗粒物用于研究颗粒物的微观形貌。

表 10.1　部分颗粒物样品　　　　　　　　　　　　　　℃

碳烟	预处理温度（质量损失相同）	预处理温度（质量损失相同）
柴油机颗粒物	450	480
Printex – U	515	575

在坩埚底部均匀放置 0.6 mg 灰分，灰分上覆盖 2.5 mg 柴油机颗粒物（图 10.1），通过以上方法模拟 DPF 周期性再生；然后，分别在空气氛围中以 5 ℃/min 速率加热至 700 ℃，记录热重实验过程中样品质量的瞬时变化。Printex – U 的测试程序与柴油机颗粒物相同。在 Printex – U 氧化后没有灰分残留，因此在 Printex – U 的热重实验中使用柴油机颗粒物灰分。热重曲线中的质量分数定义见式（10.1）。

$$p = \frac{m - m_i}{m - m_{\text{ash}}} \tag{10.1}$$

式中，p 为碳烟残余质量分数；m 为颗粒物样品的初始温度；m_i 为颗粒物样品热重实验过程中的瞬态质量；m_{ash} 为颗粒物灰分质量。

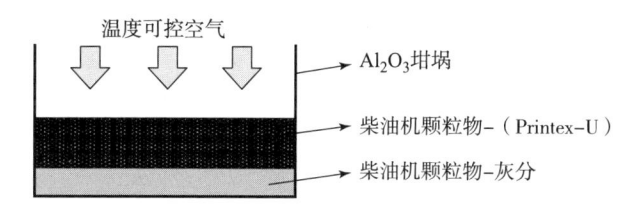

图 10.1　热重实验中灰分和碳烟在 Al_2O_3 坩埚的相对位置

10.1　柴油机颗粒物灰分对碳烟氧化活性影响

受益于燃料添加剂对颗粒物的催化氧化作用，燃料添加剂的应用可以实现颗粒捕集器较低温度下的被动再生[128]。此外，燃料添加剂能够有效促进缸内燃烧[129]。燃料添加剂含有铁、铈、锌、钾和钴等物质，对柴油机颗粒物具有较好的催化效果。柴油机颗粒捕集器经过周期性催化再生后，越来越多的灰分聚集在滤芯上。然而，未添加燃料添加剂生成的颗粒物中的灰分成分与燃料添加剂成分有显著差异。柴油机颗粒物灰分主要由金属物质（如铝、钠、镁、锌和钙）组成，这些物质源于发动机磨损、润滑油添加剂等[41]。研究[130,131]证实，柴油机颗粒物灰分对颗粒物氧化具有一定的催化作用；然而，不同金属物质对颗粒物的催化效果差异很大；以上研究证明的催化作用基于金属物质单质或混合物。柴油机颗粒物中的灰分在燃烧过程中经历高温，其催化作用可能发生变化。柴油机颗粒物灰分的催化效果尚未得到全面证实。

柴油机颗粒物灰分存在于颗粒团聚物中，无法直接判断灰分的催化效果。本研究将柴油机颗粒物灰分置于颗粒物底部，可以有效地分析柴油机颗粒物灰分的催化效果。图 10.2 和图 10.3 为不同温升速率下有/无灰分作用下柴油机颗粒物热重特性曲线和微分热重曲线。在相对较低的温度条件下，灰分对颗粒物的氧化活性的影响有限。当温度低于 400 ℃时，可溶性有机成分发生氧化和挥发。对于给定情况，柴油机颗粒物的燃尽温度在 500 ~ 600 ℃范围内，而柴油机颗粒物 - 灰分混合物的燃尽温度略低于柴油机颗粒物。结果表明，如果柴油机颗粒捕集器发生周期性再生，受益于灰分的催化作用，再生温度将会发生一定程度的降低。

但是，再生温度的降低非常有限，因为灰分只与柴油机颗粒层的底部接触。Easter 等[132]通过调整燃油喷射策略，进而改变了颗粒物中灰分与碳烟的比例，结果显示：随着灰分含量的增加，颗粒物氧化持续时间缩短。然而，灰分含量是通过改变燃油喷射策略进行的调整，导致了缸内燃烧特性的变化，进而对碳烟的物化性质产生了显著影响。换句话说，柴油机不同工况下采集的颗粒物具有不同的氧化活性，尽管灰分含量不同，但是并不能说明氧化活性的变化由灰分引起。Liang 等[133]研究了润滑油产生的灰分对柴油机颗粒捕集器再生过程中碳烟氧化活性的影响。研究表明，润滑油产生的灰分加速了碳烟氧化，起始氧化温度降低了大约18 ℃。Meng 等[134]实验证明，模拟灰分可以提高柴油机颗粒捕集器的再生效率，最大增幅可达110%。

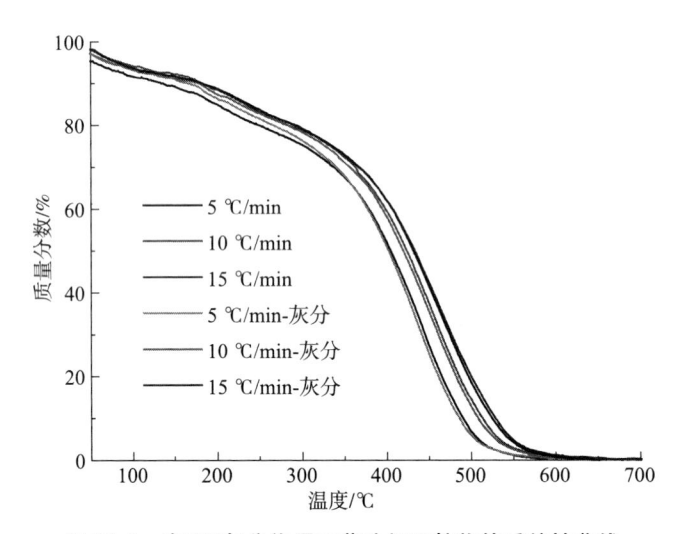

图10.2　有/无灰分作用下柴油机颗粒物热重特性曲线

Choi 等[135]研究表明，在颗粒捕集器的早期再生阶段，当灰分层与颗粒物紧密接触时，灰分对颗粒物氧化起到了辅助作用。Fang 等[136]证明了灰分与碳烟的接触情况对灰分的催化效果有重要作用。灰分的催化效果解释了灰分造成柴油机颗粒物氧化温度的下降。在50~300 ℃的温度范围内，本研究中的质量损失率相近。在300~450 ℃的范围内，无灰分情况下柴油机颗粒物的质量损失率更高；最大质量损失速率高于0.004 8 ℃$^{-1}$，对应的温度约为450 ℃。在450~580 ℃温度范围内，灰分作用下柴油机颗粒物的质量损失率较低。

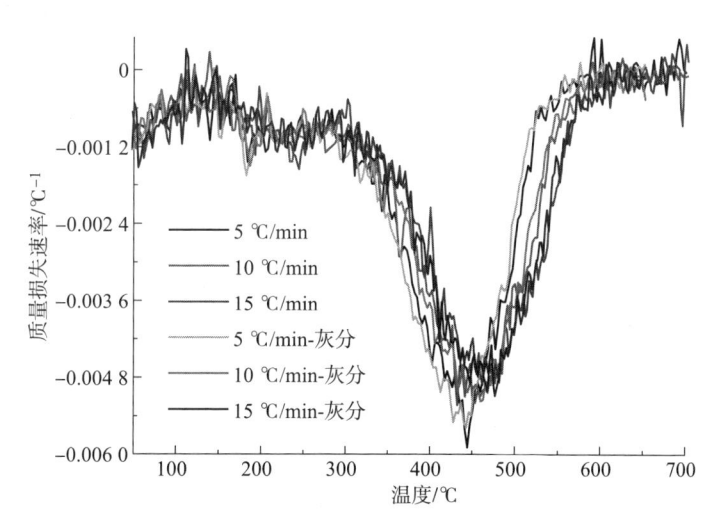

图 10.3 有/无灰分作用下柴油机颗粒物微分热重曲线

Printex – U 起始氧化温度高于 500 ℃，燃尽温度高于 600 ℃（图 10.4）。柴油机颗粒物灰分对 Printex – U 的燃尽温度影响较小；但是，在较低温度条件下，灰分促进了 Printex – U 的氧化反应。Printex – U 的起始氧化温度和燃尽温度比柴油机颗粒物高，可以推测：由于柴油机颗粒物氧化活性较低，灰分对柴油机颗粒物氧化的催化效果较低。柴油机颗粒物的氧化活性很大程度上取决于发动机工作条件、燃料类型、发动机类型和相关技术。Printex – U 中可溶性有机物的含量远

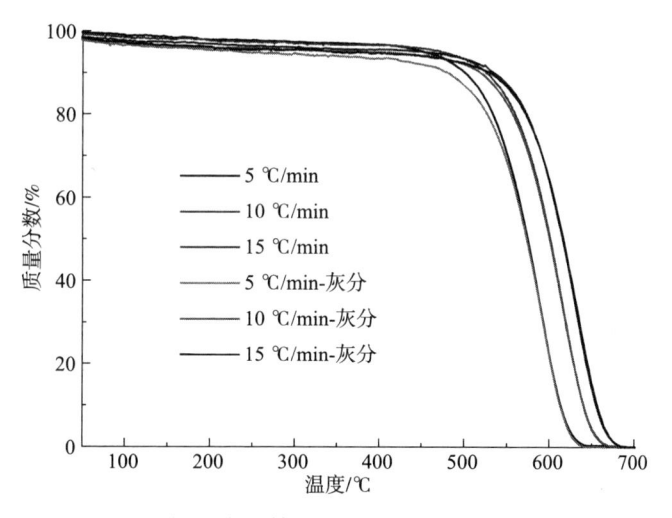

图 10.4 有/无灰分情况下 Printex – U 热重特性曲线

低于柴油机颗粒物,且 Printex–U 的微分热重曲线在有/无催化剂的条件下有显著差异;Printex–U 的最大质量损失速率高于 0.01 ℃$^{-1}$(图 10.5)。Huang 等[137]指出,CeO_2 和 ZnO 显著提高了柴油机颗粒捕集器的再生氧化活性,同时促进了大颗粒的形成。

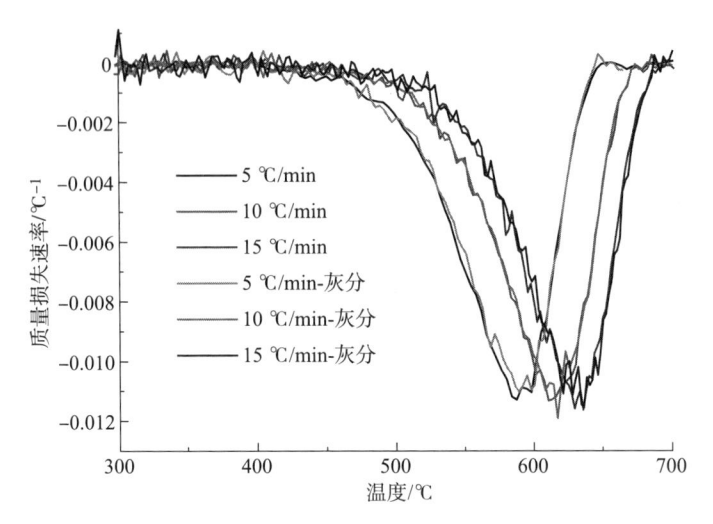

图 10.5 有/无灰分情况下 Printex–U 微分热重曲线

图 10.6 为柴油机颗粒物和 Printex–U 氧化过程中活化能的变化。柴油机颗粒物的活化能在氧化过程中变化显著,特别是在起始氧化阶段。主要是由于可溶性有机成分比碳烟更容易氧化,并为颗粒物氧化提供了活性位点。尽管柴油机颗粒物的纳观结构和微晶形态在氧化过程中持续变化,但除了起始氧化阶段外,活化能的变化很小。该结果与 Song 等[43]的观点一致,即颗粒物的氧化活性更多地依赖于可溶性有机成分而非纳观结构。Printex–U 由于可溶性有机成分的含量较小,氧化过程中的活化能变化很小。研究表明,当采用 CeO_2/ZnO 为催化剂时,Printex–U 的氧化指数增加了 148%[136],表明 CeO_2/ZnO 对颗粒物氧化活性的促进效果远高于柴油机颗粒物灰分。即,如果催化型柴油机颗粒捕集器滤芯上覆盖有灰分,将会严重影响颗粒捕集器的再生速率。

碳烟氧化过程中,颗粒物微晶排列的有序度增加,非无定型程度显著下降,导致碳烟活化能增加,且氧化过程中观察到了活化能较小的波动。与热重曲线相比,灰分引起的活化能,特别是转化效率低于 50% 时,变化更为显著。柴油机

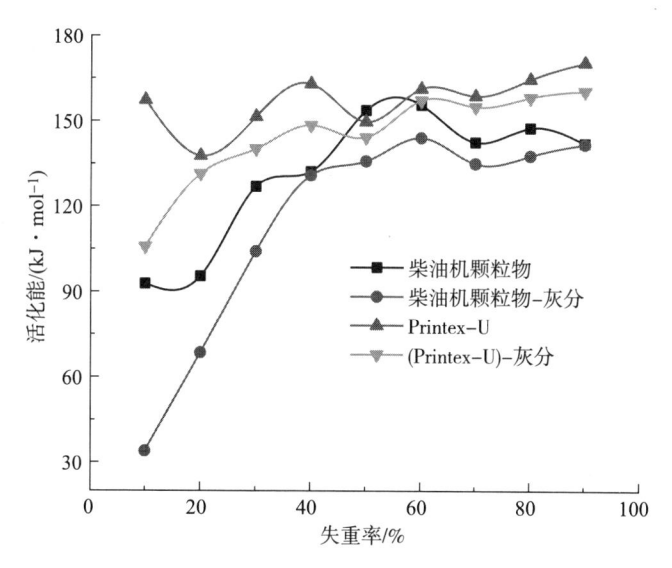

图 10.6　柴油机颗粒物和 Printex – U 氧化过程中活化能的变化

颗粒物的氧化活性在氧化末期有一定程度的增强。Choi 等[41]明确指出，氧化过程末期，灰分对颗粒物氧化活性的增强是由灰分含量高导致的。

灰分可以降低颗粒物的活化能，特别是在氧化过程的初始阶段，活化能的最大降幅近 60 kJ/mol（图 10.6）；转化率高于 20% 后，降幅低于 20 kJ/mol。以上结果表明，灰分对可溶性有机成分的催化效果高于碳烟。Printex – U 在氧化初期，灰分对其的催化效果也明显高于其他阶段。当转化率高于 50% 时，灰分引起的活化能降幅非常小。表 10.2 为柴油机颗粒物和 Printex – U 的平均活化能。颗粒物样品的活化能在 114.78 ~ 157.26 kJ/mol 之间，该计算结果与现有研究结果相符[117]。灰分引起柴油机颗粒物和 Printex – U 的平均活化能降幅分别约为 17.41 kJ/mol 和 12.59 kJ/mol。

表 10.2　柴油机颗粒物和 Printex – U 的平均活化能

碳烟	柴油机颗粒物	柴油机颗粒物 – 灰分	Printex – U	(Printex – U) – 灰分
平均活化能/(kJ · mol^{-1})	132.19	114.78	157.26	144.67

10.2 柴油机颗粒物灰分对碳烟红外光谱特性影响

柴油机颗粒物在燃烧室内形成过程中和排气管内传输过程中会附着大量有机成分,该有机成分为颗粒物的氧化提供了活性位点,有助于氧化活性的增加。参考文献[42]指出,当颗粒物样品质量损失达80%时,氧含量几乎降为零。有机成分的降低部分导致了氧化过程中活化能的增加。图10.7为柴油机颗粒物氧化过程中的傅里叶红外光谱曲线。需要注意的是,3 200 cm^{-1}附近的峰值是由空气中的水蒸气引起的;如果使用真空红外光谱进行测试,可以避免以上峰的出现。图10.8中的预处理温度对应颗粒物不同的质量损失比例。柴油机颗粒物的透射强度低于Printex – U,表明柴油机颗粒物中有更多的有机成分;随着氧化温度的升高,红外光谱中的峰值逐渐减弱,说明有机成分的含量逐渐减少。柴油机颗粒物和Printex – U表现出高强度的—C═C—峰(1 500~1 750 cm^{-1})和—C═O峰(1 500~1 750 cm^{-1});同时,观察到—C═C—H—峰(670~900 cm^{-1})、—C≡C峰(2 250~2 500 cm^{-1})、—CH$_3$峰(2 700~3 000 cm^{-1})和—CH$_2$峰(2 700~3 000 cm^{-1}),部分氧化的颗粒物峰值强度显著降低。

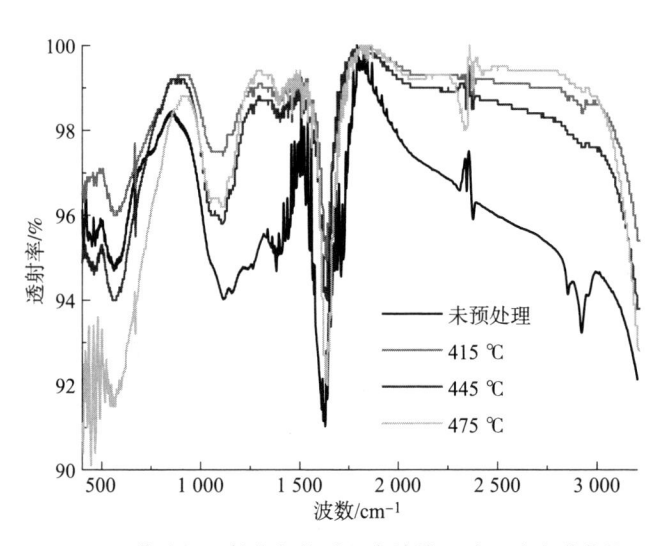

图10.7 柴油机颗粒物氧化过程中的傅里叶红外光谱曲线

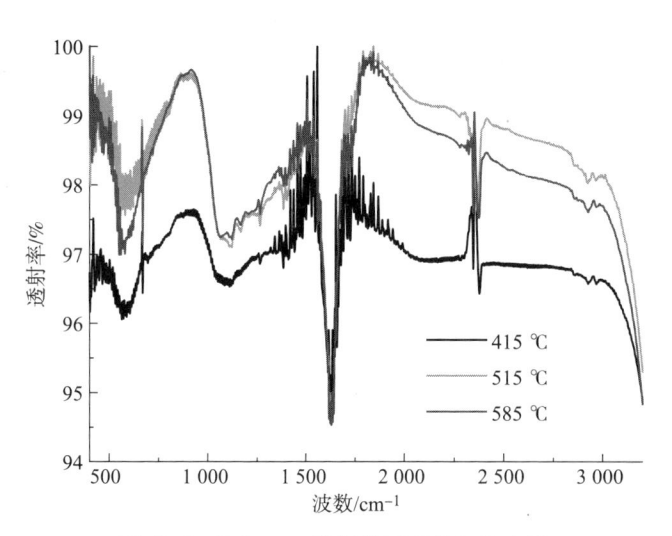

图 10.8 Printex - U 氧化过程的红外光谱

柴油机颗粒物形成过程中，灰分中的金属物质分布在颗粒物聚集体中，并与初级颗粒紧密接触。通常，灰分的尺寸要比初级颗粒小。当环境温度达到颗粒物的催化氧化温度时，颗粒物与金属物质接触的部分会先于其他部分被氧化，如图 10.9 所示。由于金属物质尺寸较小且位于颗粒聚集体内部，因此该现象不容易观察到。

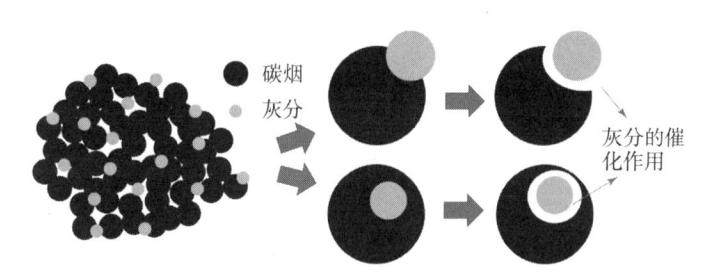

图 10.9 灰分引起的内部氧化（灰分和颗粒的大小仅为示意；此图中的灰分为金属）

10.3 柴油机颗粒物灰分对碳烟微观形态的影响

前期相关的研究表明[138,139]，柴油机颗粒物在氧化之前通常位无定形状态。

起始氧化阶段，由于颗粒物表面的活性位点的存在，氧化首先发生在颗粒物表面。部分氧化后，颗粒物的氧化活性逐渐降低；然后，通过颗粒物间的孔隙，氧化从颗粒物表面转移到内部，导致了柴油机颗粒物中空的内核，并且核壳结构在氧化过程中被破坏。图 10.10 为柴油机颗粒物和 Printex-U 在不同氧化温度下的纳观结构。柴油机颗粒物的粒径与 Printex-U 相似，内核均具有排列无序的微晶。颗粒物氧化过程中，粒径逐渐减小；对于部分氧化的颗粒物（质量损失 50%），观察到显著的空壳结构[73]。Pawlyta 等[89]表明，高温预处理后，洋葱状结构的颗粒物转变为内核中空和外壳排列有序的颗粒物。Liang 等[133]将润滑油添加剂与柴油机颗粒物混合，颗粒物的氧化活性发生显著变化。润滑油添加剂对柴油机颗粒物的纳米结构，特别是初级颗粒的内核基本不产生影响。然而，润滑油添加剂增强了颗粒物的表面氧化，造成颗粒物内核和表面氧化优先级的变化，导致了氧化模式的改变。因为润滑油添加剂与柴油机颗粒物的接触情况及灰分有较大差异，因此，对颗粒物氧化模式的影响不同。

图 10.10 柴油机颗粒物和 Printex-U 的微观形态

10.4 小结

颗粒捕集器定期再生过程中，灰分逐渐在颗粒捕集器滤芯上积累。由于灰分具有一定的催化作用，导致捕集到颗粒捕集器上的颗粒物更容易被氧化。本研究中，通过对柴油机颗粒物进行高温预处理，获得了颗粒物完全氧化后的灰分。研究了柴油机颗粒物和 Printex – U 在颗粒物灰分作用下的氧化行为，讨论了颗粒物氧化过程中活化能的变化。此外，分析了颗粒物不同氧化温度下有机成分和纳观结构的变化。主要结论如下：

（1）柴油机颗粒物的燃尽温度在灰分作用下有一定程度的降低；然而，Printex – U 的燃尽温度下降有限；颗粒物灰分只能降低高氧化活性的颗粒物的燃尽温度。

（2）柴油机颗粒物灰分对颗粒物催化氧化的作用比对 Printex – U 更加显著，平均活化能降低约为 17.41 kJ/mol 和 12.59 kJ/mol；灰分在氧化开始阶段对活化能的降低效果最为显著，主要是由于柴油机颗粒物中有机化合物的含量远高于 Printex – U。

（3）柴油机颗粒物中有机成分比 Printex – U 多，其含量在氧化过程中大幅下降。柴油机颗粒物和 Printex – U 氧化过程中的纳观结构演变相似。氧化早期阶段，颗粒物粒径逐渐减小，最终颗粒物变为中空的内核。附着在颗粒聚集物上的灰分会导致其表面提前氧化。

第 11 章
空气氛围中催化氧化反应对碳烟理化特性影响

本章对比了空气氛围中不同催化剂对碳烟理化特性的影响，包括氧化活性、氧化动力学特性、含氧官能团以及纳观结构。为了分析碳烟在空气氛围中催化氧化过程中理化特性的变化，需要针对碳烟样品进行预处理。碳烟样品见表 11.1。预处理过程如下：碳烟样品在空气氛围、环境温度下以 5 ℃/min 的加热速率升温至 500 ℃、530 ℃、560 ℃，在该温度环境下恒温 5 min；然后将载气切换为 N_2 并冷却至环境温度，将样品取出备用，以检测其理化特性。

表 11.1 碳烟样品

碳烟样品	Printex – U	(Printex – U) – CeO_2	(Printex – U) – Al_2O_3	Printex – V	(Printex – V) – CeO_2	(Printex – V) – Al_2O_3
质量/mg	2	2 – 0.6	2 – 0.6	2	2 – 0.6	2 – 0.6

注：催化剂与碳烟充分混合。

11.1 催化剂种类对氧化活性的影响

为了实现 DPF 完全再生，催化剂被广泛应用，以降低碳烟的氧化温度。图 11.1 为分别在催化剂 CeO_2 和 Al_2O_3 作用下，Printex – U 和 Printex – V 的热重特性曲线和微分热重曲线。当温度低于 400 ℃ 时，质量损失较小；燃尽温度低于 600 ℃。热重实验中添加 Printex – U 催化剂后，热重曲线向低温方向移动。CeO_2 对 Printex – U 的催化效果显著高于 Al_2O_3。尤其在氧化温度低于 550 ℃ 的条件下，

第 11 章 空气氛围中催化氧化反应对碳烟理化特性影响

Al_2O_3 造成的热重曲线的偏移较小。与 Printex – U 相比,催化剂对 Printex – V 的氧化活性影响较小。CeO_2 和 Al_2O_3 对 Printex – V 碳烟催化氧化效应的差异较小。碳烟微分热重曲线呈单峰状;然而,对于有机成分含量高的碳烟,微分热重呈多峰状,表现为多段氧化[113]。图中最大质量损失速率均出现在 585 ℃附近;而且在 CeO_2 催化剂作用下,失重速率较大;当温度低于 550 ℃时,微分热重曲线的差异较小。

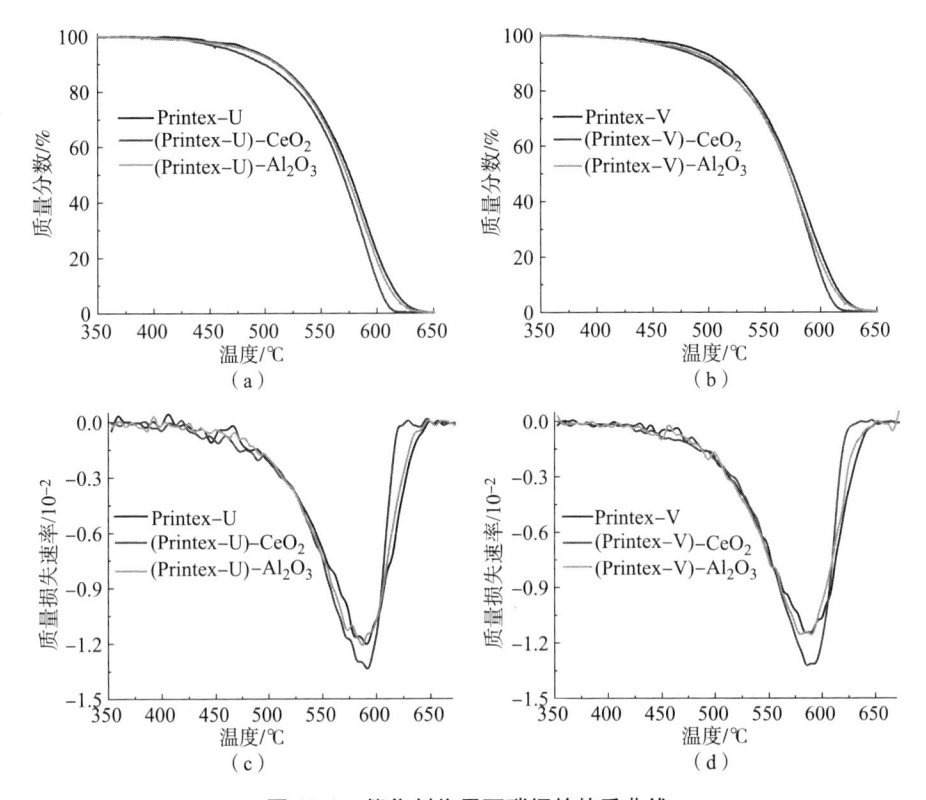

图 11.1 催化剂作用下碳烟的热重曲线

(a) Printex – U 热重特性曲线; (b) Printex – V 热重特性曲线;
(c) Printex – U 微分热重曲线; (d) Printex – V 微分热重曲线

碳烟的氧化很大程度上取决于有机成分的含量。由于本章所用碳烟有机成分含量较低,因此,相比含有大量有机成分的碳烟,其起始氧化温度较高。当有机成分含量约为 35% 时,碳烟的起始氧化温度约为 150 ℃[140]。研究表明,在该阶段,有机成分的挥发在质量损失中占主导地位[124]。本章的结果与二甲基碳酸酯-柴油碳烟的氧化类似[141,142]。在其他相关报道中，催化剂对碳烟氧化的影响比本章更为显著[143]；同时，催化剂含量的增加加剧了催化效应[140]。催化剂与碳烟的比例为500%时，导致碳烟的剧烈催化氧化，热重曲线向低温方向偏移超100 ℃[143]。此外，在没有催化剂的情况下，氧化过程中会生成大量CO；而在有催化剂的情况下，CO含量几乎为零[143]，间接表明了催化剂增强了碳烟的氧化效果。

DPF再生的难易程度可以通过氧化特征温度（如 $T_{10\%}$ 和 $T_{90\%}$）表示。较低的氧化温度可以降低DPF再生过程中的能量消耗，有利于提高车辆的燃油经济性。不同条件下碳烟的氧化特征温度见表11.2。CeO_2 使 Printex-U 的 $T_{10\%}$ 降低了约13.3 ℃，而 Al_2O_3 使其降低了1.6 ℃。CeO_2 和 Al_2O_3 分别使 Printex-U 的 $T_{90\%}$ 降低了约12.0 ℃ 和 3.9 ℃。在有催化剂和无催化剂的情况下，Printex-U 的特征温度差异较小。CeO_2 使 Printex-V 的 $T_{10\%}$ 降低了约9.2 ℃，而 Al_2O_3 使其降低了4.9 ℃。Al_2O_3 导致 Printex-V 的氧化持续时间延长。为了确保较高的再生效率和较低的能量消耗，在选择DPF催化剂时，应选择能够有效降低碳烟 $T_{10\%}$ 和 $T_{90\%}$ 的催化剂。

表11.2 不同条件下碳烟的氧化特征温度　　　　　　　　　　℃

碳烟样品	Printex-U	(Printex-U)-CeO_2	(Printex-U)-Al_2O_3	Printex-V	(Printex-V)-CeO_2	(Printex-V)-Al_2O_3
$T_{10\%}$	512.0	498.7	510.4	511.6	502.4	506.7
$T_{90\%}$	613.3	601.3	609.4	612.9	604.0	609.9
$T_{10\%\sim90\%}$	101.3	102.6	99.0	101.3	101.6	103.2

相关研究[113]中，碳烟的起始氧化温度约为200 ℃，其质量损失主要是由高挥发性有机成分引起。由于有机成分的存在，氧化持续期大于400 ℃。考虑到柴油机颗粒物中含有的有机成分，其起始氧化温度约为562 ℃[144]，略高于 Printex-U 和 Printex-V。MnO_x-CeO_2 催化剂导致碳烟的起始氧化温度、燃尽温度和氧化持续期分别约缩短为59 ℃、48 ℃ 和 47 ℃。碳烟与催化剂的紧密接触可以有效促进碳烟起始氧化温度的降低[145]。对于涂覆催化剂的颗粒捕集器，柴油机碳烟附着在催化剂载体上形成松散结构，削弱了对催化剂对碳烟的催化氧化。

11.2 催化剂种类对氧化动力学特性的影响

活化能是氧化动力学曲线的斜率，反映了相对质量损失对温度的敏感性。图 11.2 为 Printex – U 和 Printex – V 的氧化动力学曲线及相应的氧化温度曲线。对于原始碳烟及其与 Al_2O_3 的混合物，当氧化温度较低时，$-\ln[dm/(mdt)]$ 的值与 $-1/(RT)$ 几乎呈线性增加；然而，当温度高于 560 ℃时，不同情况下获得的动力学曲线开始分离，且碳烟与 CeO_2 混合物的 $-\ln[dm/(mdt)]$ 值高于其他两种情况。此外，随着氧化的进行，氧化动力学曲线中离散点的波动减小。

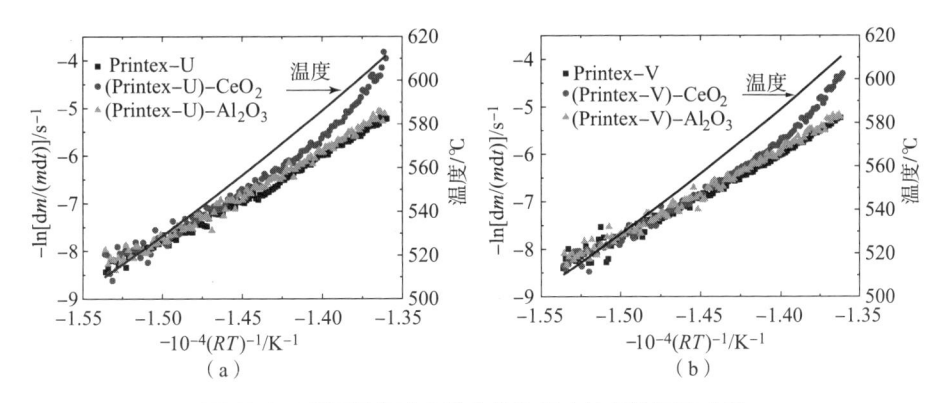

图 11.2 碳烟氧化动力学曲线和相应的氧化温度曲线
(a) Printex – U；(b) Printex – V

氧化动力学曲线中的点的波动取决于微分热重曲线的精度。在热重实验中，微分热重曲线的波动受到环境条件（如噪声和振动）的影响。文献［124］中，氧化动力学曲线是使用放热量曲线计算获得的，不受外界环境条件的影响，因此，基于放热量获得的氧化动力学曲线是光滑的。文献［33］中，质量损失率较低的低温条件下，氧化动力学离散点的波动更为显著。Liang 等[142]基于单一升温速率法获得了氧化动力学曲线；氧化结束时，氧化动力学曲线的斜率增加，与本章的结果一致。然而，该增加量主要取决于催化剂种类及其含量。

Printex – U 和 Printex – V 氧化过程中活化能的变化如图 11.3 所示。Printex – U 非催化氧化活化能在 110～215 kJ/mol 范围，且受 Al_2O_3 的影响较小。此外，由于质量损失率较低，当温度低于 560 ℃时，计算获得的活化能误差较大。当温度高于 570 ℃时，Printex – U 在 CeO_2 的催化作用下，活化能随着氧化的进行显著增加，且 Printex – U 的相对质量损失率对温度较为敏感。Printex – U 的氧化结束时，催化氧化活化能高于 500 kJ/mol。Printex – V 的活化能随氧化温度升高而逐渐增加，活化能为 70～220 kJ/mol。在 CeO_2 的催化作用下，Printex – V 的活化能在 610 ℃时超过 400 kJ/mol。在氧化过程中，碳烟的理化性质，如比表面积、纳观结构和石墨化程度，发生了显著变化，导致活化能显著增加。

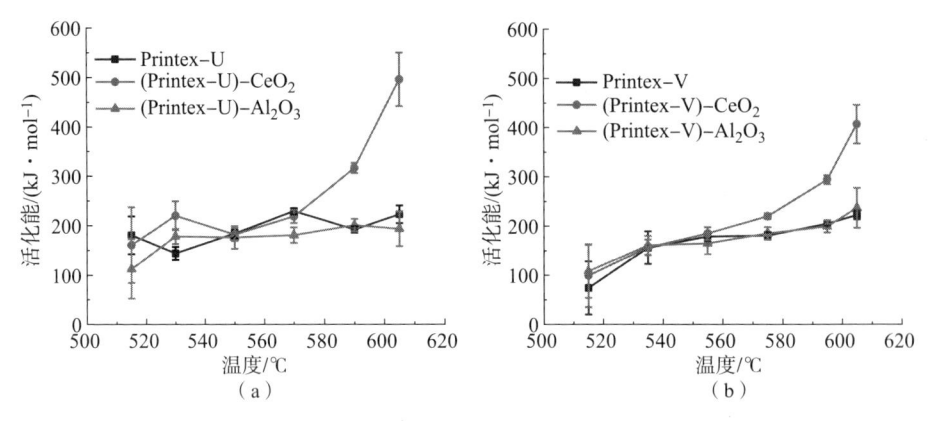

图 11.3　碳烟氧化过程中活化能的变化

(a) Printex – U；(b) Printex – V

基于单升温速率计算的活化能，其结果的准确性只依赖单一热重曲线，但是基于多升温速率计算的活化能，则受多组实验结果的影响。使用 FRL 和 FWO 方法计算获得的活化能随质量损失的增加而逐渐升高[112]。同时，Printex – U 的活化能随着氧化过程的进行而增加，其值从约 60 kJ/mol 增加到约 152 kJ/mol[146]。

采用不同方法计算得到的平均活化能见表 11.3。关于"方法 A"，平均活化能是通过对图 11.3 中的数值求平均得到的；"方法 B"是通过拟合氧化动力学曲线获得单一线性函数计算得到的。"方法 B"中的氧化动力学曲线拟合如图 11.4 所示。"方法 A"和"方法 B"计算获得的活化能的差异较为显著。"方法 A"计算获得的 Printex – U 的平均活化能约为 192.2 kJ/mol，在 CeO_2 的作用下增加至 265.7 kJ/mol，但在 Al_2O_3 的催化作用下降至 173.8 kJ/mol。Printex – V 在 CeO_2 和 Al_2O_3 催化作用下的平均活化能从 169.5 kJ/mol 增加至 227.0 kJ/mol 和 175.9 kJ/mol。"方法 B"假设氧化过程中的活化能是恒定的，但是如图 11.3 所示，活化能在氧化过程中发生了显著变化。因此，使用"方法 A"计算获得的活化能考虑了其值的动态变化，更加精确。

表 11.3 碳烟平均活化能　　　　　　　　　　　　　　kJ·mol^{-1}

碳烟	Printex-U	(Printex-U)-CeO$_2$	(Printex-U)-Al$_2$O$_3$	Printex-V	(Printex-V)-CeO$_2$	(Printex-V)-Al$_2$O$_3$
方法 A	192.2 ± 15.2	265.7 ± 32.6	173.8 ± 27.0	169.5 ± 19.4	227.0 ± 24.5	175.9 ± 26.9
方法 B	179.5 ± 144.1	228.0 ± 3.8	183.6 ± 1.8	180.7 ± 7.3	219.9 ± 5.9	185.2 ± 12.9

注：方法 A 中的平均活化能通过图 11.2 中的离散点计算获得；方法 B 中的平均活化能通过拟合图 11.2 中的动力学曲线获得（图 11.4）。

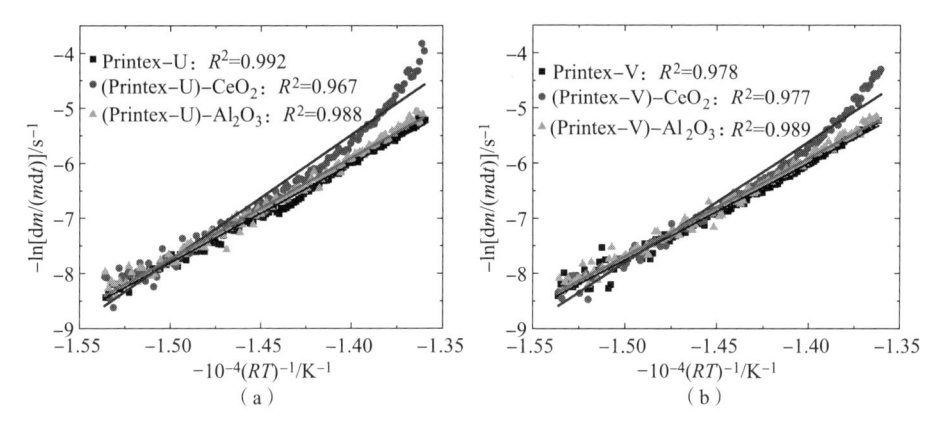

图 11.4 "方法 B"中的氧化动力学曲线拟合

(a) Printex-U；(b) Printex-V

本章中碳烟的起始氧化温度比文献 [33] 中的高；然而，生物柴油碳烟的活化能低于 70 kJ/mol[33]。高活化能意味着碳烟相对质量损失速率对氧化温度变化的敏感性较高。Liang 等[142]采用了"方法 B"计算获得了平均活化能，其值在"方法 A"计算获得的动态值范围内。为了反映活化能的真实演变规律，活化能的计算应在较窄的温度范围内获得，以确保碳烟理化性质的相似性。文献 [146] 采用"方法 B"计算得到的 Printex-U 的活化能（109 kJ/mol）在"方法 A"计算获得的活化能的范围内（60~152 kJ/mol）。当碳烟样品质量小于 2.0 mg 时，平均活化能受样品初始质量的影响较为显著[33]，主要是因为样品质量低时的氧化动力学离散点的波动较大。

11.3 催化剂种类对含氧官能团的影响

含氧官能团为碳烟表面氧化提供了活性位点。由于有机成分含量低,碳烟氧化过程中,红外光谱的峰值变化不大(图 11.5)。因此,在碳烟氧化的前半阶段,活化能的变化并非是由有机成分的氧化引起的。与 Printex – U 相比,Printex – V 在 800 ~ 1 700 cm^{-1} 范围内具有更多种类的含氧官能团。由图可知,碳烟中含有—C=O(1 500 ~ 1 750 cm^{-1})、—C=C—H—(670 ~ 900 cm^{-1})和—C≡C(2 250 ~ 2 500 cm^{-1})官能团。Printex – U 和 Printex – V 中有机成分的挥发性较低,当氧化温度达到 560 ℃时,仍然可以检测到官能团。此外,Al$_2$O$_3$ 对有机成分氧化的影响比 CeO$_2$ 更为显著。

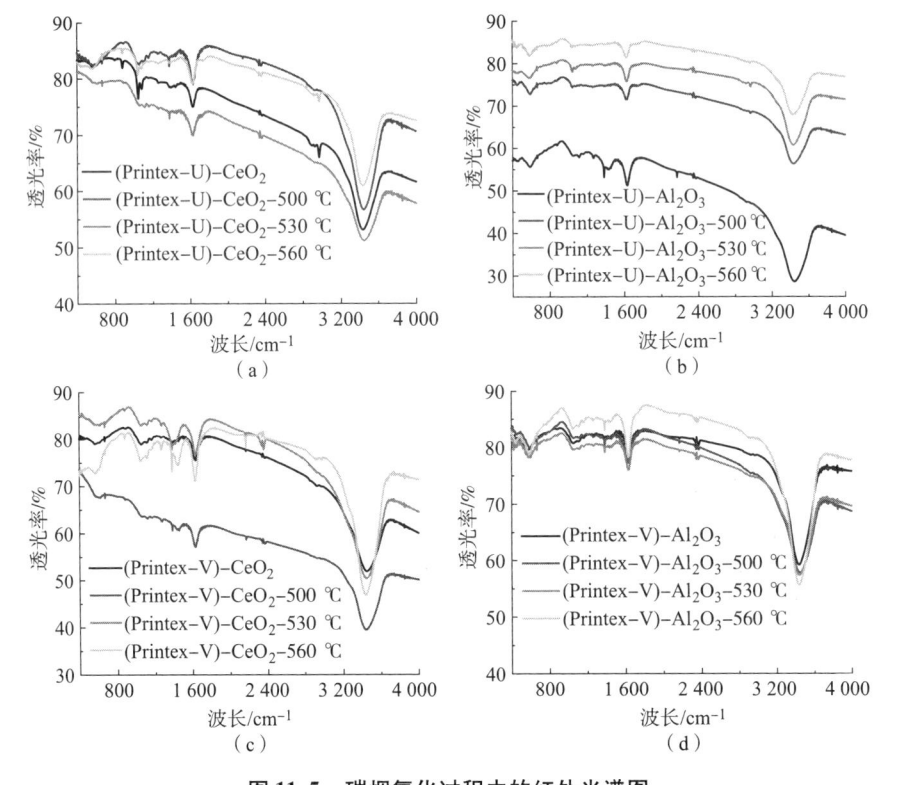

图 11.5　碳烟氧化过程中的红外光谱图

(a)(Printex – U) – CeO$_2$;(b)(Printex – U) – Al$_2$O$_3$;(c)(Printex – V) – CeO$_2$;
(d)(Printex – V) – Al$_2$O$_3$

当碳烟质量损失超过75%时，碳烟中含氧有机成分将被完全氧化[42]。此外，碳烟中氧含量对氧化的影响比碳烟的纳观结构更为显著[43]。因此，表面含氧官能团是表面氧化活性位点的重要指标，且生物柴油碳烟中含氧官能团的含量较高，导致生物柴油碳烟的氧化速率常数比柴油碳烟高得多。对于部分氧化的碳烟，通过老化过程中有机成分的吸附，可以使其氧化活性部分恢复[127]。

11.4 催化剂种类对纳观结构的影响

X射线光电子能谱可以检测碳烟中的元素。图11.6为Printex–U和Printex–V在非催化氧化过程中的XPS光谱图；图11.7为Printex–U和Printex–V在Al_2O_3和CeO_2催化氧化作用下的能谱。XPS图在氧化过程中变化不大；当氧化温度达到560 ℃时，Printex–U和Printex–V中仍然可以检测到氧元素。由于Printex–U和Printex–V的纯度超过99.99%，能够检测到的金属种类很少，该结果与红外光谱的结果一致。Printex–U和Printex–V中的有机成分的挥发性较低，只有当氧化温度达到相当高时才会被氧化。

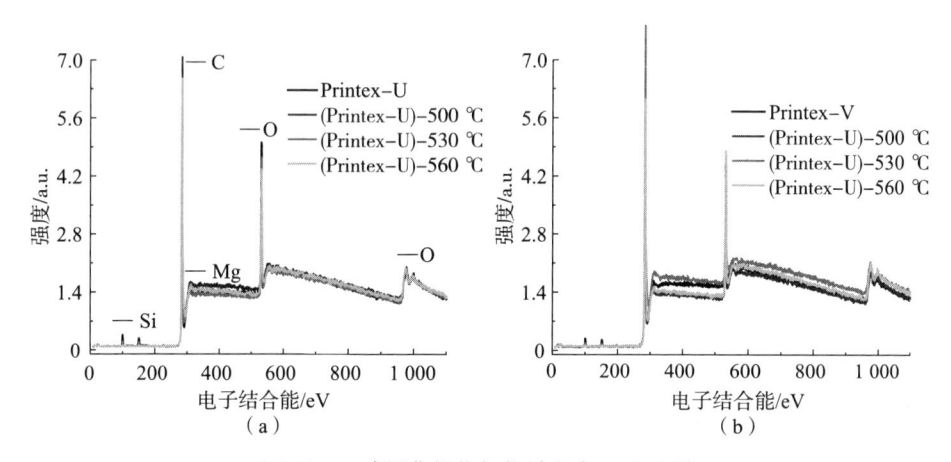

图 11.6 碳烟非催化氧化过程中 XPS 光谱

(a) Printex–U；(b) Printex–V

Printex–U、Printex–V、CeO_2和Al_2O_3的微晶排列如图11.8所示。Printex–U和Printex–V非催化氧化和催化氧化过程中的高分辨率透射电子显微镜图像如

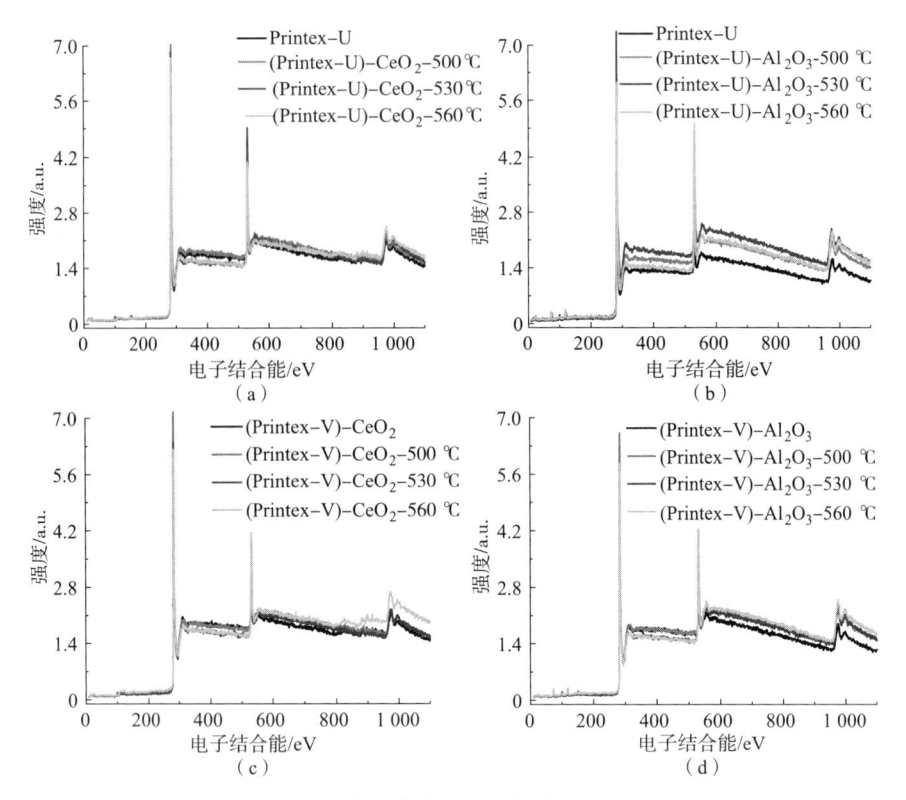

图 11.7　碳烟催化氧化过程中 XPS 光谱

（a）（Printex－U）－CeO$_2$；（b）（Printex－U）－Al$_2$O$_3$；（c）（Printex－V）－CeO$_2$；
（d）（Printex－V）－Al$_2$O$_3$

图 11.9 和图 11.10 所示。Printex－U 和 Printex－V 为洋葱状结构，且具有较短的微晶长度和较大的微晶层间距，为类球状结构。CeO$_2$ 也为类球状，而 Al$_2$O$_3$ 仍然圆柱形状。透射电镜实验前，使用超声技术制备碳烟悬浮液的过程中，由于范德华力和黏性力的存在，碳烟的基本粒子仍然为堆积状态。

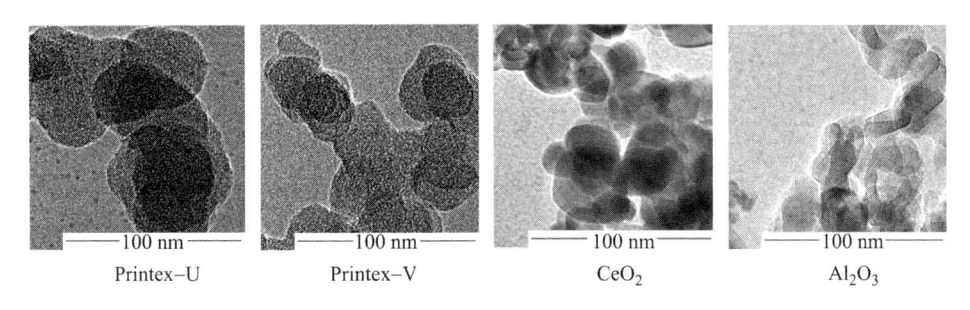

图 11.8　Printex－U、Printex－V、CeO$_2$ 和 Al$_2$O$_3$ 的微晶排列

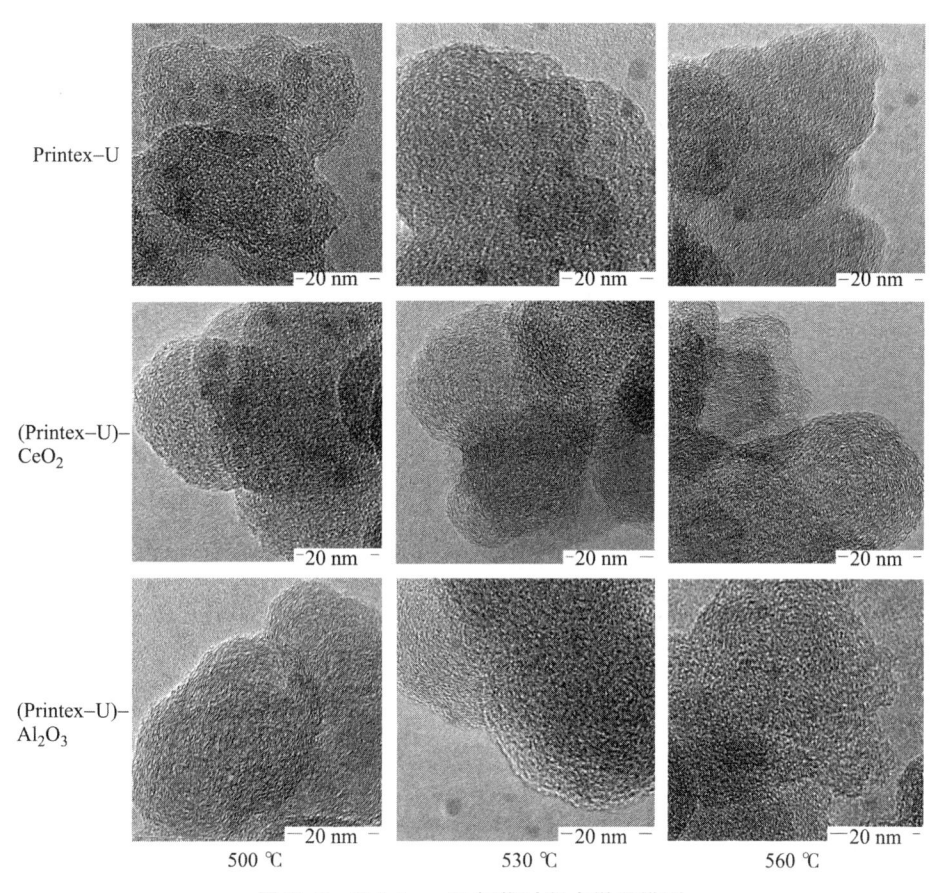

第 11 章　空气氛围中催化氧化反应对碳烟理化特性影响　157

图 11.9　Printex – U 氧化过程中微晶排列

  Printex – U 氧化过程中的纳观结构如图 11.11 所示。对于非催化氧化，当氧化温度为 530 ℃时，部分氧化的 Printex – U 纳观结构与原始碳烟差异较小；氧化温度达到 560 ℃时，由于表面氧化的存在，Printex – U 外形变得更加不规则且尺寸显著缩小，且氧化开始，从表面向内部转化。在 Al_2O_3 催化氧化作用下，碳烟的纳观结构变化与非催化氧化类似。当 Printex – U 在 CeO_2 作用下发生催化氧化时，氧化温度达到 530 ℃后，出现了表面氧化和氧化的转移。综合以上现象表明，催化剂改变了 Printex – U 的氧化模式。

  Printex – V 氧化过程中的纳观结构演变如图 11.12 所示。非催化环境中 Printex – V 的纳观结构演变与 Printex – U 的趋势相似。在 CeO_2 的催化作用下，Printex – V 在 CeO_2 催化氧化作用下，其表面氧化比非催化氧化以及 Al_2O_3 催化作

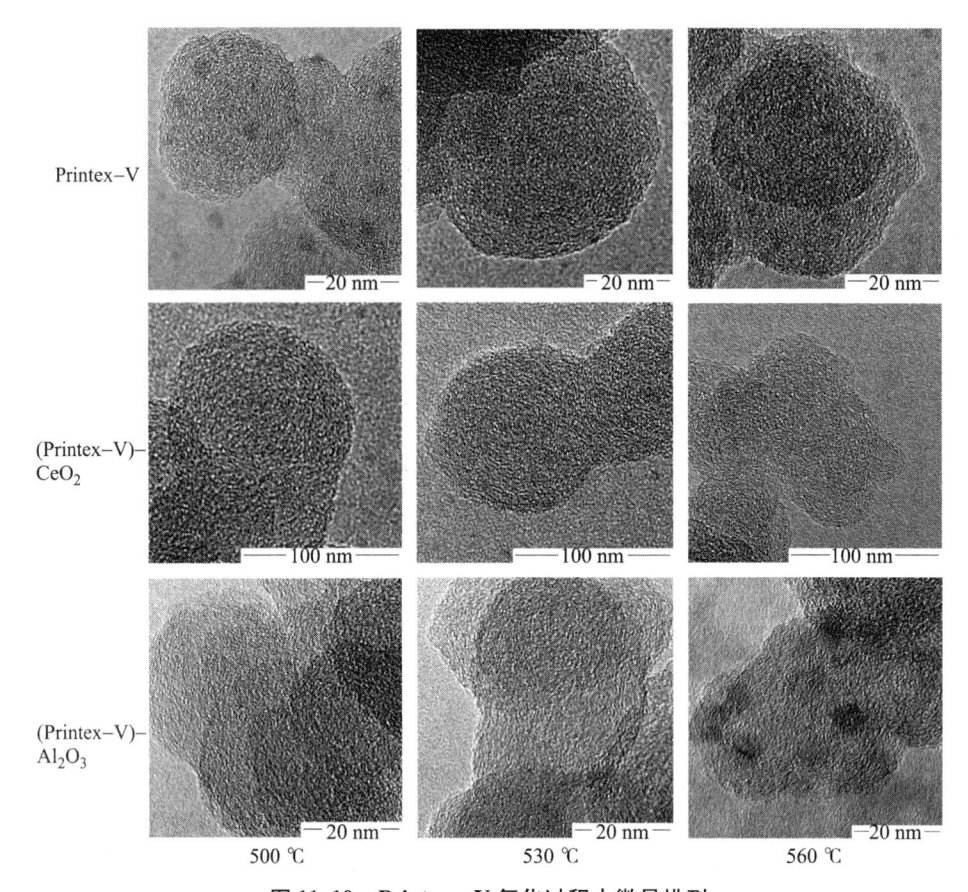

图 11.10　Printex – V 氧化过程中微晶排列

用下的氧化较早；此外，形状的不规则程度比其他两种情况更严重。通过与原始碳烟样品氧化过程中的纳观结构对比可知，Printex – V 的表面氧化被 CeO_2 和 Al_2O_3 显著增强（质量损失差异较小，但是粒径差异较大）。对于 Printex – U 和 Printex – V 的纳观结构演变，在 560 ℃ 氧化温度下的质量损失达到 50%，仍旧没有观察到碳烟的空核结构。由于碳烟有机成分含量较低，碳烟内核的氧化活性较低，导致氧化过程中表面氧化难以转化为内部氧化。

碳烟的氧化模式可由统计颗粒大小和质量损失比例的关系确定。如果氧化过程中碳烟粒径大小下降速率超过其质量损失，表明表面氧化主导碳烟的氧化过程；反之，内部氧化占主导[147]。氧化模式取决于多种因素，如碳烟形成环境、催化剂种类和实验条件。润滑油生成的灰分不能改变碳烟的氧化模式，但会加剧

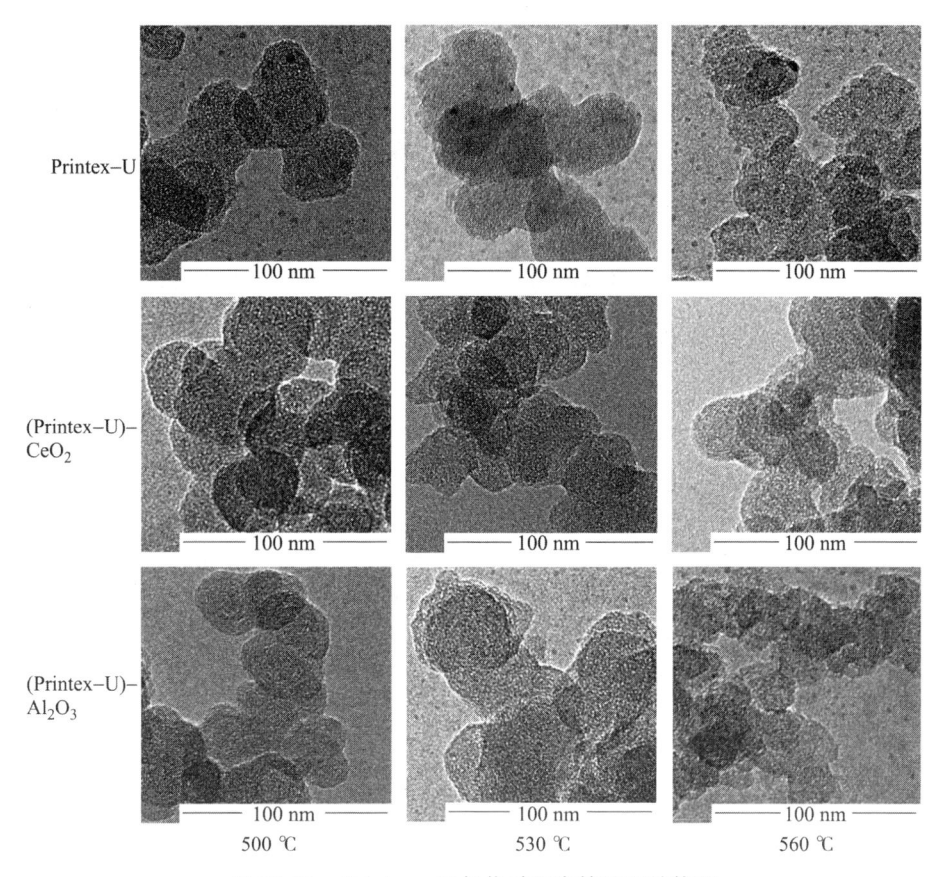

第 11 章 空气氛围中催化氧化反应对碳烟理化特性影响　159

图 11.11　Printex–U 氧化过程中的纳观结构图

碳烟的表面氧化[133]。将碳烟与催化剂均匀混合，碳烟外表面与催化剂表面将充分接触，进而只会增强碳烟的表面氧化。废气再循环（EGR）存在的条件下生成的碳烟，其内核的氧化活性较高；因此，碳烟生成过程中 EGR 的存在有助于促进碳烟的氧化模式从表面氧化转变为内部氧化[73]。碳烟在高压环境中氧化时，由于氧绝对含量较高，碳烟表面发生较快的氧化，导致微晶的重新排列，且变得更加致密有序，阻止了碳烟从表面氧化向内部氧化的转变[73]。研究［147］中提及判别碳烟氧化模式的方法不够严谨，因为统计粒径时需要将碳烟氧化至特定的程度来制备悬浮液，因此统计的碳烟粒径针对不同的碳烟团聚体。原位技术可以有效观察到碳烟氧化过程中纳米结构的持续变化，原位技术可以观察到碳

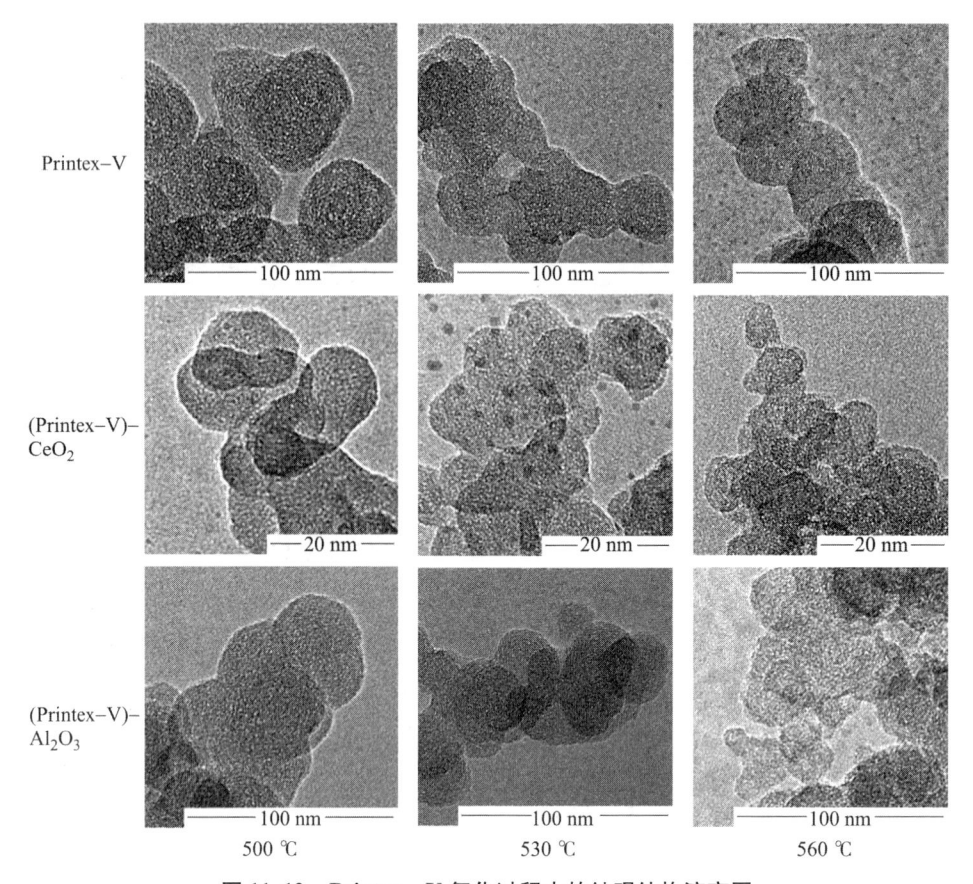

图 11.12　Printex–V 氧化过程中的纳观结构演变图

烟氧化过程中连续的纳米结构演变过程。研究工作[148]清晰地观察到碳烟颗粒的氧化过程，其经历了表面氧化、内部氧化、核壳结构破裂和碎片消失等过程。

11.5　催化剂含量对碳烟氧化活性影响

为了研究催化剂含量对碳烟氧化活性的影响，本节催化剂与碳烟的混合比例为1∶1，并且与前述研究结果进行对比分析。本章后续小节中催化剂与碳烟均采用该混合比例。对碳烟在空气氛围、不同温度下进行预处理，相应的质量损失见表 11.4。

表 11.4　碳烟预处理

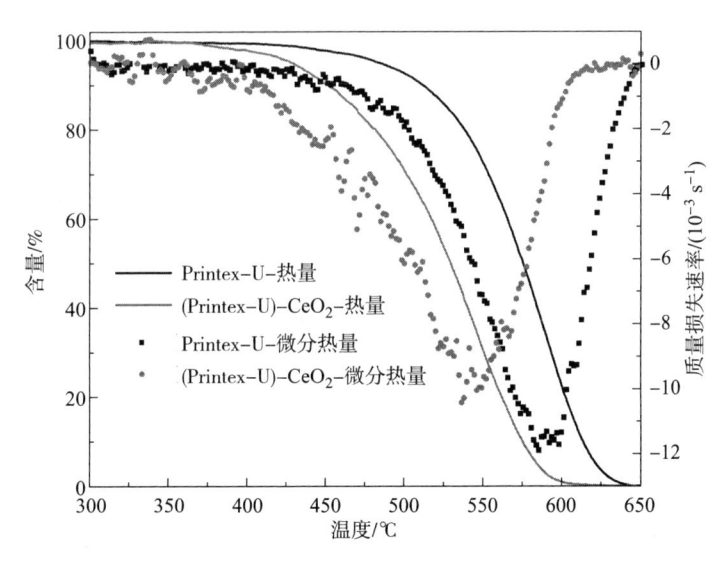

碳烟样品	预处理条件	数值		
(Printex - U) - CeO$_2$	预处理温度/℃	440	451	551
	质量损失/%	57.8	67.4	86.0
Printex - U	预处理温度/℃	512	553	592
	质量损失/%	47.2	65.9	79.2

图 11.13 为特定温度控制程序下碳烟的热重曲线和微分热重曲线。温度低于 410 ℃时，碳烟的质量损失较小，主要由水分和碳氢化合物的蒸发引起[149]。在 CeO$_2$ 的催化氧化作用下，碳烟的氧化活性显著增强，碳烟的热重曲线和微分热重曲线显著向低温方向移动。碳烟的 T_{10} 和 T_{90} 分别为 510 ℃和 627 ℃；然而，添加催化剂 CeO$_2$ 后降为 450 ℃和 575 ℃。黄等[150]的研究结果也证实了催化剂对氧化活性的增强效果。高等[151]的研究表明，碳烟催化氧化过程中，当催化剂比例较低时，催化剂对氧化活性的增强作用较小。CeO$_2$ 在氧化氛围中与碳烟发生化学反应生成了氧空位，进而促进了碳烟的氧化过程[152]。

图 11.13　碳烟的热重曲线和微分热重曲线

基于热重曲线进一步分析 CeO$_2$ 对碳烟氧化动力学特性的影响。图 11.14（a）对比了催化氧化和非催化氧化条件下碳烟的氧化动力学曲线，图 11.14（b）为碳烟催化氧化和非催化氧化过程中碳烟活化能的变化。活化能反映了碳烟相对质量损失对温度的敏感性，斜率越低，活化能越低[153]。从图 11.14（a）可以看出，与碳烟非催化氧化相比，碳烟的催化氧化动力学曲线的斜率更小，表明 CeO_2 有助于降低碳烟的活化能，并促进碳烟的氧化。从图 11.14（b）可以看出，在碳烟整个加热过程中，碳烟催化氧化的活化能比非催化氧化低很多，这与 Fang 等[149]的研究结果一致；初始活化能（5%质量损失对应点）降低了 63 kJ/mol。活化能通常随着碳烟氧化过程的进行而增加。氧化过程中，碳烟的物理化学性质，如比表面积、纳观结构和石墨化程度发生了显著变化，导致活化能显著增加[151]。

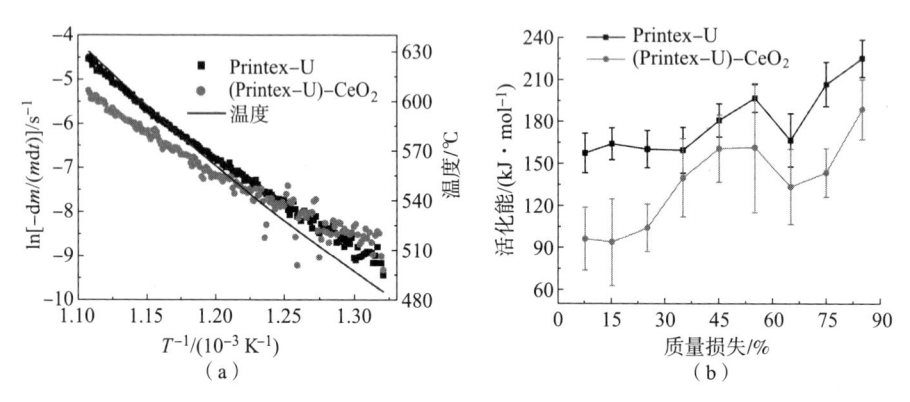

图 11.14 碳烟氧化动力学及活化能的变化曲线及参数
（a）氧化动力学曲线；（b）活化能的变化

11.6 催化剂对碳烟孔径影响

图 11.15 为部分氧化的碳烟样品等温吸附–脱附曲线。根据国际纯粹与应用化学联合会（IUPAC）的规定，碳烟的等温吸附曲线被归类为 II 型吸附模式，并且带有 H3 滞后回线[154]。如果接近 p/p_0（压力与饱和压力之比）处没有出现吸附平台，表明碳烟中存在的孔结构为大孔隙[155]。H3 滞后回线主要存在于具有平整沉积物的介孔或大孔隙材料，原因如下：孔内液相表面的曲率半径会根据 Kelvin 方程影响 N_2 的饱和蒸汽压力[156]。研究[157]认为，碳烟和催化剂混合物的 N_2

吸附属于介孔或大孔介质的多层吸附;随着预处理温度的增加,样品的滞后回线逐渐变得不明显,表明样品在高温预处理情况下的孔结构发生了较大变化[158]。随着预处理温度的增加,碳烟对 N_2 的吸附量逐渐增加,如图 11.15(a)所示,表明部分氧化会产生更多的孔隙结构。Echavarria 等[159]将碳烟的氧化总结为两个阶段:氧气的扩散导致碳烟内部初级颗粒的燃烧;聚合物结构连接的断裂促进边缘颗粒的燃烧。以上解释了碳烟氧化过程中多孔结构的加剧现象。Yezerets 等[160]同样证明了碳烟在氧化过程中将生成大量的孔隙结构。但是,在本研究给定的情况下,高温预处理温度为 440 ℃时,碳烟和催化剂对 N_2 的吸附量达到最大值后,随着温度的升高,吸附量逐渐降低。主要是在碳烟氧化初始阶段,部分大孔隙被 CeO_2 填充导致。Simonsen 等[161]证实,CeO_2 提高了碳烟的氧化活性,氧化过程中促进了催化剂向碳烟表面的微运动。

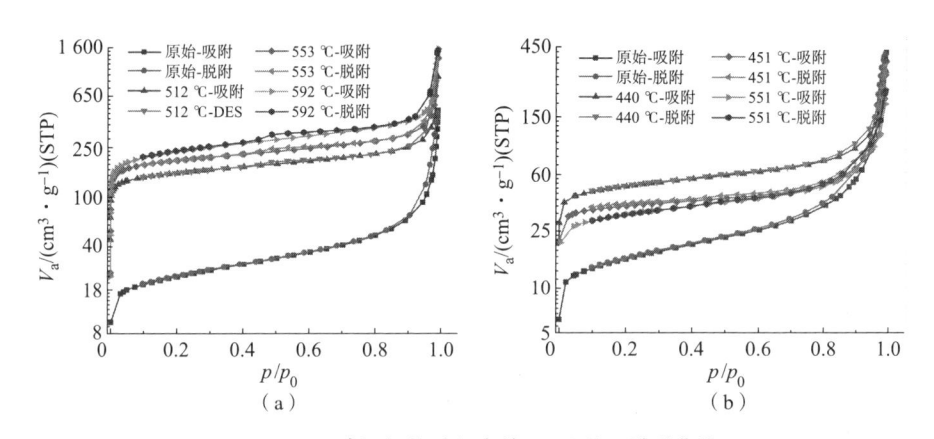

图 11.15 碳烟氧化过程中的 N_2 吸附-脱附曲线

(a) Printex - U;(b)(Printex - U) - CeO_2

图 11.16 为碳烟非催化氧化过程中的孔径分布和积分孔容积。碳烟的孔径为 2~210 nm,属于介孔和大孔,证实 N_2 吸附特性曲线存在 H3 滞后回线。随着碳烟预处理温度的增加,孔径呈双峰分布,2~10 nm 和 100~200 nm 范围内的孔密度逐渐增加。该现象也证实了碳烟的非催化氧化机制[159]:氧气的扩散促进碳烟氧化过程中小孔隙的生成;碳烟颗粒边缘氧化促进了碳烟聚集体的分离,降低了碳烟的团聚效果,进而产生较大孔隙。Ghiassi 等[162]指出,与较大颗粒相比,小于 10 nm 的碳烟颗粒发生内部燃烧的可能性较高;Raj 等[163]发现了碳烟的内部

燃烧现象。碳烟颗粒的内部燃烧导致碳烟碎片的生成，进而导致小于 10 nm 的孔隙的增加。图 11.16（b）为碳烟在氧化过程中积分孔容积的变化，随着预处理温度的增加，碳烟的积分孔容积显著增加。Strzelec 和 Tighe 等[164,165]获得了一致的研究结果，碳烟在氧化过程中孔隙显著增加。

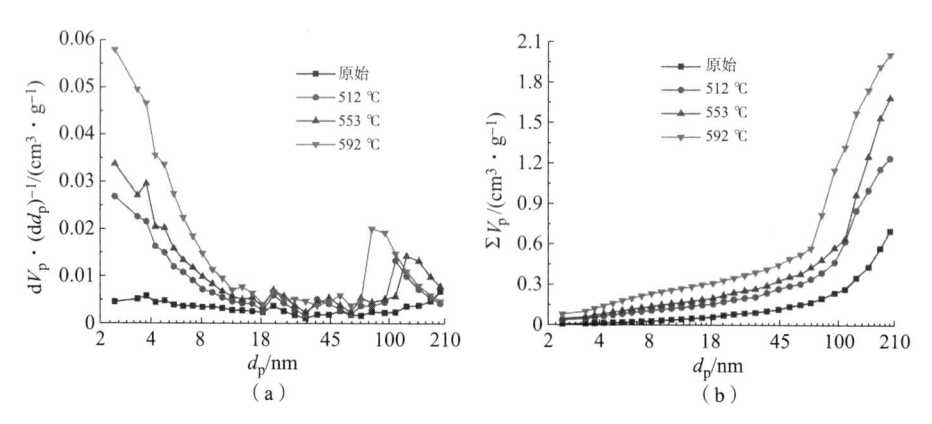

图 11.16　Printex – U 非催化氧化过程中的孔径分布和积分孔容积

（a）孔径分布；（b）积分孔容积

Mays 等[166]将孔隙按照大小分为三类：微孔，<2 nm；介孔，2~50 nm；大孔，>50 nm。因此，碳烟氧化过程中的孔隙属于介孔和大孔。表 11.5 为介孔和大孔的积分孔容积。随着预处理温度的增加，介孔（0.12~0.45 cm³/g）和大孔（0.58~1.56 cm³/g）的积分孔容积逐渐增加，表明氧气扩散和碳烟颗粒分离促进碳烟氧化过程中形成更多的孔隙结构（以介孔和大孔为主）。介孔促进氧气的扩散，大孔促进碳烟颗粒的分离，从而促进碳烟的氧化反应。

表 11.5　碳烟非催化氧化过程中不同孔径大小的孔积分容积

预处理温度/℃	介孔/(cm³·g⁻¹)	大孔/(cm³·g⁻¹)	总和/(cm³·g⁻¹)
—	0.12	0.58	0.70
512	0.27	0.97	1.24
553	0.32	1.36	1.68
592	0.45	1.56	2.01

图 11.17 为 Printex – U 催化氧化过程中孔径分布及积分孔容积。研究表

第 11 章 空气氛围中催化氧化反应对碳烟理化特性影响

明[167]，CeO_2 与碳烟紧密接触可以提高催化剂的催化活性。CeO_2 反应过程中提供的活性氧可以促进碳烟的内部氧化[168]。催化氧化温度为 440 ℃ 时，碳烟中小孔径（2~10 nm）孔隙增加；预处理温度进一步提高时，2~10 nm 的孔隙减少。出现以上现象的原因主要包含以下两点：较强的催化氧化作用将小孔转为大孔；催化氧化过程中，由于碳烟孔隙的扩大和结构的坍塌，大孔隙逐渐被 CeO_2 填充[161]。大孔随着预处理温度的升高而减少。首先，碳烟和催化剂之间的物理聚集可能产生大孔，黄等[150] 的研究中也发现了聚集现象。其次，在碳烟催化氧化过程中，由于碳烟结构坍塌而发生移动，使催化剂颗粒填充了碳烟孔隙，导致大孔的减少。Maini 等[169] 采用环境扫描透射电子显微镜观察到，CeO_2 促进了碳烟颗粒的运动并形成紧密接触结构[145]。图 11.17（b）为（Printex – U）– CeO_2 氧化过程中积分孔容积的变化：当孔径小于 40 nm 时，总的孔容积略微增加；当孔径大于 45 nm 时，总的孔容积逐渐减少。

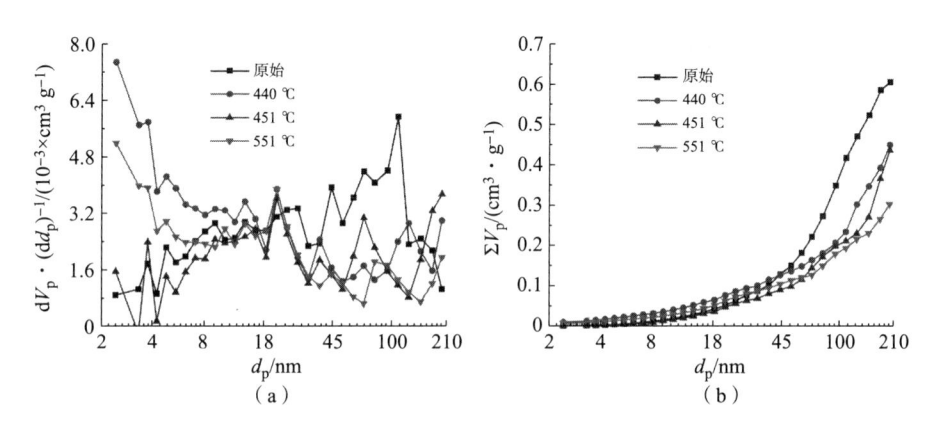

图 11.17　Printex – U 催化氧化过程中孔径分布及积分孔容积

(a) 孔径分布；(b) 积分孔容积

表 11.6 为（Printex – U）– CeO_2 氧化过程中不同孔径级别的积分孔容积。（Printex – U）– CeO_2 在 2~4 nm 范围内的孔隙随着预处理温度的提高而增加，但介孔孔隙的总体积从 0.13 cm^3/g 减小为 0.09 cm^3/g。此外，大孔的体积从 0.48 cm^3/g 减少为 0.20 cm^3/g。CeO_2 产生的氧空位提供碳烟氧化的活性氧（O_{ads}）[170]，导致多点氧化的发生，形成 2~10 nm 的小孔；碳烟氧化过程中，碳烟颗粒在 CeO_2 的作用下发生运动，进而小孔被氧化成大孔，并且被 CeO_2 颗粒填

充,促进了碳烟与CeO_2的接触催化氧化。

表 11.6 (Printex – U) – CeO_2氧化过程中不同孔径级别的积分孔容积

预处理温度/℃	介孔/($cm^3 \cdot g^{-1}$)	大孔/($cm^3 \cdot g^{-1}$)	总和/($cm^3 \cdot g^{-1}$)
—	0.13	0.48	0.61
440	0.13	0.32	0.45
451	0.09	0.35	0.44
551	0.10	0.20	0.30

11.7 催化剂对碳烟孔面积的影响

与使用 BET 模型计算获得的表面积不同,本节中的表面积指碳烟样品中孔隙的内表面积。孔隙的表面积与孔隙的变化趋势有所差异[171],而表面积影响碳烟颗粒的氧化活性(与氧气接触的表面积)[164]。因此,有必要分析碳烟氧化过程中孔面积的变化。孔隙的表面积通过统计厚度法模型进行计算。图 11.18 为孔面积分布随孔径的变化关系。几乎所有孔径的孔面积随着预处理温度的增加而增加,2~10 nm 范围内的孔面积增加最显著。此外,如图 11.18(b)所示,碳烟的积分孔面积在氧化过程中逐渐增加,进一步提高了与氧气接触的可能性。碳烟的总孔面积越大,越有助于氧气的扩散和与碳烟的氧化燃烧[164]。

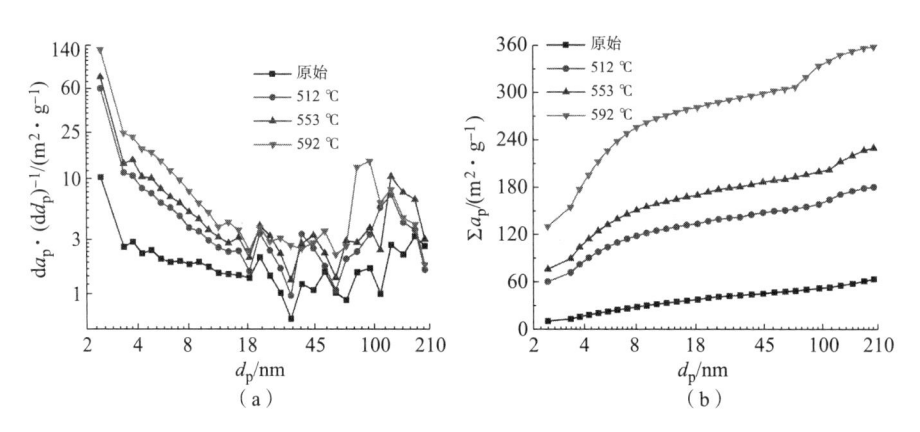

图 11.18 Printex – U 非催化氧化中孔面积分布及积分孔面积

(a) 孔面积分布;(b) 积分孔面积

第 11 章 空气氛围中催化氧化反应对碳烟理化特性影响

表 11.7 为 Printex – U 在非催化氧化过程中不同孔径级别的积分孔面积。从表中可以看出，随着预处理温度的升高，介孔和大孔的孔面积逐渐增加，其中，介孔的增加最显著（从 44.9 m²/g 增加至 298.1 m²/g）。Zhang 等[172]同样发现，碳烟氧化过程中产生了大量的小孔隙，并且相应的孔面积增加。以上研究与本节的研究结果吻合。Chang 等[173]指出，在 1 273 K 氧化温度下，通过氧气的扩散氧化，碳烟趋于产生小孔隙；在 1 473 K 氧化温度下，碳烟微晶排列为同心球状结构。

表 11.7 碳烟非催化氧化过程中不同孔径级别的积分孔面积

预处理温度/℃	介孔/(cm²·g⁻¹)	大孔/(cm²·g⁻¹)	总和/(cm²·g⁻¹)
—	44.9	18.4	63.3
512	147.4	32.8	180.2
553	186.3	43.2	229.5
592	298.1	59.7	357.8

图 11.19 为（Printex – U）– CeO₂ 在氧化过程中的孔面积分布随孔径的变化关系。随着预处理温度的增加，2～10 nm 小孔隙的表面积先增加，然后在 451 ℃ 时逐渐减少，最后在 551 ℃ 时再次增加。该趋势与图 11.17 中的积分孔容积变化趋势一致。由于碳烟与催化剂为紧密接触，进而发生多点催化氧化，产生小孔隙；小孔隙逐渐被氧化为大孔隙；大孔隙在碳烟的运动中被填充，进而再次产生

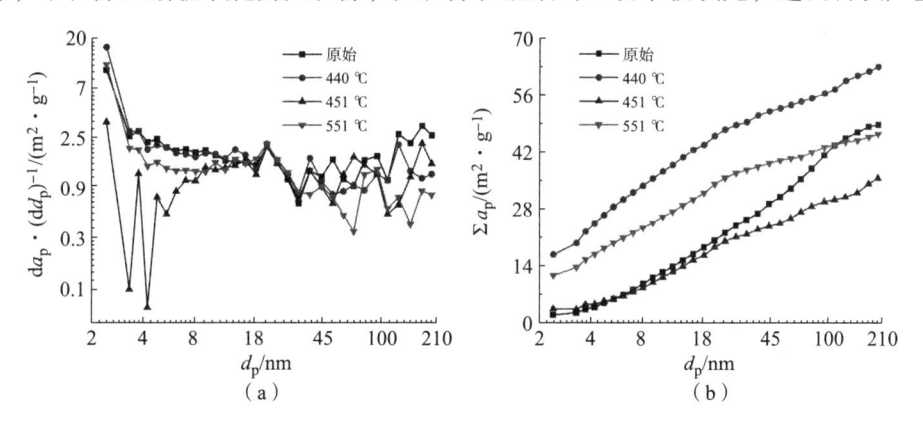

图 11.19 Printex – U 催化氧化中孔面积分布及积分孔面积

（a）孔面积分布；（b）积分孔面积

小孔隙。研究表明，45~210 nm 大孔隙的孔面积逐渐减小，与碳烟运动和催化剂的填充效应紧密有关[161,169]。表 11.8 为（Printex－U）－CeO$_2$在各孔径级别的孔隙积分表面积。当预处理温度为 440 ℃时，介孔和总孔面积达到最大值，分别为 52.0 m^2/g 和 63.0 m^2/g；当预处理温度为 451 ℃时，介孔面积达到最低，为 23.9 m^2/g；551 ℃时，大孔面积最低，为 7.1 m^2/g。

表 11.8 碳烟催化氧化过程中不同孔径级别的积分孔面积

预处理温度/℃	介孔/(m^2·g^{-1})	大孔/(m^2·g^{-1})	总和/(m^2·g^{-1})
—	29.3	19.4	48.7
440	52.0	11.0	63.0
451	23.9	11.7	35.6
551	39.3	7.1	46.4

本节采用 BET 模型计算了碳烟的比表面积（S_{BET}）。碳烟氧化过程中的表面积变化见表 11.9。催化氧化和非催化氧化过程中表面积的变化原理有所差异。随着预处理温度的增加，碳烟非催化氧化过程中由于大量空隙的形成，使表面积逐渐增加（81.1 m^2/g 增加至 839.5 m^2/g）。Zhang 等[172]研究表明，碳烟氧化过程中，S_{BET}从 97.8 m^2/g 增加至 321.3 m^2/g。表面积大的碳烟由于与氧气的接触面积更大，往往具有更高的氧化活性[174]。碳烟和催化剂混合物氧化过程中，表面积先增加后减小，在 440 ℃时达到最大值，约为 182.3 m^2/g。非催化氧化过程中，碳烟的氧化依赖与氧气的接触氧化，在氧化过程中主要表现为表面积的增加；催化氧化过程中将产生活性氧，催化氧化更多地依赖碳烟与催化剂的接触程度。

表 11.9 碳烟氧化过程中的表面积

Printex－U 预处理温度/℃	表面积/(m^2·g^{-1})	（Printex－U）－CeO$_2$预处理温度/℃	表面积/(m^2·g^{-1})
—	81.1	—	56.8
512	572.7	440	182.3
553	734.0	451	137.0
592	839.5	551	117.3

11.8 小结

本章主要对比了碳烟在非催化氧化和催化氧化过程中氧化活性的差异，明确了不同催化条件下碳烟理化特性变化的情况。主要结论如下所示：

(1) CeO_2 对 Printex-U 的催化效果比 Al_2O_3 的弱，CeO_2 和 Al_2O_3 均在一定程度上促进了 Printex-V 的氧化。Printex-U 和 Printex-V 催化剂引起的碳烟氧化持续期变化不超过 2 ℃。

(2) 碳烟氧化过程中，由于质量损失速率随着氧化的进行而增加，氧化动力学离散点的波动减小。当温度高于 550 ℃ 和 560 ℃ 时，Printex-U 和 Printex-V 的氧化动力学曲线的斜率显著增加。催化剂 Printex-U 和 Printex-V 存在的情况下，由于质量损失速率对氧化温度变化的敏感性增加，导致碳烟的活化能增加。CeO_2 导致 Printex-U 和 Printex-V 的平均活化能分别增加了 73.5 kJ/mol 和 57.5 kJ/mol。

(3) 由于有机成分的含量较低，Printex-U 和 Printex-V 氧化过程中，含氧官能团的变化较少。即使 Printex-U 和 Printex-V 的质量损失达到 50%，也没有观察到碳烟的空核结构。催化剂存在的情况下，Printex-U 和 Printex-V 的表面氧化加剧，但是内部氧化几乎保持不变；同时，CeO_2 造成的表面氧化增强程度要高于 Al_2O_3。

(4) CeO_2 与碳烟 1∶1 混合时，碳烟的起始氧化温度从 510 ℃ 降低到 450 ℃；同时，碳烟的初始活化能降低了 63 kJ/mol。催化氧化和非催化氧化情况下，活化能的变化趋势基本一致。

(5) 随着预处理温度的升高，碳烟的孔隙结构发生了显著变化。较高的预处理温度导致更大的孔隙度。对于非催化氧化，总孔容积从 0.7 cm³/g 增加至 2.01 cm³/g，总孔面积从 63.3 m²/g 增加至 357.8 m²/g，其中，介孔的体积和表面积增加最显著；碳烟的比表面积 S_{BET} 从 81.1 m²/g 逐渐增加至 839.5 m²/g。

(6) 催化氧化过程中，碳烟的孔隙结构变化显著区别于非催化反应。随着预处理温度的提高，碳烟与催化剂混合物的总孔容积逐渐减小；总孔面积先增加后减小。最大总孔面积为 63 m²/g，最大的介孔面积为 52 m²/g。此外，碳烟与催化剂混合物的比表面积 S_{BET} 先增加后减小，最大值为 182.3 m²/g。

（7）根据碳烟氧化过程中孔隙结构的变化，可以得出碳烟的催化氧化和非催化氧化模式：①非催化氧化过程中，碳烟的多孔结构（介孔和大孔）在热氧化过程中被显著加剧；介孔有助于氧气的扩散，而大孔有助于碳烟颗粒之间的分离，进而增加与氧气的接触面积。②催化氧化过程中，CeO_2 提供了碳烟氧化所需的活性氧，进而促进其氧化；碳烟和催化剂混合后，通过多点催化氧化反应形成介孔结构，介孔逐渐被氧化形成大孔；CeO_2 促进碳烟在氧化过程中的运动，造成部分孔隙被 CeO_2 填充，进而碳烟与 CeO_2 形成紧密接触。

第 12 章
类尾气环境中催化氧化反应对碳烟理化特性影响

采用 2 mg 碳烟样品进行热重分析实验。在类尾气条件下（10% O_2、12% CO_2、300 ppm NO_2，N_2 为平衡气体），以 5 ℃/min 的升温速率将碳烟样品从环境温度加热到 700 ℃。基于 TGA 曲线，选择了对应于 15%、25%、50%、70% 和 85% 的质量损失的五个预处理温度。在同样条件下再次实验，当碳烟样品的温度达到目标温度时，TGA 实验中的载气切换为 N_2，并冷却至室温，获得预处理样品。对于催化氧化热重实验，碳烟与 CeO_2 的质量比为 1:1，碳烟与催化剂紧密接触。

12.1 碳烟在氧化过程中的氧化活性

采用热重分析法研究了碳烟在非催化和催化氧化下的氧化活性。从图 12.1 中可以看出，碳烟氧化的 TGA 曲线可以分为两个阶段：①水与部分挥发性有机化合物（VOC）的物理化学反应，温度低于 300 ℃ 时，碳烟质量下降 5%；②碳烟在 300~800 ℃ 下的燃烧[153]。在催化剂 CeO_2 的作用下，碳烟的 TGA 曲线向低温区移动，表明碳烟氧化活性的增加。通过 TGA 曲线进一步获得了碳烟的特征温度，见表 12.1。T_{10}、T_{50} 和 T_{90} 对应于质量损失为 10%、50% 和 90% 的温度。T_{10} 对应碳烟的起燃温度，T_{90} 则对应燃尽温度[151]。由表 12.1 可知，纯碳烟的起燃温度 T_{10} 为 482.0 ℃，低于相关报道[175]。这是由类尾气条件下 NO_2 作用引起的，其更容易与碳烟发生化学反应，加速碳烟的氧化[176]。加入 CeO_2 后，碳烟的

起燃温度 T_{10} 为 418.1 ℃，比纯碳烟降低了 63.9 ℃；同时，T_{50} 和 T_{90} 也有不同比例的下降。这表明 CeO_2 有利于提高碳烟的氧化活性，CeO_2 通过 Ce^{4+}/Ce^{3+} 氧化还原循环在碳烟氧化过程中产生氧空位，并提供活性氧，以促进碳烟氧化。

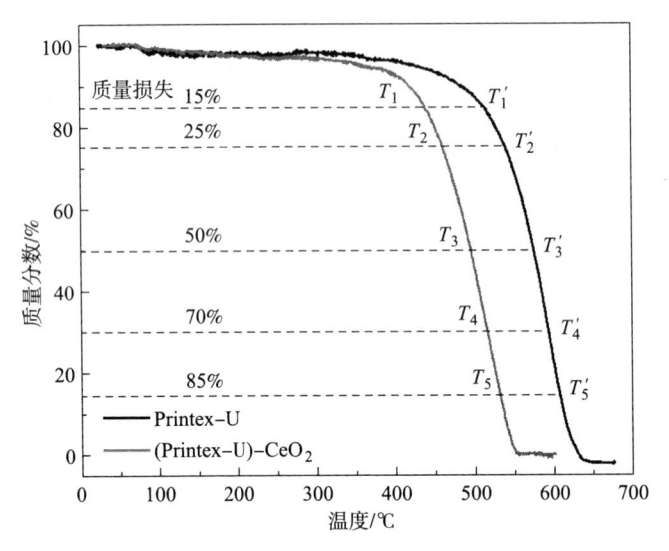

图 12.1 碳烟氧化 TGA 曲线

表 12.1 碳烟氧化过程中的特征温度 ℃

特征温度	Printex – U	(Printex – U) – CeO_2
T_{10}	482.0	418.1
T_{50}	574.8	494.5
T_{90}	612.1	536.0

12.2 碳烟在氧化过程中的孔径与比表面积演变

图 12.2 为碳烟在非催化和催化氧化过程中的 N_2 吸附和脱附特性曲线。根据国际纯粹与应用化学联合会的分类，碳烟的等温线被归类为具有 H3 滞后回线的 Ⅱ 型曲线，这表明碳烟的 N_2 吸附属于中孔或大孔介质的多层吸附[154]。随着预处理温度的升高，碳烟样品的滞后回线逐渐变化，表明其孔结构发生了显著变化。此外，碳烟非催化和催化氧化过程中的 N_2 吸附特性曲线变化存在显著差异。对

于非催化氧化，N_2 的吸附量随着氧化过程的进行而增加，表明产生了大量的孔。在催化氧化过程中，N_2 吸附体积的变化是非单调的。当质量损失低于 50% 时，N_2 的吸附量呈增加趋势。但在质量损失大于 50% 阶段，N_2 的吸附量先减小后增大。

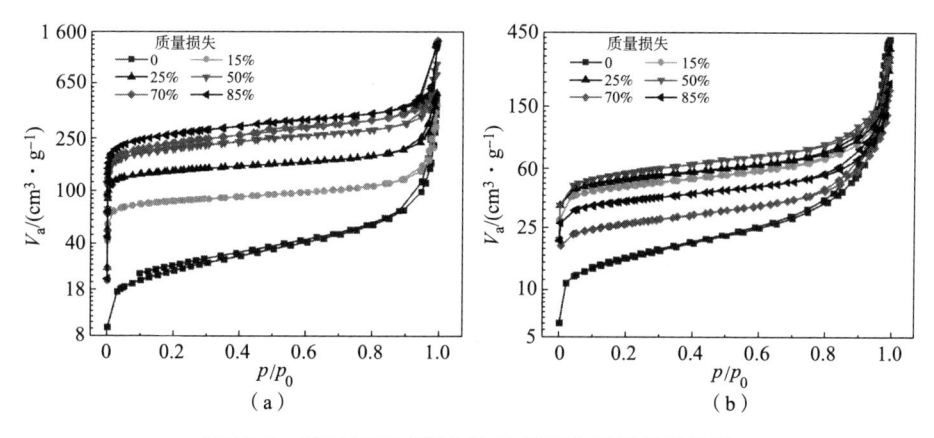

图 12.2　碳烟氧化过程中的 N_2 吸附和脱附特性曲线

(a) Printex – U；(b) (Printex – U) – CeO_2

进一步分析了碳烟氧化过程中的孔径分布，如图 12.3 (a) 所示，了解到碳烟氧化过程中孔结构的变化有助于阐明碳烟的氧化机理和模式。从图 12.3 可以看出，2~10 nm 和 80~200 nm 范围的孔都随着非催化氧化的进行而增加。该现象与 Echavaria 等[159]提出的碳烟氧化模式一致：气体扩散导致碳烟内部初级颗粒的氧化；碳烟团聚体之间的桥断裂促进了边缘颗粒的氧化。由图 12.3 (a) 可知，当气体扩散到碳烟内部时，会发生多点氧化，导致介孔的形成，尤其是 2~10 nm 的孔；此外，碳烟颗粒之间的分离导致大孔的形成。

对于催化氧化，在碳烟氧化的早期阶段产生大量的介孔，属于接触氧化，如图 12.3 (b) 所示。当质量损失大于 50% 后，催化氧化过程中碳烟的介孔先减小后增大。此外，在整个碳烟催化氧化过程中，大孔都逐渐减少。其中的主要原因是介孔被氧化成大孔，然后大孔被催化剂填充。这是由于碳烟颗粒层的坍塌以及催化剂促使碳烟颗粒的移动，从而使催化剂将大孔填充，进一步促进了碳烟的紧密接触，产生了介孔，这解释了 85% 质量损失时介孔再次增加的原因。Maini

等[169]基于环境扫描透射电子显微镜（ESTEM），证明了催化剂在氧化过程中会促进碳烟移动。

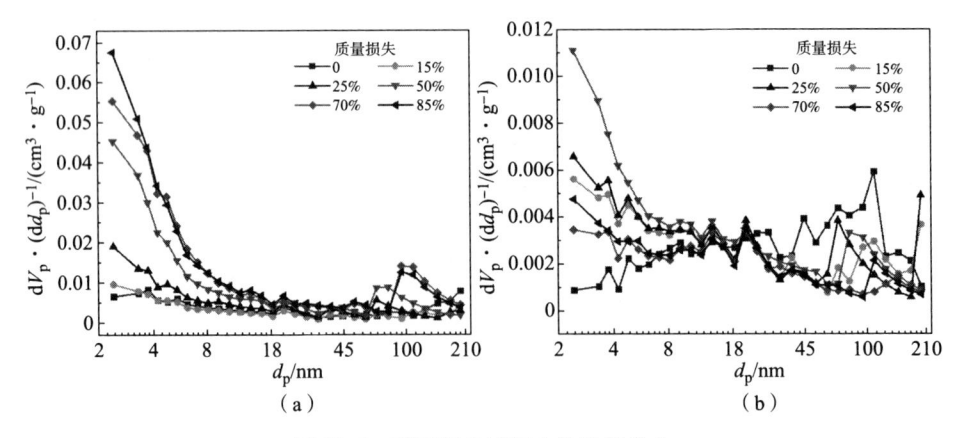

图 12.3 碳烟氧化过程中的孔径分布

(a) Printex - U；(b) (Printex - U) - CeO$_2$

图 12.4 为碳烟氧化过程中总孔容积的变化。对于非催化氧化过程，在氧化早期，总孔容积略有下降。此时氧化速率较慢，颗粒层会塌陷并填充原始孔隙，在之前的研究中没有观察到此现象[175]。然而，当质量损失超过 15% 时，总孔容积逐渐增加，并且在质量损失为 70% 时达到最大值，证明了其氧化属于多点氧化模式。在催化氧化过程中，总孔容积逐渐减小，这与非催化氧化不同。碳烟的

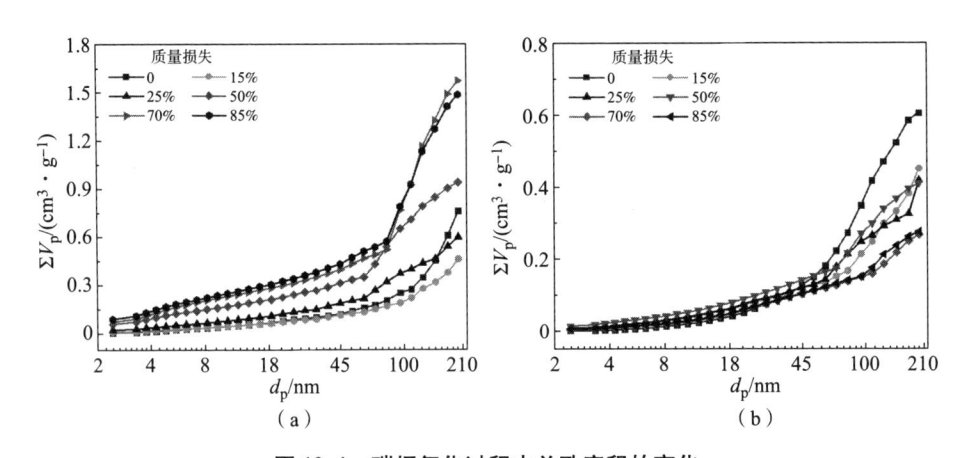

图 12.4 碳烟氧化过程中总孔容积的变化

(a) Printex - U；(b) (Printex - U) - CeO$_2$

催化氧化模式为接触氧化，氧化过程中，CeO_2 填充孔隙，导致总孔容积减小。通过进一步研究获得了不同粒径水平孔隙的总体积，见表12.2与表12.3。由于氧化模式的差异，在非催化氧化过程中，介孔和大孔的总体积逐渐增加，介孔总体积和大孔总体积分别从 0.12 cm³/g 与 0.63 cm³/g 增加到 0.43 cm³/g 与 1.05 cm³/g。在催化氧化过程中，介孔的总体积略有变化。然而，大孔的总体积从 0.48 cm³/g 减小到 0.17 cm³/g，表明大孔在催化氧化过程中更容易被填充。

表 12.2　不同粒径水平孔隙的总体积（Printex – U）

质量损失/%	介孔（2~50 nm）/(cm³·g⁻¹)	大孔（>50 nm）/(cm³·g⁻¹)	总和/(cm³·g⁻¹)
0	0.12	0.63	0.75
15	0.11	0.35	0.46
25	0.19	0.40	0.59
50	0.31	0.63	0.94
70	0.39	1.17	1.56
85	0.43	1.05	1.48

表 12.3　不同粒径水平孔隙的总体积（(Printex – U) – CeO_2）

质量损失/%	介孔（2~50 nm）/(cm³·g⁻¹)	大孔（>50 nm）/(cm³·g⁻¹)	总和/(cm³·g⁻¹)
0	0.13	0.48	0.61
15	0.12	0.33	0.45
25	0.12	0.30	0.42
50	0.14	0.26	0.40
70	0.10	0.16	0.26
85	0.10	0.17	0.27

孔的体积变化不能完全反映孔的具体结构特征，但是孔的表面积直接影响着碳烟与氧气的接触[164]，因此，需要对碳烟氧化过程中孔面积变化进行分析。利用统计厚度法模型进一步分析了孔面积变化。图12.5为碳烟氧化过程中的孔面积分布。在非催化氧化过程中，介孔的表面积显著增加，尤其是在 2~4 nm 范围内的孔，大孔的表面积略有增加。在非催化氧化过程中，碳烟表面主要发生多点

氧化,导致介孔面积增加,进一步加速氧化。大的孔面积有利于氧气的扩散,从而促进碳烟的燃烧。催化氧化过程中,介孔面积的增加程度低于非催化氧化,大孔面积略有下降,这归因于接触氧化。图12.6为碳烟氧化过程中的总孔面积分布。与总体积的变化相似,在非催化氧化过程中,总孔面积逐渐增加。然而,在催化氧化过程中,总孔面积先增大后减小。

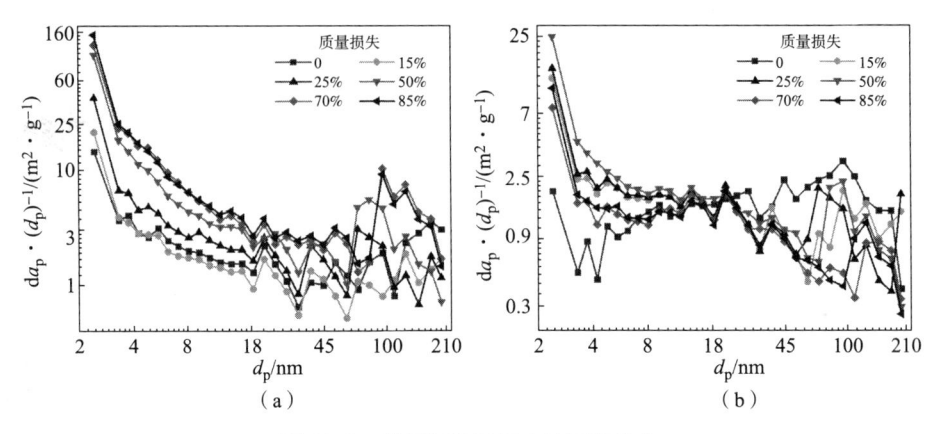

图 12.5　碳烟氧化过程中孔面积分布

(a) Printex-U;(b) (Printex-U)-CeO$_2$

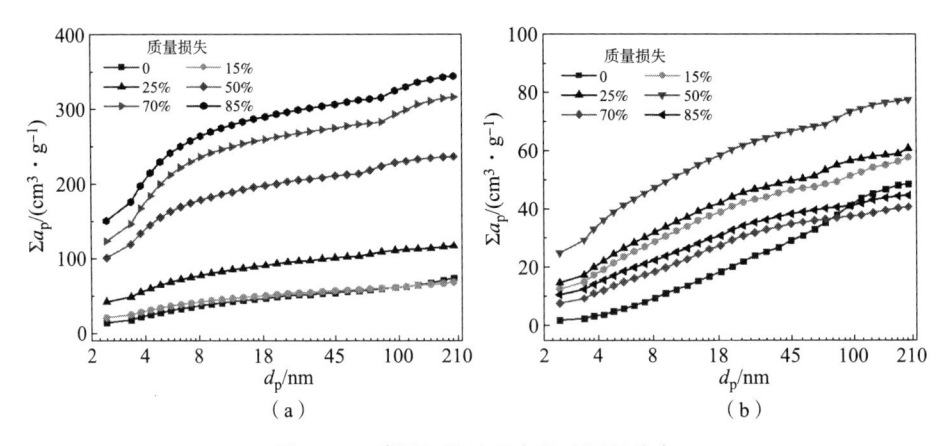

图 12.6　碳烟氧化过程中总孔面积分布

(a) Printex-U;(b) (Printex-U)-CeO$_2$

碳烟颗粒的比表面积同样影响其与氧气的接触,更大的比表面积通常对应更高的反应活性。图12.7为碳烟非催化氧化和催化氧化过程中的比表面积S_{BET}变化。在非催化氧化过程中,碳烟颗粒的S_{BET}从89.01 m²/g增加到963.7 m²/g;然而,在催化剂的作用下，S_{BET} 先增大后减小，在质量损失为 50% 时，有最大 S_{BET}，为 202.21 m²/g。此外，当质量损失大于 85% 时，S_{BET} 重新增加。使用 BET 法进一步计算碳烟氧化过程中的平均孔径，如图 12.8 所示。无论是否加入催化剂，当质量损失为 15% 时，孔的平均孔径均显著减小，这一阶段对应于介孔的产生，与前文一致。然而，平均孔径范围由于氧化中后期大孔的产生而波动。

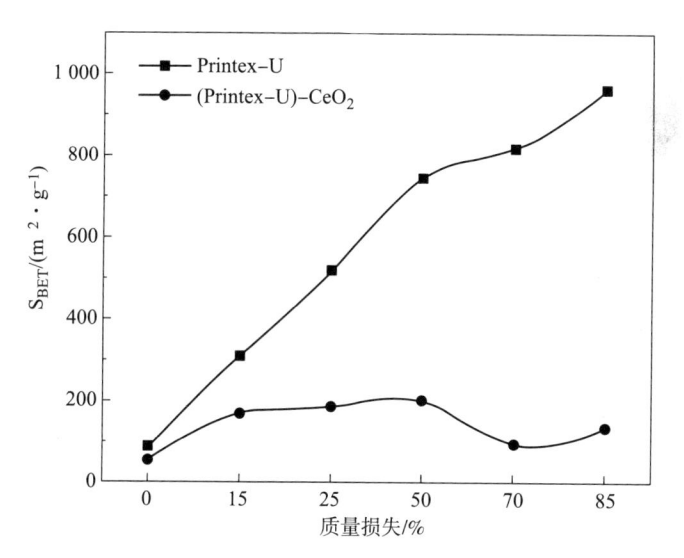

图 12.7 碳烟氧化过程中 S_{BET} 变化

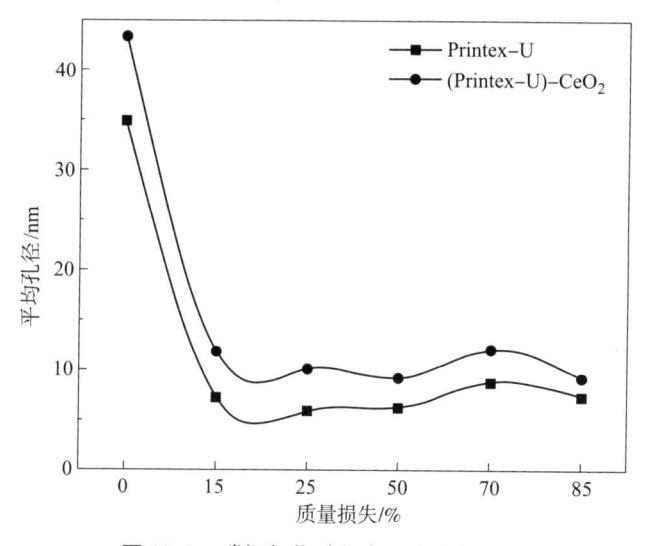

图 12.8 碳烟氧化过程中平均孔径变化

12.3 碳烟氧化过程中表面孔面积变化

碳烟的微观形貌在非催化氧化和催化氧化过程中的变化情况如图 12.9 和图 12.10 所示。碳烟颗粒呈堆叠的棉絮状，颗粒聚集体由众多初级粒子堆积组成，且具有显著的孔隙结构，随着氧化进程的加剧，颗粒聚集体有明显的坍塌现象。氧化过程初期，催化氧化中，碳烟的粒径显著小于非催化氧化，颗粒聚集体的坍塌现象更为显著。

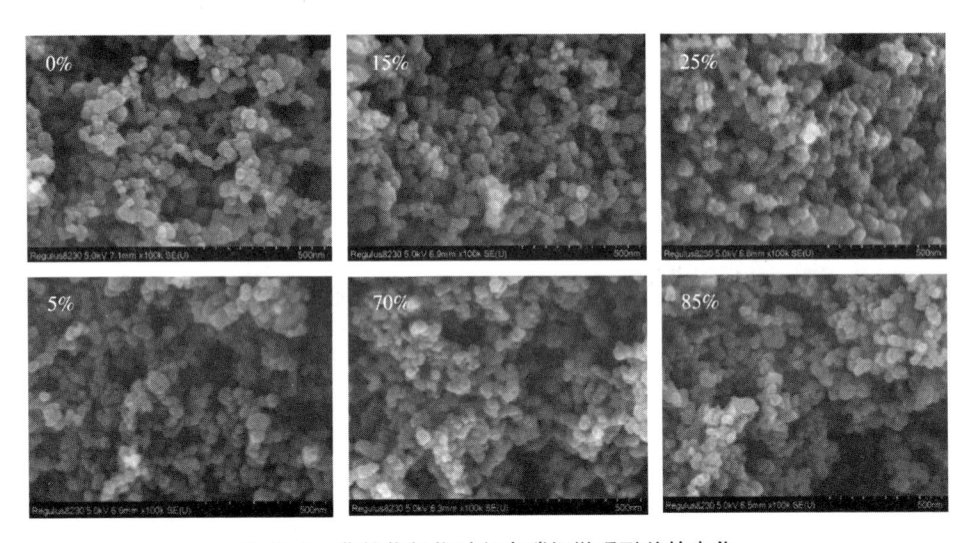

图 12.9 非催化氧化过程中碳烟微观形貌的变化

对碳烟 SEM 图像进行二值化处理可用于分析碳烟表面孔结构，如图 12.11 所示。二值化后的图只可以反映碳烟表面的孔结构，属于微观可见孔隙。碳烟氧化过程中，表面孔隙的投影占碳烟投影面积的百分比如图 12.12 所示。由图 12.12（a）可以看出，在非催化氧化过程的早期（<50%），碳烟表面可见孔隙的比例略有下降。碳烟内部的小颗粒物质易于燃烧[162]，因此，氧化初期产生了不可见的小尺寸孔隙。同时，高温破坏了碳烟的聚集效果，导致了可见孔隙比例的减小。在氧化的中后期（≥50%），由于氧化效果增强，可见孔隙的比例逐渐增加。在催化氧化过程中，可见孔隙的比例在氧化过程的早中期迅速增加，在氧

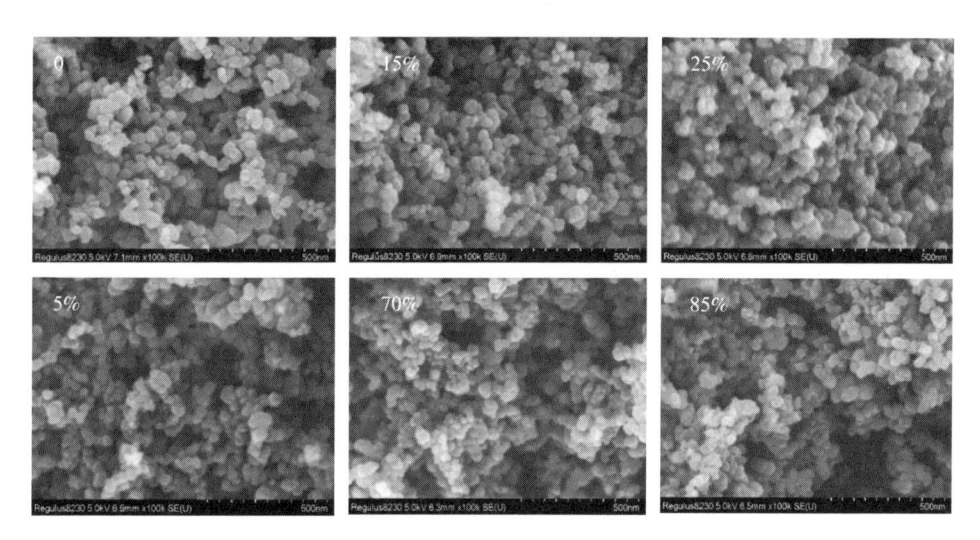

图 12.10 催化氧化过程中碳烟微观形貌的变化

化的后期显著减小,如图 12.12 (b) 所示。催化剂促进了碳烟的运动,氧化过程中孔隙被催化剂颗粒填充[169],导致可见孔隙的比例减小。通过与孔结构分布对比可以发现,非催化氧化过程中碳烟内部生成了介孔;然而,在催化氧化过程中,由于接触氧化的发生,导致介孔在碳烟的边缘生成,属于碳烟表面可见孔隙。

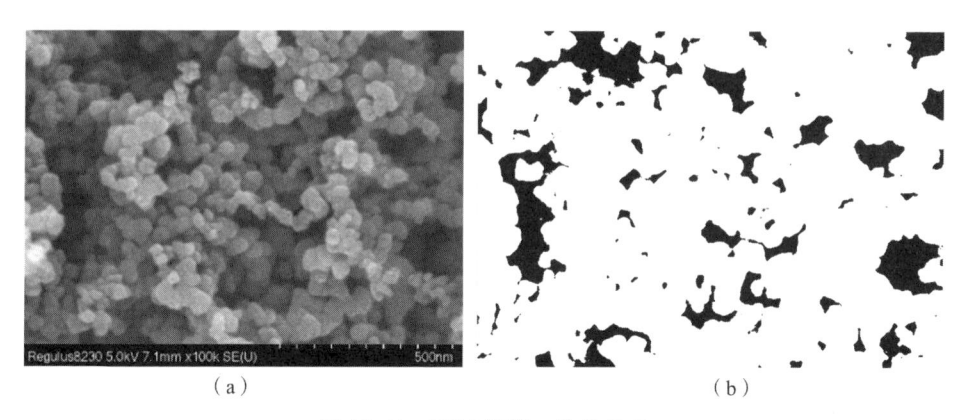

(a) (b)

图 12.11 SEM 图像二值化处理

(a) SEM 图;(b) SEM 图二值化

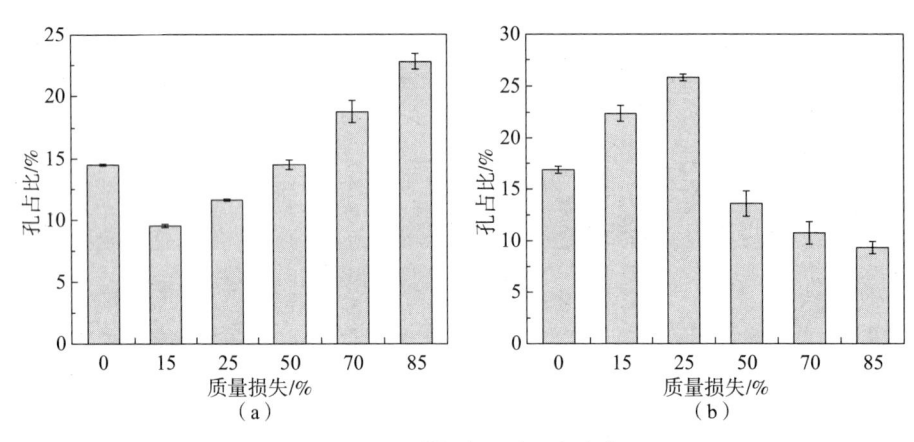

图 12.12　碳烟表面孔面积变化

(a) 非催化氧化；(b) 催化氧化

12.4　碳烟氧化过程中纳观结构的变化

通过不同氧化程度的 TEM 图像可以分析获得碳烟氧化过程中的纳观结构演变，有助于理解催化剂对碳烟氧化过程的影响机制。图 12.13 和图 12.14 为非催化氧化和催化氧化过程中碳烟的纳观结构变化。碳烟具有显著的核壳结构，其中，核心由直径约为 3～4 nm 的无序微晶组成，外壳由紧密排列的微晶层片组成，该现象由 Ishiguro 等首次提出[177]。本章将碳烟颗粒的核壳结构区域进行了划分，如图 12.15 所示。在非催化氧化过程中，碳烟内核首先发生氧化，导致内核区域的收缩，如图 12.13 所示。Wang 等[178]观察到，在碳烟氧化的早期阶段，碳烟内核的微晶首先被氧化，导致内部无序微晶数量的减少。因此，碳烟内核通过氧气扩散氧化，降低了内核区域微晶的比例，进而解释了图 12.3 中碳烟氧化早期不可见孔隙的形成。在氧化中期（≥50%）之后，外壳的氧化变得显著，并且外壳区域呈现下降的趋势。此外，碳烟颗粒的粒径显著减小，内部氧化和外部氧化同时发生。

如图 12.14 所示，碳烟催化氧化过程中，碳烟的纳观结构演变与非催化氧化存在显著差异。在早期氧化阶段（<50%），催化氧化主要影响碳烟的外壳区域，而内核基本没有变化。这表明催化剂的添加首先通过接触氧化影响碳烟颗粒

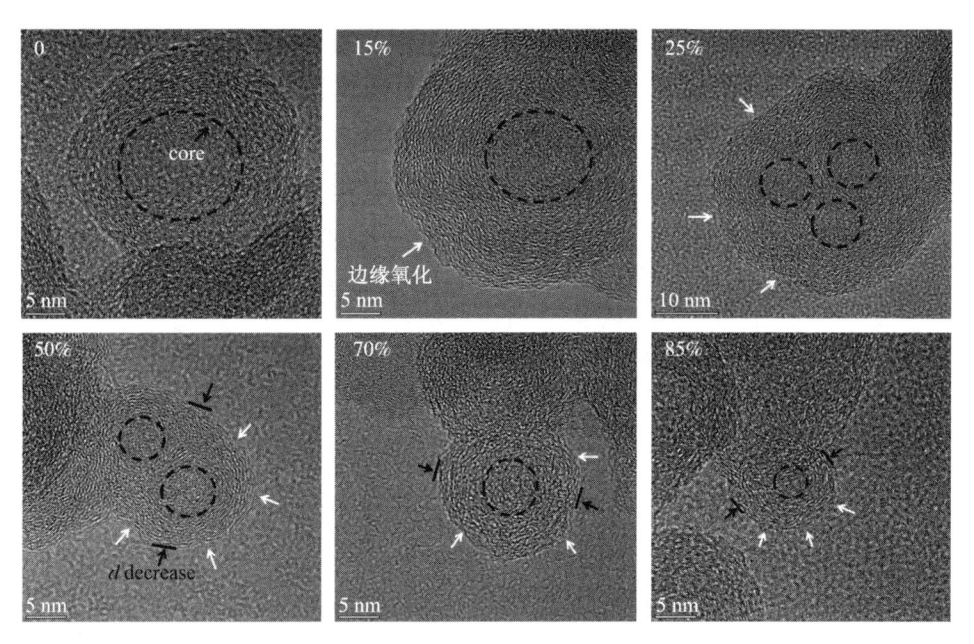

图 12.13 非催化氧化过程中碳烟微晶排列

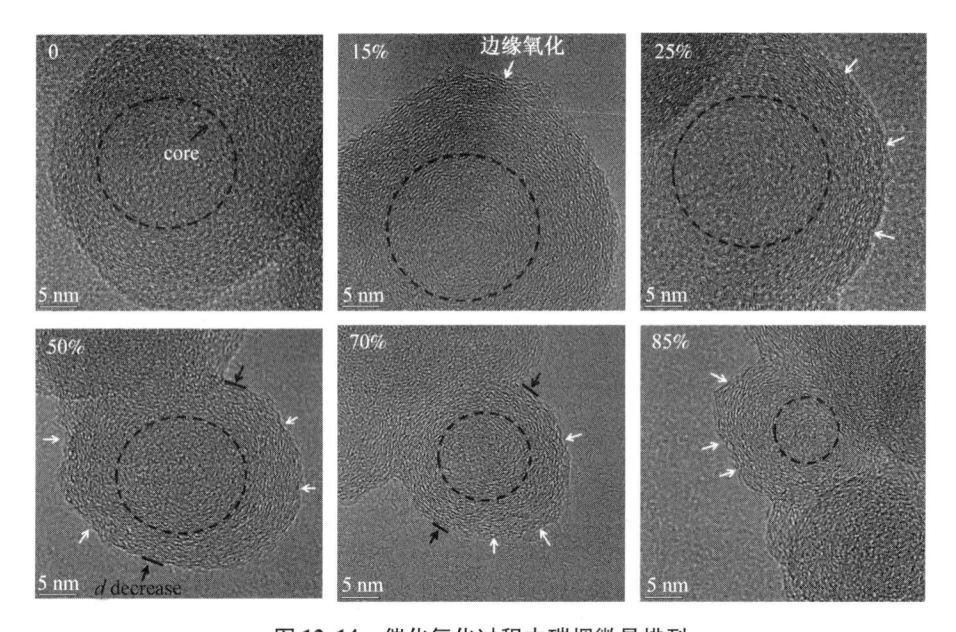

图 12.14 催化氧化过程中碳烟微晶排列

外壳区域的氧化。在催化氧化的早期阶段，碳烟的表面氧化起主导作用[151]。在

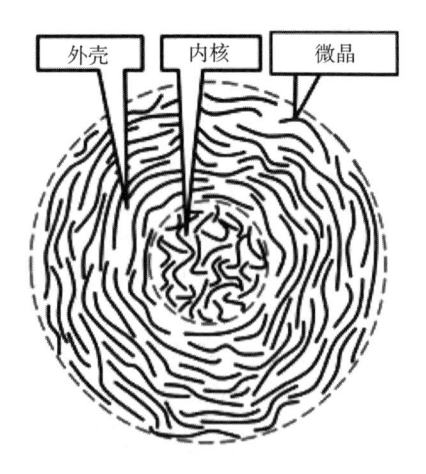

图 12.15　碳烟颗粒基本结构

碳烟的催化氧化中后期（≥50%），观察到碳烟的粒径显著减小。

通过对碳烟颗粒的 TEM 图像进行二值化处理，采用 MATLAB 软件编程可以提取碳烟内部的微晶长度。图 12.16 和图 12.17 为非催化氧化和催化氧化过程中碳烟颗粒中微晶长度的变化。碳烟颗粒中微晶长度范围为 0~2.5 nm，其中，0.5~1 nm 长度的微晶比例较大。无论是否添加催化剂，0.5 nm 长度微晶的数量均随失重率的增加而显著减少，而大于 0.5 nm 长度的微晶数量显著增加。这表明在碳烟氧化过程中，碳烟颗粒中的小尺寸微晶更容易被氧化[162,173]。

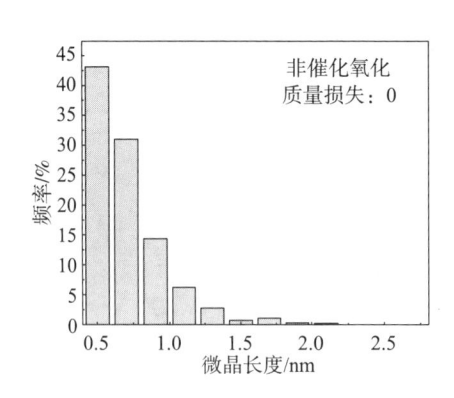

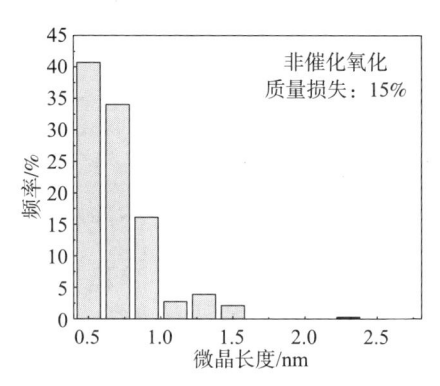

图 12.16　非催化氧化过程中微晶长度分布

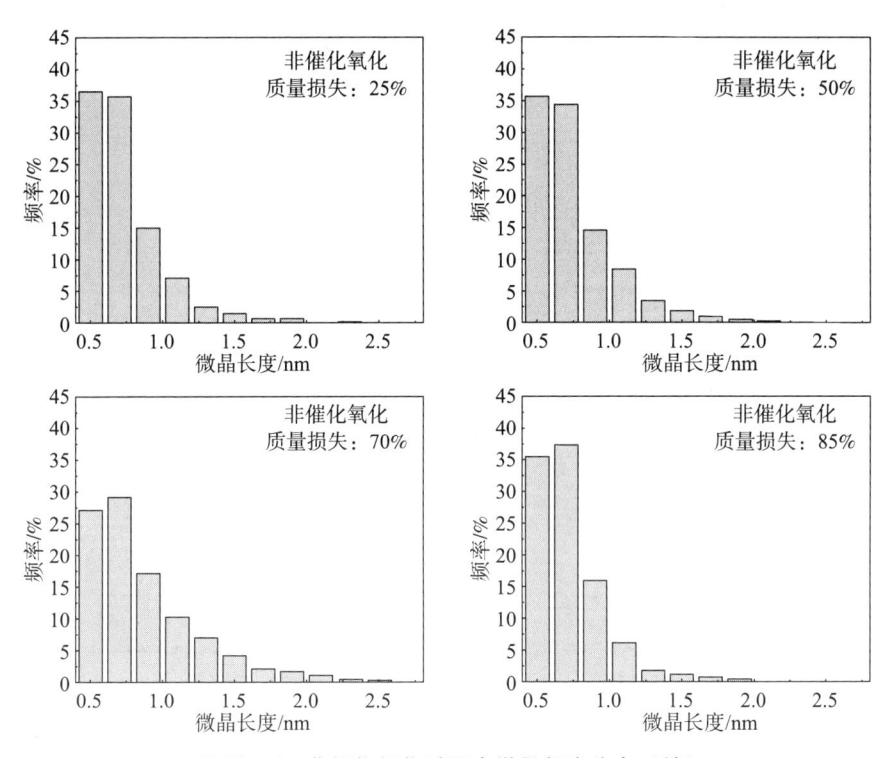

第 12 章 类尾气环境中催化氧化反应对碳烟理化特性影响

图 12.16 非催化氧化过程中微晶长度分布（续）

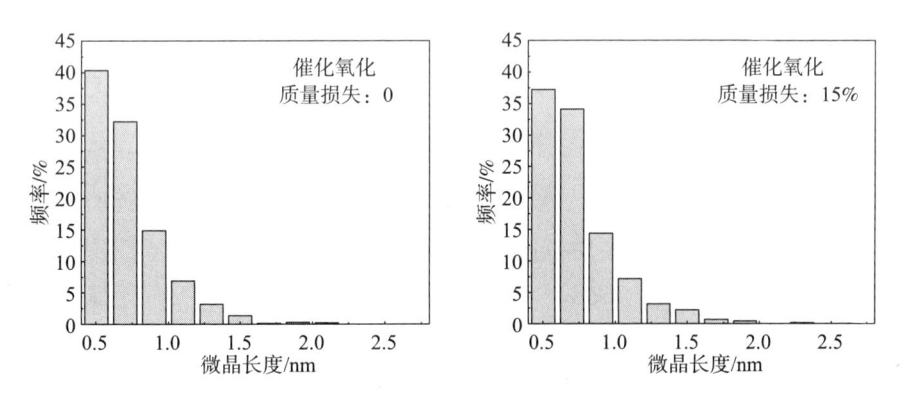

图 12.17 催化氧化过程中微晶长度分布

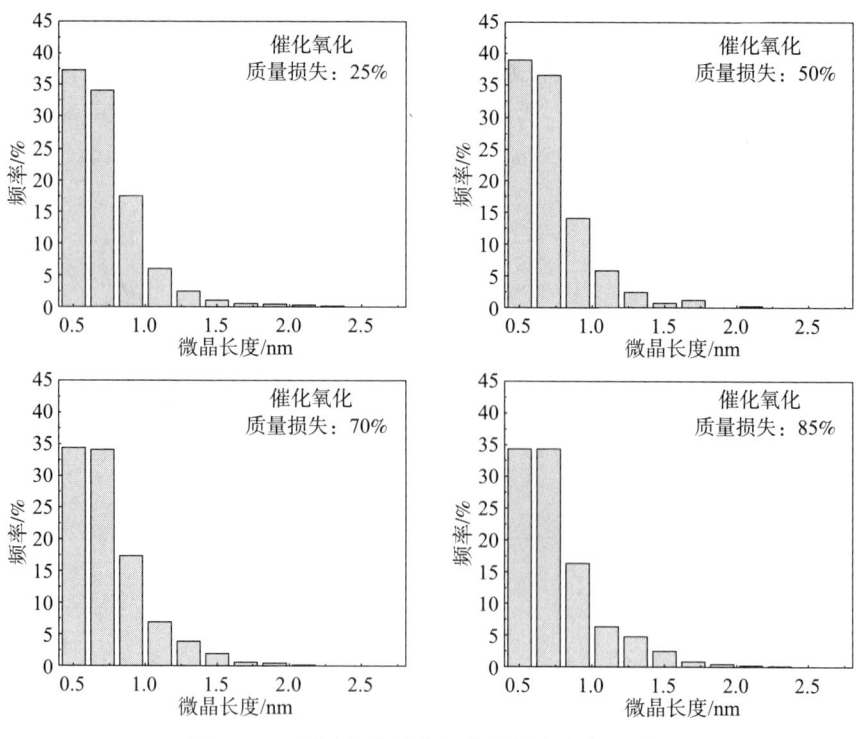

图 12.17　催化氧化过程中微晶长度分布（续）

I_D/I_G 比值越大，表示碳烟的无序度越高，石墨化程度越低。Kameya 等[179]指出，石墨化程度较高的碳烟具有较低的氧化活性。随着表面结晶结构的无序度、活性位点数量的增加，造成碳烟更高的氧化活性。石墨化程度较高的碳烟颗粒无序度低、活性位点减少。图 12.18 为碳烟氧化过程中 I_D/I_G 的变化情况。非催化氧化和催化氧化过程中，I_D/I_G 的变化呈现相反的趋势。在非催化氧化过程中，I_D/I_G 先减小后增大，I_D/I_G 在质量损失为 50% 时，达到最小值 0.863。从图 12.13 可知，在早期氧化阶段（<50%），碳烟颗粒的内核区域的微晶迅速减少，外壳微晶排列更加有序，导致石墨化程度增加。然而，中期氧化阶段（>50%）之后，内核和外壳同时被氧化，I_D/I_G 值增加。催化氧化过程中，I_D/I_G 先增加后减小，表明碳烟的石墨化程度先减小后增加。当质量损失约为 50% 时，I_D/I_G 达到最大值 0.886。从 TEM 图像结果可以看出，碳烟催化氧化过程中，早期氧化阶段（<50%），碳烟的外壳被氧化，有序排列的微晶减少，导致石墨化程度的降低；后期氧化阶段，内核区域无序排列的微晶逐渐减少，石墨化程度逐渐增加。

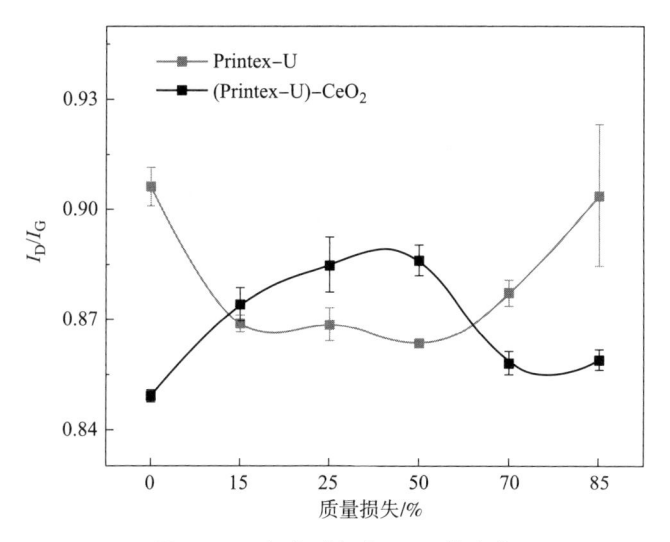

图 12.18 氧化过程中 I_D/I_G 的变化

XPS 分析可以提供碳烟中 sp^2、sp^3 化学键相关信息，其中，sp^2 和 sp^3 的含量分别代表碳烟颗粒中石墨碳和非晶碳的数量。此外，具有 sp^3 键的非晶碳被认为比具有 sp^2 键的石墨碳反应活性更高。因此，sp^3 与 sp^2 之比可以反映碳烟的石墨化信息[180,181]。解卷积定量法将 C1s 光谱分解为 5 种不同类型的碳组分[182]：sp^2 杂化碳（284.6 eV）、sp^3 杂化碳（285.2 eV）、羟基（C—O，286.0 eV）、酮基（C=O，287.0 eV）和羧酸基（O—C=O，289.0 eV），如图 12.19 所示。

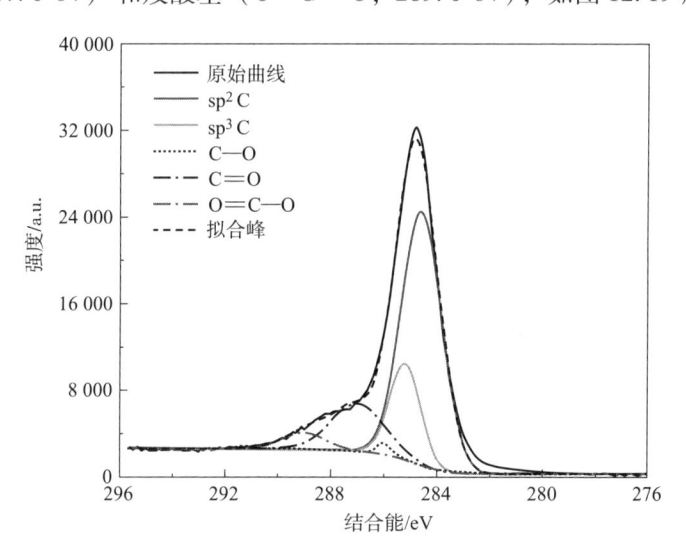

图 12.19 XPS C1s 曲线分峰拟合

图 12.20 为碳烟氧化过程中 sp^3/sp^2 的变化。非催化氧化过程中,随着质量损失的增加,sp^3/sp^2 先减小后增加,达到 50% 质量损失时,达到最小值 0.174,表明碳烟的石墨化程度先加强后减弱。Fan 等[183]揭示了 sp^3/sp^2 比较小的碳烟颗粒具有较强的抗氧化特性。在催化氧化过程中,sp^3/sp^2 先增加后下降,在 50% 质量损失时,达到最大值 0.452。XPS 分析和拉曼分析的结果在碳烟的石墨化程度的变化方面是一致的。非催化氧化和催化氧化过程中,碳烟石墨化具有显著性差异,主要是碳烟非催化氧化和催化氧化之间氧化模式的差异造成的。

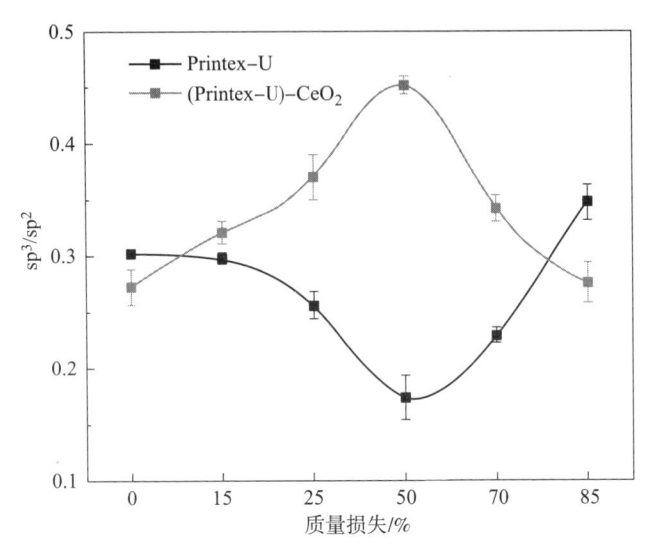

图 12.20　碳烟氧化过程中 sp^3/sp^2 的变化

12.5　碳烟氧化过程中含氧官能团的变化

红外光谱分析了碳烟非催化和催化氧化过程中官能团的变化,如图 12.21 所示。碳烟表面主要包含以下官能团:酚、醇、醚、酯键($1\,030 \sim 1\,345\ \text{cm}^{-1}$)、甲基($1\,375 \sim 1\,460\ \text{cm}^{-1}$)、芳香族 C=C 键($1\,519 \sim 1\,620\ \text{cm}^{-1}$)、酮基($1\,720 \sim 1\,800\ \text{cm}^{-1}$)、亚甲基($2\,847 \sim 2\,935\ \text{cm}^{-1}$)、羟基($3\,100 \sim 3\,560\ \text{cm}^{-1}$)[184,185]。对于非催化氧化和催化氧化,随着质量损失的增加,碳烟表面官能团的变化较小;碳烟氧化过程中,新官能团的生成较少。然而,官

能团可以为碳烟的氧化提供活性位点，进而促进碳烟的氧化[182,186]。

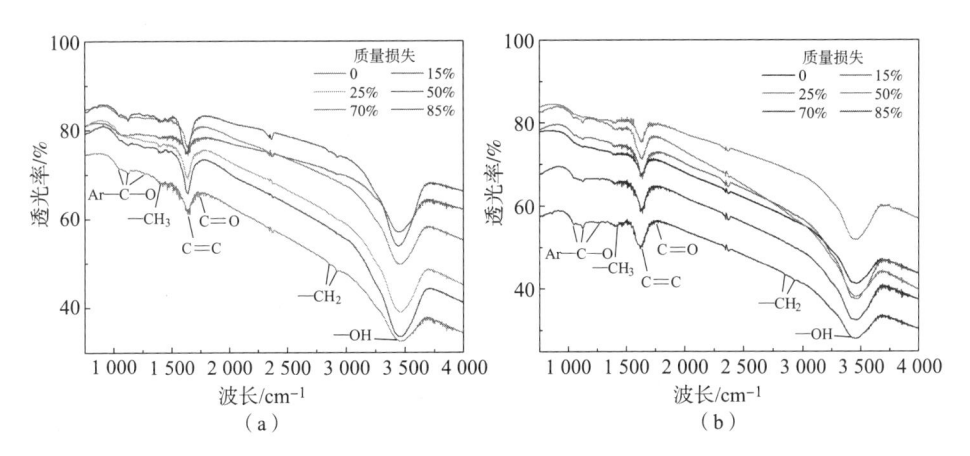

图 12.21　碳烟非催化和催化氧化过程中红外光谱图

（a）非催化氧化；（b）催化氧化

XPS 也可以分析碳烟非催化氧化和催化氧化过程中含氧官能团的变化。图 12.22 为碳烟典型 O1s 拟合曲线。碳烟的拟合峰主要由 C—O 官能团（533 eV）和 C＝O 官能团（531.5～532 eV）组成；然而，碳烟和 CeO_2 混合物含有微晶含氧官能团（529 eV）[187]。图 12.23 为碳烟氧化过程中含氧官能团相对含量变化。无论是否存在催化氧化，碳烟的早期氧化阶段（＜50%），由于氧的化学吸附，导致 C—O 官能团的比例迅速增加，C＝O 官能团的比例减小[188,189]。Guo 等[190]

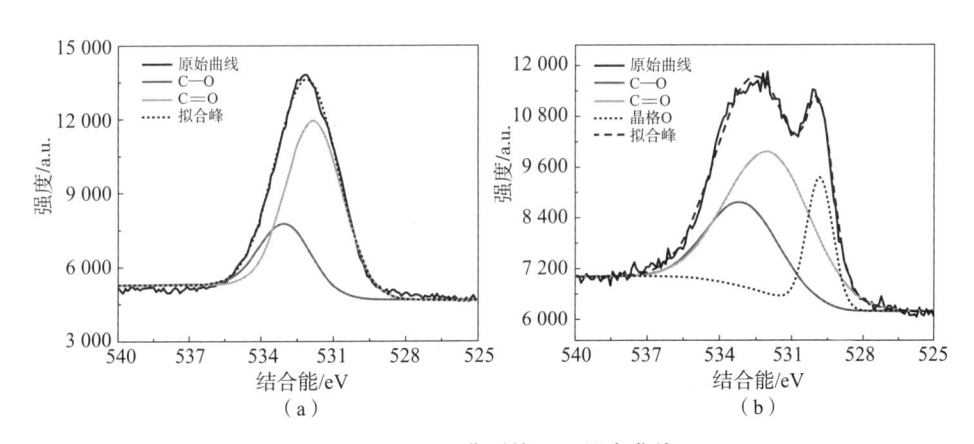

图 12.22　XPS 典型的 O1s 拟合曲线

（a）非催化氧化；（b）催化氧化

发现，当温度由 380 ℃ 升高至 450 ℃ 时，碳烟颗粒上附着的 C—O—C 官能团增加了 44%。然而，催化氧化过程中，碳烟早期氧化阶段，C—O 官能团的增加并不显著。高温条件下，C—O 容易分解，导致后期氧化阶段（>50%）C—O 逐渐减少。催化氧化过程中，催化剂加速了碳烟中后期氧化阶段 C—O 和 C=O 官能团的消耗。官能团通常附着在碳烟颗粒的边缘，碳烟催化氧化过程中的接触氧化促进了官能团的快速分解。

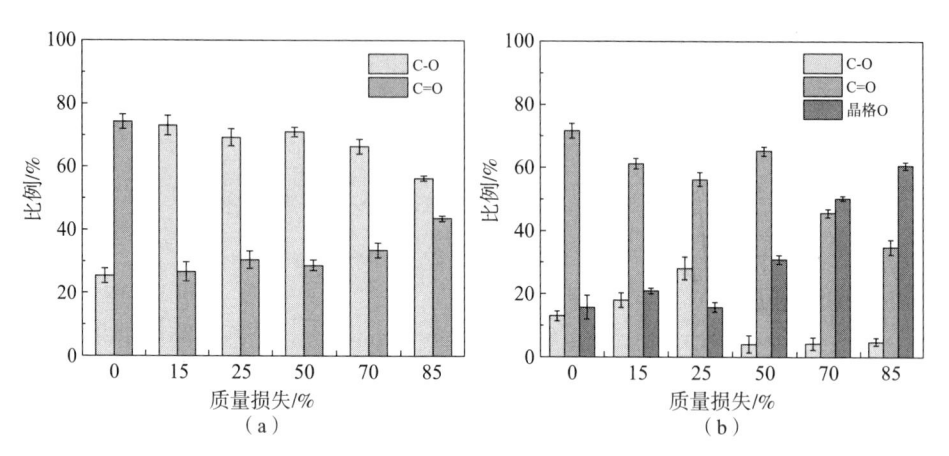

图 12.23 碳烟氧化过程中含氧官能团相对含量变化
（a）非催化氧化；（b）催化氧化

12.6 小结

本章提出了 CeO_2 催化剂对碳烟的催化氧化影响机制，将非催化氧化和催化氧化从三个维度进行对比分析：微观、纳观、有机成分。以上三个维度导致了碳烟氧化过程中的物理化学性质的变化。

（1）催化剂 CeO_2 的加入有利于提高碳烟的氧化活性。加入 CeO_2，碳烟的热重曲线向低温区偏移，同时，特征温度下降，起燃温度从 482.0 ℃ 下降至 418.1 ℃。

（2）碳烟在非催化氧化与催化氧化过程中的孔结构变化存在差异。非催化氧化过程中，碳烟氧化产生大量的介孔与大孔，总孔容积从 0.75 cm³/g 增加到

1.56 cm^3/g，其中，介孔增加明显。在催化氧化过程中，碳烟氧化产生的介孔先增大后减小，大孔逐渐减小，总孔容积从 0.61 cm^3/g 减小至 0.27 cm^3/g。此外，碳烟氧化过程中，孔面积与孔容积具有相似的变化规律。

（3）无论是否加入催化剂，碳烟氧化过程中的平均孔径都大幅度减小，并在质量损失 15% 后出现波动。对于样品的比表面积，纯碳烟样品的 S_{BET} 逐渐增大，而加入催化剂后，S_{BET} 先增大后减小，并且在氧化末期有小幅度增加。

（4）根据氧化过程中孔结构的变化，得出碳烟两种不同的氧化模式：①非催化氧化过程中，碳烟依赖多点氧化促使多孔结构（介孔和大孔）形成。介孔促进了氧气的扩散，大孔有助于碳烟颗粒之间的分离，从而增加了与氧气的接触面积。②催化氧化过程中，催化剂 CeO_2 为碳烟氧化提供活性氧。碳烟首先通过接触氧化形成介孔，然后介孔逐渐氧化为大孔。同时，CeO_2 在氧化过程中促进了碳烟颗粒的移动，导致孔隙被 CeO_2 填充，颗粒层坍缩，并形成紧密接触。这促进了碳烟和 CeO_2 之间的接触，尽管导致了孔隙的减少。

（5）碳烟非催化氧化过程中，内核的非晶碳在早期氧化阶段首先发生氧化，导致碳烟石墨化的增加；然而，接触氧化在碳烟催化氧化过程中起主导作用，碳烟外壳的微晶在早期氧化阶段首先发生氧化，导致碳烟石墨化的降低。在中后期氧化阶段（>50%），非催化氧化和催化氧化均为碳烟内核和外壳同时氧化。此外，小尺寸微晶更容易被提前氧化。

（6）碳烟在非催化氧化和催化氧化过程中，官能团的种类变化较小，而官能团的含量发生了显著变化。在非催化氧化过程中，早期氧化阶段（<50%），C—O 官能团的比例迅速增加；而中后期氧化阶段（>50%），官能团被逐渐氧化。然而，在催化氧化过程中，C—O 官能团的增加较少，并且相比于非催化氧化，加剧了 C—O 和 C=O 官能团的消耗。

第 13 章
汽车驻车过程中碳烟理化特性的变化

本章研究了柴油机类尾气环境下经历了特定老化过程的碳烟物理化学性质，包括氧化活性、孔结构、微观结构、石墨化程度、官能团等。此外，分析了经过催化氧化和非催化氧化阶段老化后碳烟理化性质的差异。

本章采用固定床实验台对 Printex-U 碳烟样品进行预处理，以研究其理化特性。固定床实验台可在受控条件下对 Printex-U 进行预处理。该实验台可以模拟柴油机类尾气环境条件下的有氧和无氧老化过程。图 13.1 为本章研究内容的实验方案。图中，A 阶段代表汽车正常行驶条件下的高温老化，B 阶段对应发动机

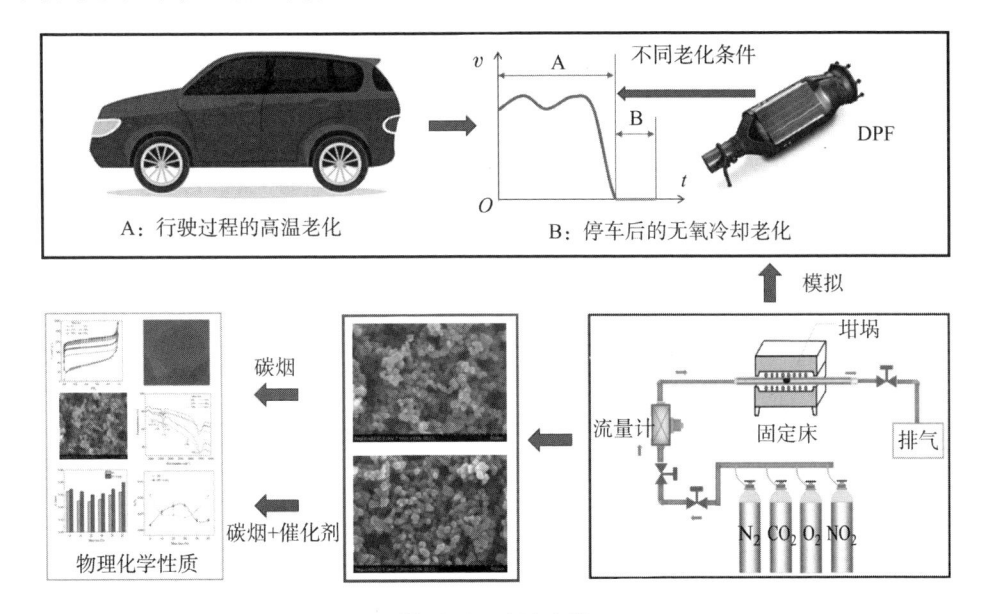

图 13.1　实验方案

停止期间的无氧冷却老化过程。本章包含三个不同的老化温度（300 ℃、400 ℃、500 ℃）和老化时间（30 min、60 min、90 min），表 13.1 定义了 Printex – U 碳烟老化过程的加热程序。催化环境老化过程中，CeO_2 与 Printex – U 的质量比为 1∶1。模拟实际柴油机尾气的条件为 10% O_2、12% CO_2 和 300 ppm NO_2，平衡气为氮气。

表 13.1 碳烟预处理方案

样品	阶段 A		阶段 B	碳烟质量损失/%
	老化温度/℃	老化持续期/min		
Printex – U	300	30	惰性氛围冷却至室温	0.3
	400	60		0.4
	500	90		0.4
(Printex – U) – CeO_2	300	30	惰性氛围冷却至室温	2.2
	400	60		2.1
		90		2.7
		30		15.6
		60		20.3
		90		38.7
	500	30		0.4
		60		0.6
		90		0.5
		30		5.2
		60		7.4
		90		10.8
		30		37.6
		60		43.5
		90		54.7

13.1 碳烟氧化活性变化

图 13.2 为碳烟非催化老化后的热重曲线。结果显示，当老化温度低于

400 ℃时，热重曲线受老化时间和温度的影响较小。由于 400 ℃低于碳烟的起始氧化温度，对碳烟氧化的影响较小。Fang 等[149]指出，400 ℃以下，主要为碳烟颗粒中的水分和有机成分的蒸发，但碳烟颗粒本身不会被氧化。当老化温度达到 500 ℃时，热重曲线逐渐向高温方向移动，表明老化后碳烟的氧化活性逐渐降低。从预处理过程中可知，500 ℃老化温度下碳烟的失重率为 15% ~ 40%（表 13.1），表明碳烟颗粒已经部分氧化。Ghiassi 等[162]指出，氧气可以扩散到碳烟颗粒的内部，促进多点氧化，进而改变碳烟颗粒的理化特性。

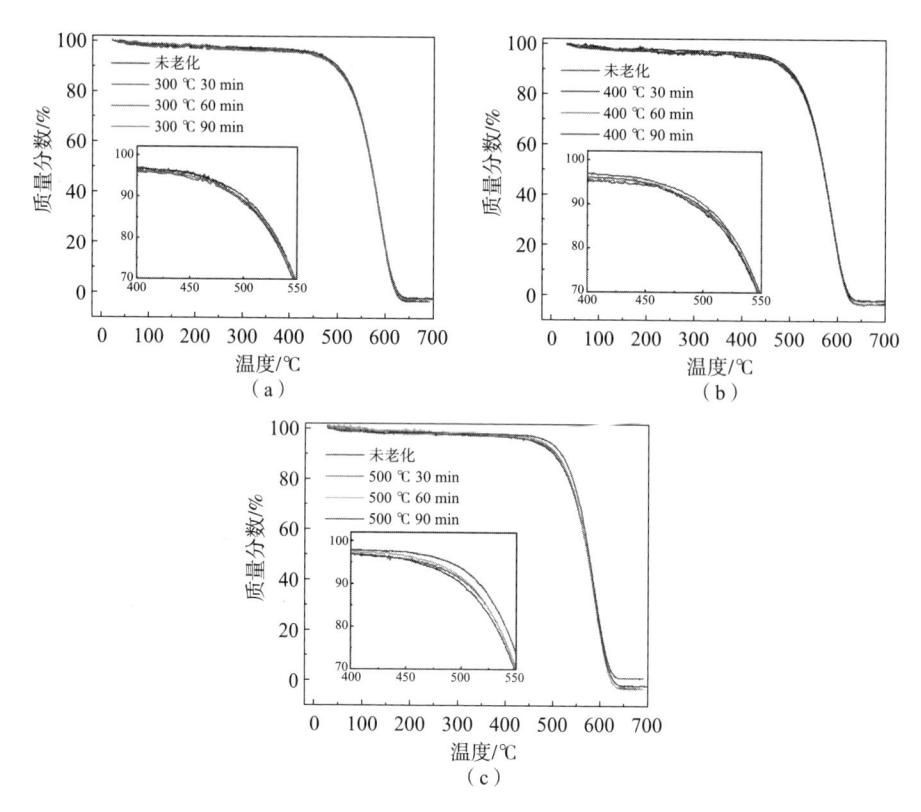

图 13.2 碳烟非催化老化后的热重曲线

(a) 300 ℃老化温度；(b) 400 ℃老化温度；(c) 500 ℃老化温度

经过非催化老化的碳烟颗粒的特征温度见表 13.2。碳烟的起始老化温度（T_{10}）定义为质量损失 10% 时的温度，峰值温度（T_{50}）定义为质量损失 50% 时的温度，燃尽温度（T_{90}）对应质量损失 90% 时的温度[191]。特征温度可以有效地表征碳烟的氧化活性，特征温度较低的碳烟具有较高的氧化活性。碳烟的峰

值温度 T_{50} 和燃尽温度 T_{90} 经过 300~400 ℃ 老化后基本不变,而 T_{10} 与原始碳烟相比略有下降,降低幅度为 5~10 ℃。在 300~400 ℃ 的老化过程中,碳烟颗粒的微晶层状结构受到破坏,颗粒之间的热传导增强,可能导致高氧化活性物质起始氧化温度的下降。在 500 ℃ 环境老化后,特征温度随老化时间的增加而提高(T_{10} 从 500.1 ℃ 增加到 516.0 ℃),表明碳烟经过非催化老化后的氧化活性下降。

表 13.2 非催化老化后碳烟颗粒的特征温度   ℃

预处理	T_{10}	T_{50}	T_{90}
原始颗粒	500.1	571.7	609.2
300 ℃ 30 min	494.7	570.9	608.2
300 ℃ 60 min	493.3	570.2	607.1
300 ℃ 90 min	495.3	571.5	609.2
400 ℃ 30 min	490.2	570.7	608.3
400 ℃ 60 min	493.0	570.4	607.3
400 ℃ 90 min	495.7	571.1	608.6
500 ℃ 30 min	504.8	572.4	607.2
500 ℃ 60 min	507.0	571.1	607.3
500 ℃ 90 min	516.0	574.5	611.8

碳烟催化老化后的热重曲线如图 13.3 所示。与非催化老化情况相似:当老化温度低于 400 ℃ 时,热重曲线基本不变,这表明催化氧化环境中碳烟的起始老化温度仍然高于 400 ℃。当催化老化温度达到 500 ℃ 时,热重曲线向低温方向显著偏移,并随着老化时间的增加,温度下降程度增加。与非催化老化模式不同,催化老化主要依赖于接触老化,导致催化老化与非催化老化过程产生显著差异[175]。催化老化后碳烟的特征温度见表 13.3。与非催化老化结果类似,300~400 ℃ 环境老化后的碳烟颗粒 T_{10} 的降低程度较小;当催化老化温度达到 500 ℃ 时,特征温度随老化时间的增加而持续降低,T_{10} 从 486.3 ℃ 降低到 452.8 ℃,表明碳烟经过催化老化后氧化活性提高。

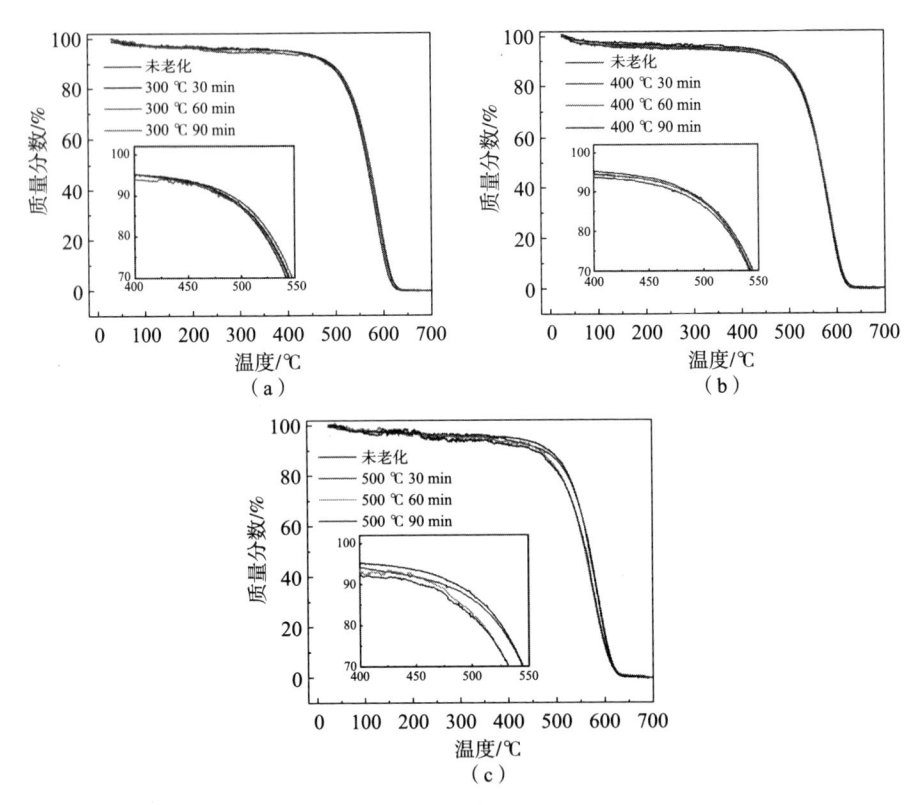

图 13.3　碳烟催化老化后的热重曲线

(a) 300 ℃老化温度；(b) 400 ℃老化温度；(c) 500 ℃老化温度

表 13.3　催化老化后碳烟的特征温度　　　　　　　　　　　℃

预处理	T_{10}	T_{50}	T_{90}
原始颗粒	486.3	568.2	606.1
300 ℃ 30 min	483.6	565.2	602.0
300 ℃ 60 min	490.8	571.3	605.5
300 ℃ 90 min	478.3	568.5	609.2
400 ℃ 30 min	484.1	565.7	602.7
400 ℃ 60 min	485.0	568.0	605.5
400 ℃ 90 min	474.9	566.4	604.6
500 ℃ 30 min	475.2	570.0	607.9
500 ℃ 60 min	467.0	558.6	601.5
500 ℃ 90 min	452.8	561.4	603.5

13.2 碳烟孔隙结构及比表面积变化

图 13.4 为非催化老化后碳烟 N_2 吸附和脱附曲线。根据国际纯粹与应用化学联合会的规定，碳烟的 N_2 吸附和脱附曲线属于 II 型曲线，并具有 H3 滞后回线。表明 N_2 吸附属于多层介质的介孔或大孔吸附。当老化温度为 300 ℃时，曲线随老化时间的增加变化较小。当老化温度为 400 ℃时，N_2 吸附量略微增加。根据图 13.2 的热重结果可知，400 ℃低于碳烟的起始氧化温度。Huang 等[150]研究了碳烟氧化过程中的气体和颗粒排放，发现早期氧化阶段小颗粒的峰值浓度是由高活性物质的氧化产生的。高活性物质的氧化导致了 400 ℃环境老化后 N_2 吸附量的增加。500 ℃环境老化后，碳烟颗粒的 N_2 吸附量随老化时间逐渐增加，表明碳烟

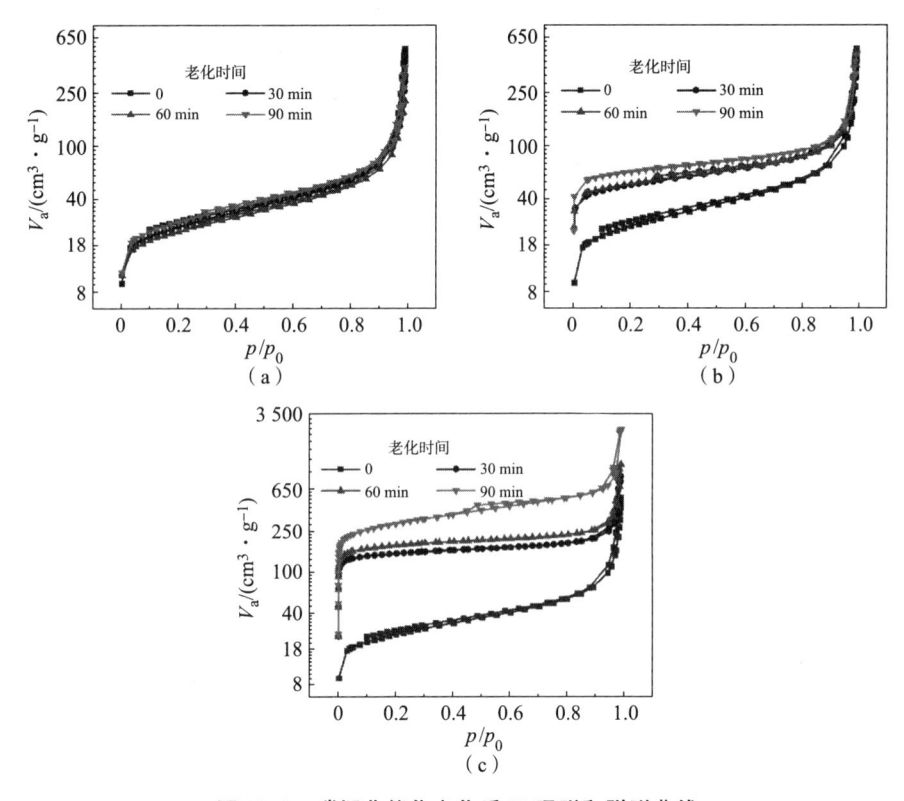

图 13.4 碳烟非催化老化后 N_2 吸附和脱附曲线

（a）300 ℃老化温度；（b）400 ℃老化温度；（c）500 ℃老化温度

的部分氧化导致了孔隙的形成[192]。

非催化老化后碳烟的孔径分布如图 13.5 所示。300 ℃ 老化后的碳烟颗粒的孔径分布中，100~210 nm 的大孔容积显著减少，2~4 nm 的介孔容积略有增加。该现象同样出现在 400 ℃ 环境老化后的碳烟中。该现象是由碳烟颗粒之间的聚集程度减弱以及少量高活性物质的氧化导致的。此外，400 ℃ 环境老化后，60~90 nm 的大孔容积增加；在老化过程中，碳烟颗粒内部基本没有发生氧化现象。当老化温度达到 500 ℃ 时，多点氧化效应导致碳烟颗粒所有孔径显著增加[175]。

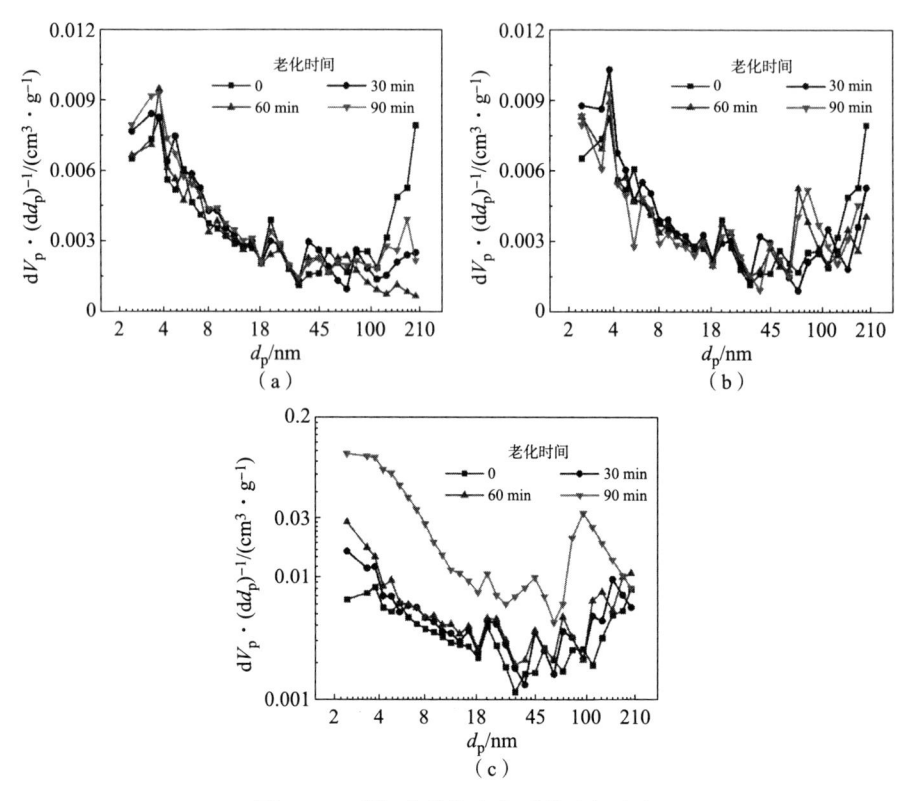

图 13.5　碳烟非催化老化后的孔径分布

(a) 300 ℃ 老化温度；(b) 400 ℃ 老化温度；(c) 500 ℃ 老化温度

图 13.6 为非催化老化后碳烟的总孔容积分布。在 300 ℃ 环境老化时，碳烟颗粒的总孔容积略微减小；老化持续时间 60 min，总孔容积从 0.76 cm³/g 减小为 0.32 cm³/g，主要是由碳烟聚集程度的降低导致的。400 ℃ 环境老化后，碳烟颗

粒的总孔容积变化较小，主要由高活性物质的氧化和碳烟聚集程度减弱的综合效应所致。对于 500 ℃ 环境老化的碳烟颗粒，总孔容积随老化时间逐渐增加，尤其是老化时间为 90 min 时，总孔容积从 0.76 cm³/g 增加到 3.24 cm³/g；碳烟颗粒从缓慢氧化阶段过渡到快速氧化阶段。

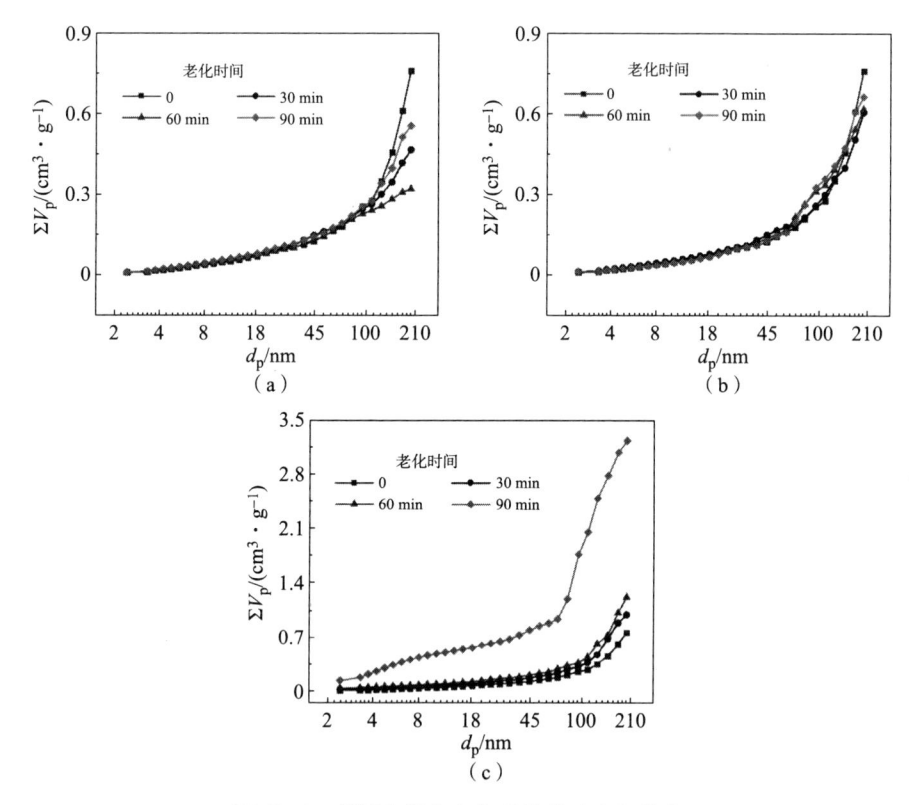

图 13.6 碳烟非催化老化后的总孔容积分布

(a) 300 ℃ 老化温度；(b) 400 ℃ 老化温度；(c) 500 ℃ 老化温度

图 13.7 为非催化老化后碳烟的比表面积（S_{BET}）。从图中可以看出，当碳烟在 300 ℃ 和 400 ℃ 环境老化时，S_{BET} 随着老化时间的增加变化较小，表明 300 ~ 400 ℃ 老化温度对碳烟结构的影响较弱。当老化温度达到 500 ℃ 时，S_{BET} 随老化时间显著增加，从 89 m²/g 增加到 1 051 m²/g。尽管碳烟颗粒的 S_{BET} 增加，但是热重实验表明，其氧化活性下降。可能由于老化过程中官能团等高活性物质的氧化改变了碳烟孔隙结构，并导致了活性物质的量的降低。

图13.8为催化老化后碳烟的N_2吸附和脱附曲线。与非催化老化结果类似,当老化温度低于400 ℃时,N_2吸附和脱附曲线较小;与原始碳烟颗粒相比,由于高活性物质的氧化作用导致N_2的吸附量略微增加。500 ℃温度老化后,碳烟对N_2的吸附量显著增加;该老化温度下,碳烟颗粒由于催化作用而发生氧化。

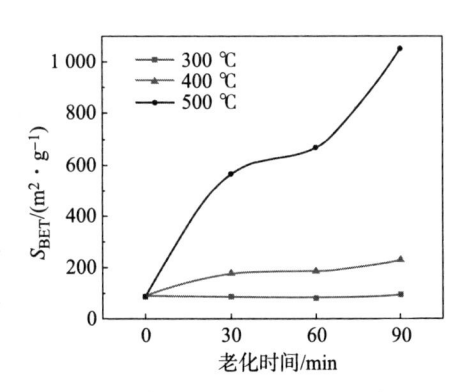

图13.7 碳烟非催化老化后的比表面积

Maini等通过环境透射电子显微镜观察到了碳烟和催化剂在氧化过程中的运动,部分导致老化过程中孔隙的变化[169]。

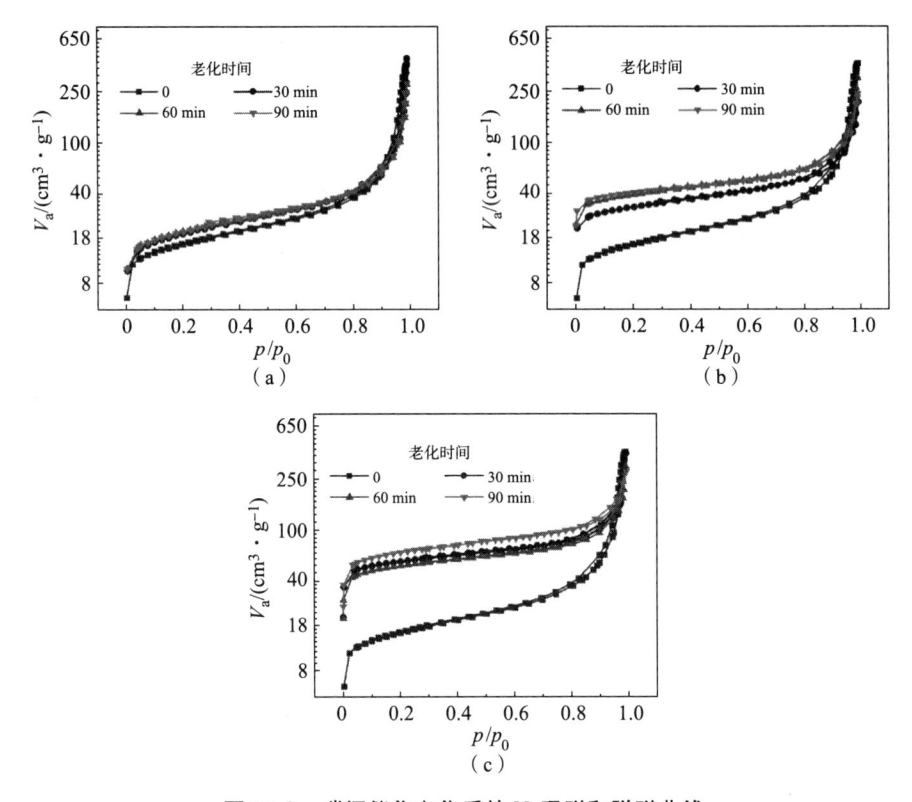

图13.8 碳烟催化老化后的N_2吸附和脱附曲线

(a) 300 ℃老化温度;(b) 400 ℃老化温度;(c) 500 ℃老化温度

图 13.9 为催化老化后碳烟的孔径分布。与非催化老化情况不同,老化温度低于 400 ℃时,相比原始碳烟颗粒,50~210 nm 大孔容积减小,主要归因于两个方面因素:碳烟粒子团聚程度的降低;催化剂填充了部分孔隙。此外,高活性物质的氧化导致 2~4 nm 介孔显著增加。当老化温度为 500 ℃时,2~10 nm 介孔随老化时间逐渐增加,但是 50~210 nm 大孔减少。前期研究[151,175]发现,由于接触氧化作用,导致大量小孔形成,催化剂可以改变碳烟的氧化模式;同时,由于催化剂的运动,催化剂填充了碳烟氧化过程中形成的部分大孔。

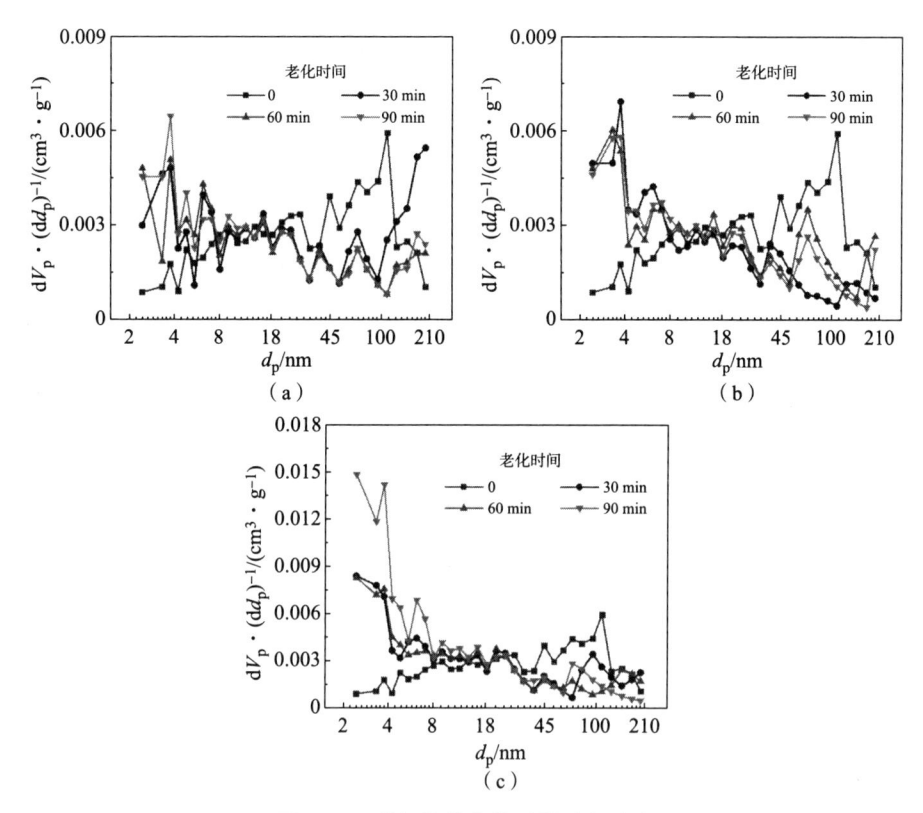

图 13.9 碳烟催化老化后的孔径分布

(a) 300 ℃老化温度;(b) 400 ℃老化温度;(c) 500 ℃老化温度

图 13.10 为催化老化后碳烟的总孔容积。在 300 ℃和 400 ℃环境下老化后,由于碳烟粒子团聚程度的降低和催化剂对孔隙的填充作用,导致 2~50 nm 介孔的总孔容积变化较小,50~210 nm 大孔明显减少。500 ℃环境老化后,由于碳烟

催化氧化作用，2~50 nm 介孔的总体积增加，50~210 nm 大孔显著减少。

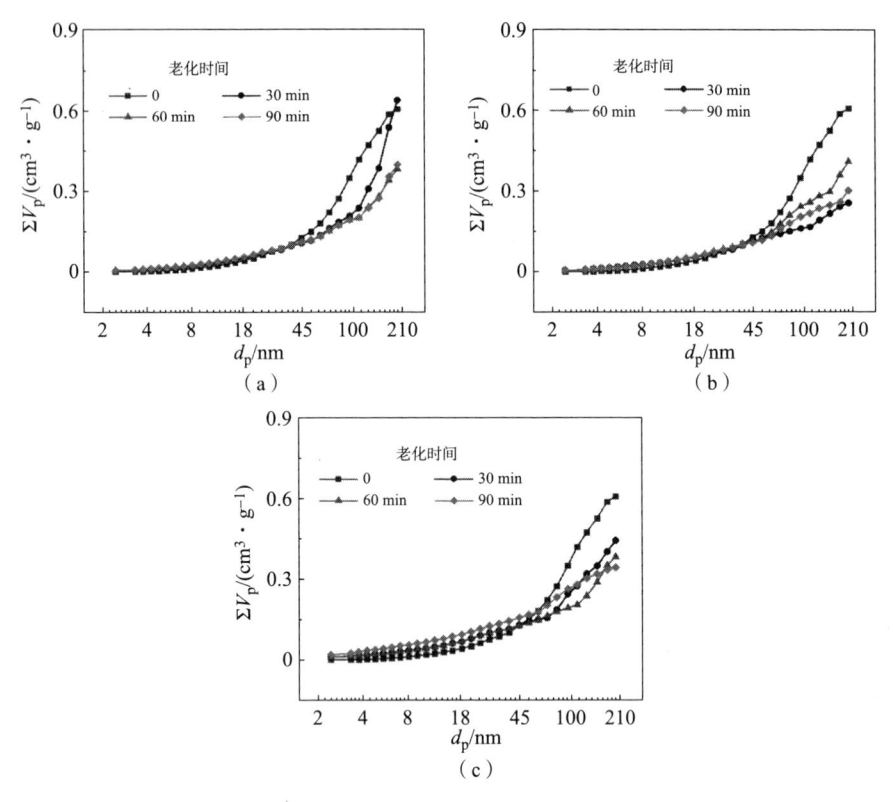

图 13.10 碳烟催化老化后的总孔容积

(a) 300 ℃ 老化温度；(b) 400 ℃ 老化温度；(c) 500 ℃ 老化温度

图 13.11 为催化老化后碳烟的比表面积（S_{BET}）变化。300 ℃ 老化温度对 S_{BET} 的影响较小。400 ℃ 环境老化后，S_{BET} 随老化时间缓慢增加，从 56 m^2/g 增加至 147 m^2/g。500 ℃ 环境老化后，S_{BET} 迅速增加，从 56 m^2/g 增加至 240 m^2/g；该老化温度下，碳烟与催化剂的接触氧化产生大量的介孔，然而，催化剂对介孔的填充效果较弱。

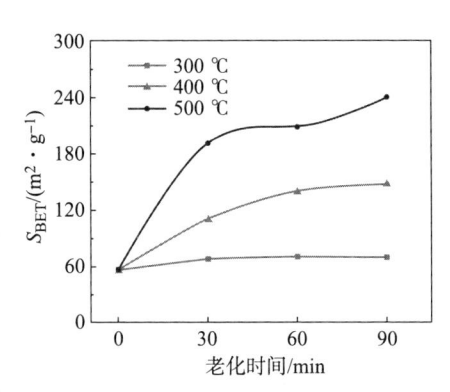

图 13.11 碳烟催化老化后比表面积变化

13.3 碳烟微观结构变化

利用扫描电子显微镜观察到的老化后碳烟颗粒的微观形态结构如图 13.12 和图 13.13 所示。相比于非催化老化后的碳烟，原始碳烟颗粒具有较为松散的结构，呈现为团聚状。由于部分大孔隙被高温老化产生的小颗粒和颗粒碎片填充，碳烟颗粒的孔隙在 300 ℃ 环境中老化后趋于减少。当老化温度为 400 ℃ 时，由于高活性物质的早期氧化，碳烟颗粒的孔隙变化较小。当老化温度达到 500 ℃ 时，碳烟颗粒在老化过程中形成了更为显著的孔隙结构，并且观察到颗粒尺寸的减小，表明部分碳烟发生了氧化反应。对于催化老化后的碳烟（图 13.13），300 ℃ 环境老化后，碳烟颗粒的孔隙变化有限。400 ℃ 环境老化 60 min 后，观察到孔隙显著减少。在该老化条件下，碳烟颗粒中的高活性物质在催化剂的辅助下提前氧化，导致更多孔隙结构的形成。此外，部分孔隙被催化剂填充。500 ℃ 环境老化后，同样观察到碳烟颗粒部分氧化、形成的孔隙被催化剂填充的情况。

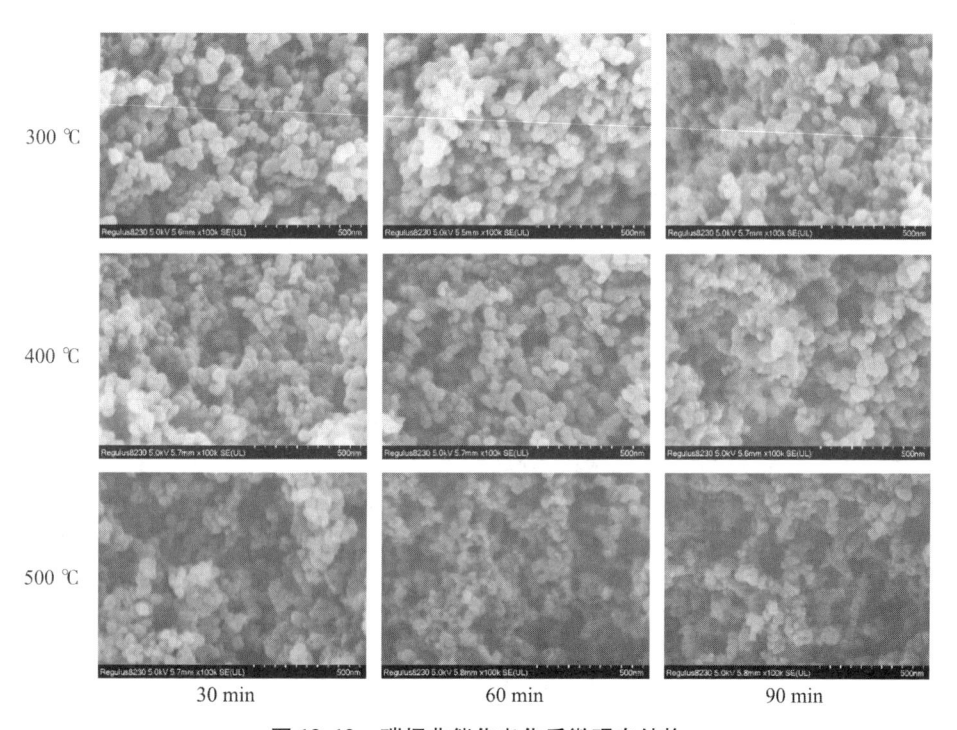

图 13.12 碳烟非催化老化后微观态结构

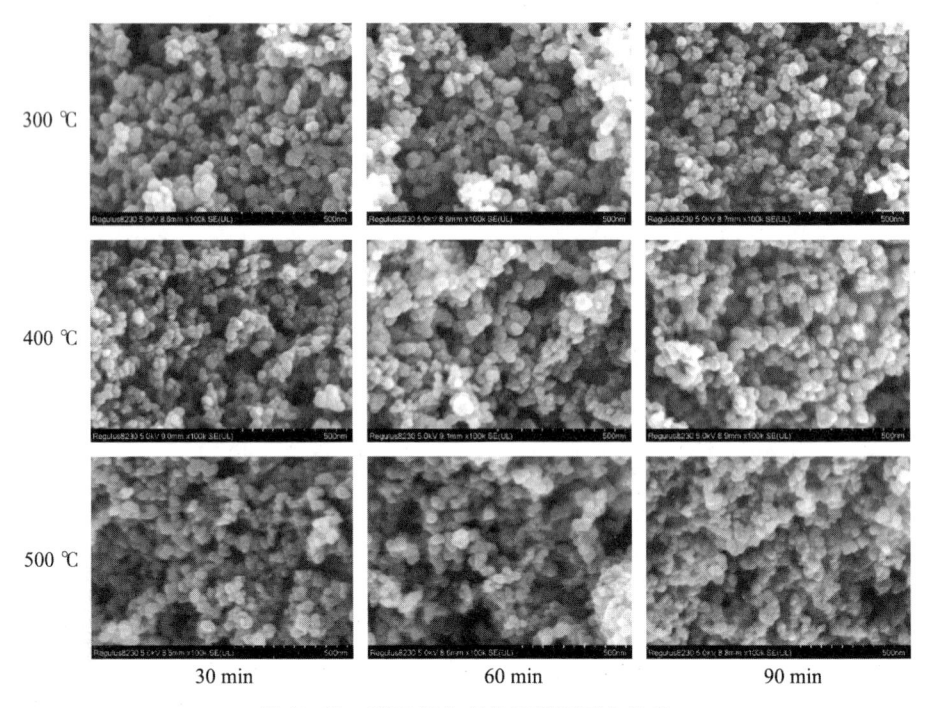

图 13.13 碳烟催化老化后微观形态结构

图 13.14 为可见孔投影面积与碳烟聚集物投影面积的比例,一定程度上可以反映碳烟表面孔隙的相对大小和聚集程度。对于非催化老化,该比例在 300~400 ℃ 环境老化后略有下降(从 14.5% 下降至 9.2%),表明碳烟的聚集程度减

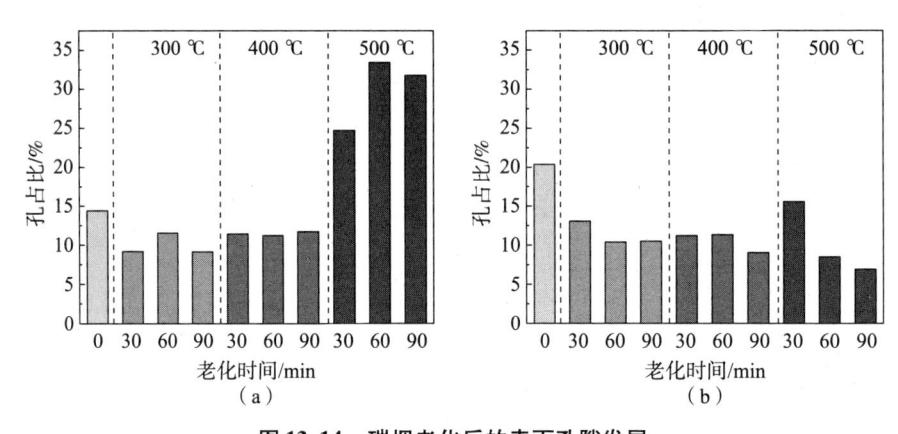

图 13.14 碳烟老化后的表面孔隙发展
(a) 非催化老化;(b) 催化老化

少；在 500 ℃ 环境老化后，碳烟的聚集程度显著增加（从 14.5% 增加到 33.5%）。然而，催化老化后的碳烟，该比例显著降低，表明碳烟颗粒堆积的更加紧密。在 500 ℃ 老化温度和 30 min 老化时间下，比例略微增加，主要由于催化剂与碳烟颗粒之间的接触氧化形成大量的介孔。

13.4 碳烟纳观结构的变化

图 13.15 为非催化老化后碳烟的纳观结构。碳烟呈现典型的核-壳结构，其内核由直径约为 3~4 nm 的无序微晶组成；外壳为具有周期性、定向排列的微晶层[177]。当老化温度为 300 ℃ 且老化时间小于 60 min 时，老化对碳烟纳观结构的影响较小。碳烟颗粒为核-壳结构，内部可以观察到显著的无定形碳。随着老化

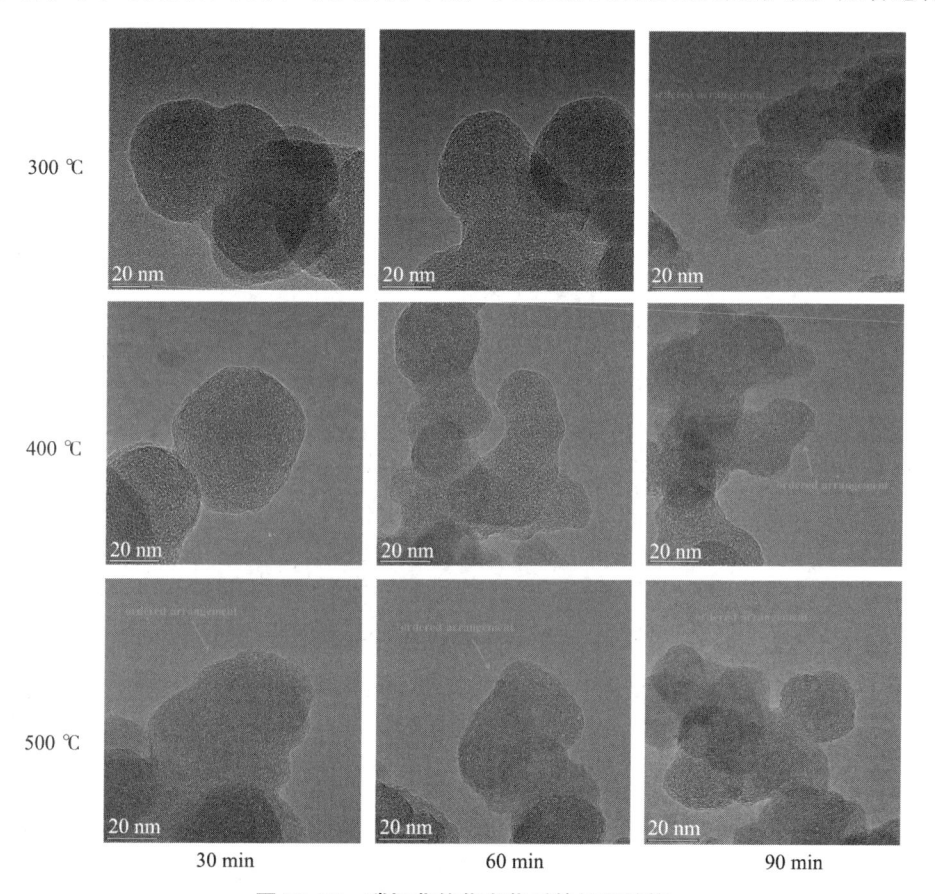

图 13.15　碳烟非催化老化后的纳观结构

时间的增加，碳烟微晶的有序排列显著增加，无定形碳转变为微晶有序排列的石墨碳。在 400 ℃ 环境中老化 60 min 后，观察到有序排列的碳烟微晶。500 ℃ 环境老化 30 min 后的碳烟同样观察到有序排列的微晶；高温造成外壳部分氧化，导致碳烟微晶的不规则性随老化时间的增加而增加。此外，碳烟老化 90 min 后，观察到碳烟颗粒的中空内核。Wang 等[178]指出，在碳烟的早期氧化阶段，内部无定形碳被氧化，导致内核无序微晶减少。

老化温度为 500 ℃、老化时间为 90 min 的情况下，可以观察到碳烟颗粒的空壳结构，如图 13.16 所示，表明碳烟颗粒发生了部分氧化。Vander 等[75]指出，与常规碳烟颗粒相比，空壳碳烟颗粒具有微晶排列更为有序的石墨结构，表明内核和外壳都影响碳烟的石墨化过程。此外，空壳结构的生成会影响碳烟的孔隙结构。Russo 等[193]研究证实，碳烟颗粒内部和外围的无定形碳由于具有较高的氧化活性，将首先发生氧化，表明较低的老化温度下，碳烟内部和外围的无定形碳会被提前氧化。此外，有序排列的微晶条纹为石墨化区域的主要结构，在较高的环境温度才能发生氧化反应。

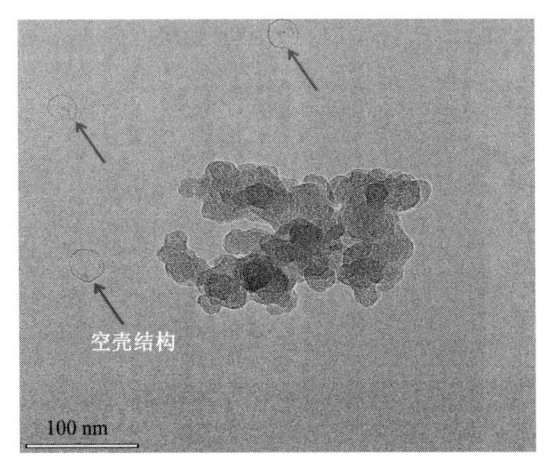

图 13.16　碳烟老化环境为 500 ℃、90 min 条件下相应的微晶排列

图 13.17 为催化老化后碳烟的纳观结构。与非催化老化相比，经过催化老化后的碳烟，有序排列的微晶不明显。与原始碳烟相比，老化温度为 300 ℃ 和 400 ℃ 的碳烟纳观结构的变化很小。当老化温度为 500 ℃ 时，观察到碳烟颗粒部分氧化现象（颗粒直径减小）。与非催化老化的情况不同，催化老化后的碳烟的

第 13 章　汽车驻车过程中碳烟理化特性的变化　205

内部无定形碳略微减少，并且外围微晶被显著氧化。此外，催化老化后的碳烟颗粒没有呈现明显的空心内核结构。前期研究表明[151,175]，碳烟颗粒的催化氧化更多地依赖于表面接触氧化，因此，催化氧化过程中首先影响碳烟外壳的微晶结构。张等[194]发现，在燃料中添加催化剂后，生成的初始碳烟尺寸较小，内核不受催化剂影响。

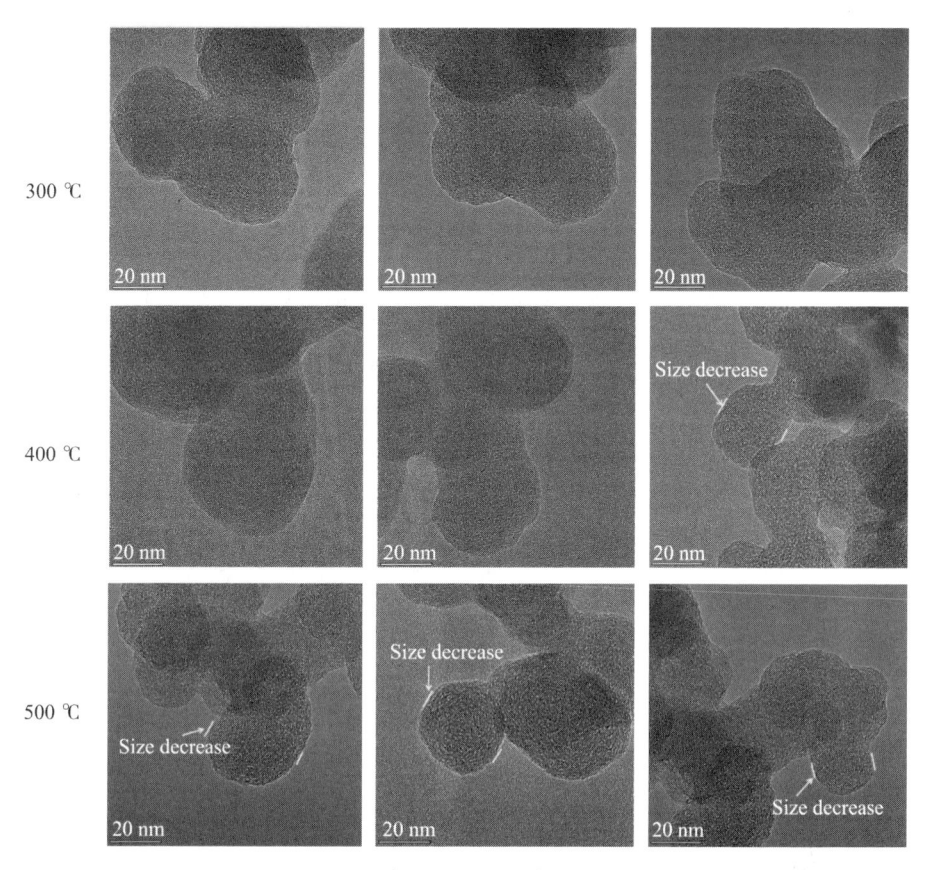

图 13.17　碳烟催化老化后的纳观结构

拉曼光谱技术用于分析老化后碳烟的石墨化程度。碳烟颗粒的高度石墨化具有较强的抗氧化能力、较低的氧化活性[195]。图 13.18 为碳烟的典型拉曼光谱，呈现双峰形状。1 340 cm^{-1}左右的 D 峰是由晶格缺陷引起的，表明了碳烟颗粒中的无定形碳。1 600 cm^{-1}左右的 G 峰包含碳原子的伸缩振动信息，由碳烟颗粒中的石墨化碳引起。碳烟颗粒的石墨化程度可以通过 D 峰与 G 峰强度的比值表示。

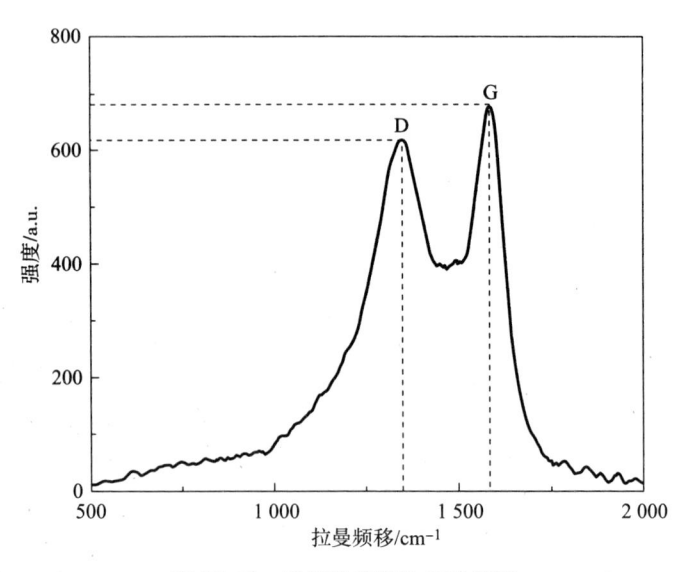

较高的 I_D/I_G 表明碳烟具有较高的无序程度、较低的石墨化程度[196]。

图 13.18　碳烟的典型拉曼光谱图

图 13.19 为非催化老化后碳烟 I_D/I_G 的变化。当老化温度为 300 ℃ 和 400 ℃ 时，碳烟颗粒的 I_D/I_G 随着老化时间增加而略微减小；老化温度为 500 ℃ 时，碳烟颗粒的 I_D/I_G 值对老化时间更为敏感。与原始碳烟颗粒相比，当老化温度达到 500 ℃ 时，I_D/I_G 值从 0.996 降至 0.924，表明石墨化程度增加、氧化活性降低。该现象与热重曲线结果一致。Liu 等[197]指出，碳烟颗粒中，部分多环芳烃在 500 ℃ 时升华，导致碳烟的石墨化加剧。Echavarria 等[159]提出了非催化老化后碳烟的氧化模式：气体扩散到碳烟颗粒内部，造成高活性物质的氧化；此外，氧化导致部分碳烟颗粒的分离。随着老化的进行，碳烟内核的无定形碳由于氧气渗透而被氧化，导致石墨化程度的增加。通过透射电子显微镜图可以观察到碳烟颗粒微晶排列的有序度增加，如图 13.15 所示。Liu 等[197]、Meng 等[198]和 Chang 等[8]的研究中观察到类似的现象。

图 13.20 为催化老化后碳烟 I_D/I_G 的变化。当老化温度为 300 ℃ 时，老化对 I_D/I_G 的影响较小，主要由于老化温度未达到碳烟的起始氧化温度。当老化温度升高至 400 ℃ 且老化时间超过 60 min 时，I_D/I_G 显著增加（从 0.956 增加至 0.980）。500 ℃ 老化温度下观察到相同的现象。催化老化过程中，碳烟颗粒发生

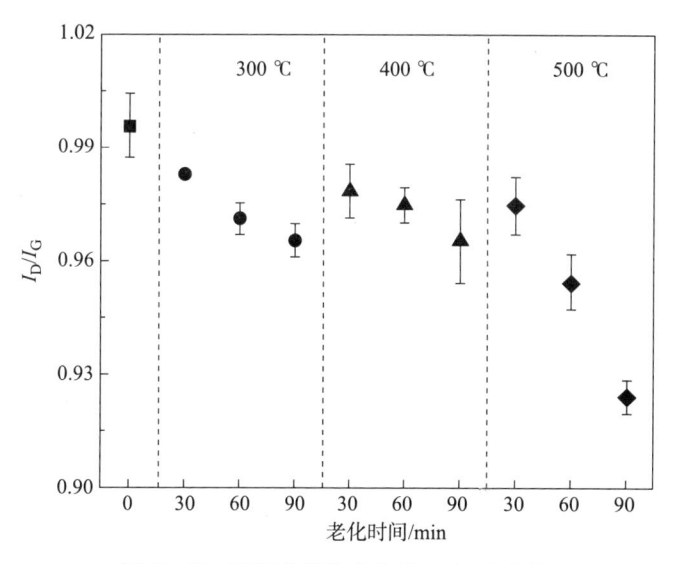

图 13.19 碳烟非催化老化后 I_D/I_G 的变化

了接触氧化，碳烟外壳排列有序的微晶被氧化，导致石墨化程度的降低。Wei 等[182]在催化氧化的早期阶段观察到碳烟颗粒中石墨烯层数减少，相应的 C—H、C=C 比例增加。

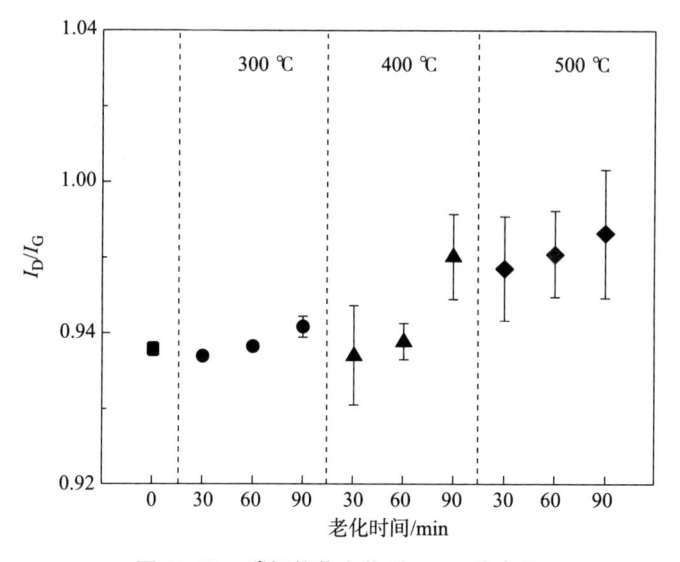

图 13.20 碳烟催化老化后 I_D/I_G 的变化

13.5 含氧官能团的变化

图 13.21 为非催化老化后碳烟中含氧官能团的变化。碳烟颗粒中的 C═O 官能团含量随着老化时间的增加而逐渐减少，而 C—O 官能团的含量逐渐增加。表明，当温度超过 300 ℃ 时，C═O 官能团逐渐被消耗、分解为 C—O 官能团。Song 等[42]证实，碳烟中含氧官能团的含量与碳烟氧化活性紧密相关。Vander 等[199]发现，碳烟颗粒中 C—OH、C═O、O—C═O 官能团的热稳定性逐渐降低，导致 C═O 官能团比 C—O 官能团更早被消耗。Guo 等[190]表明，碳烟早期氧化过程中（380～450 ℃），由于氧的化学吸附作用，碳烟颗粒中的 C—O—C 官能团增加了 44%。

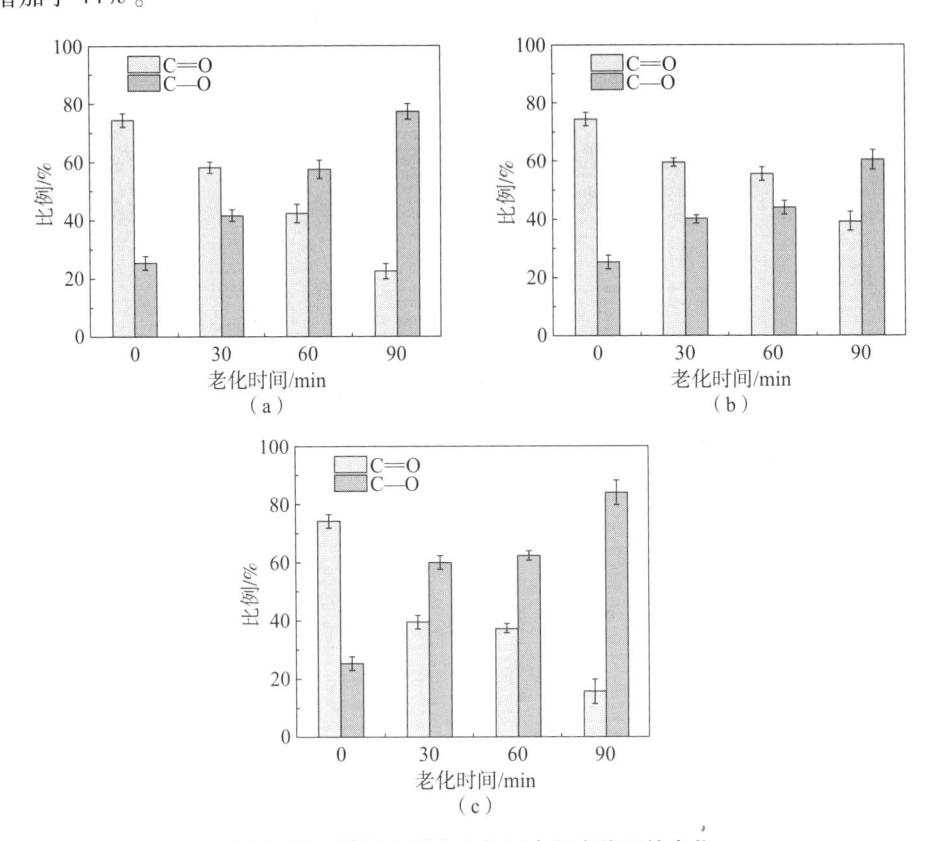

图 13.21 碳烟非催化老化后含氧官能团的变化
(a) 300 ℃老化温度；(b) 400 ℃老化温度；(c) 500 ℃老化温度

图 13.22 为催化老化后碳烟中含氧官能团的变化情况。与非催化老化情况相似，催化老化后，碳烟颗粒中 C=O 官能团被逐渐分解，而 C—O 官能团含量随老化时间的增加逐渐增加。此外，500 ℃老化温度下观察到晶格 O 随老化时间的增加而提高。此外，400 ℃和 500 ℃高温老化 90 min 的条件下，观察到 C=O 官能团的快速分解（71.5% 降至 11.9% 和 11.2%）。

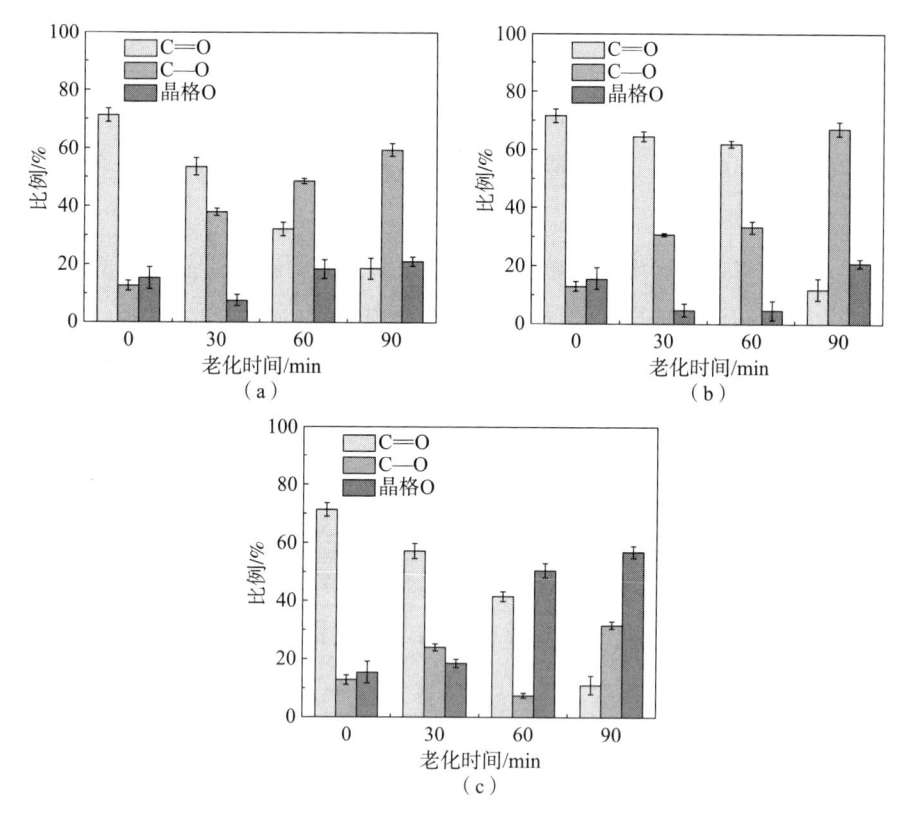

图 13.22 碳烟催化老化后含氧官能团的变化情况

(a) 300 ℃老化温度；(b) 400 ℃老化温度；(c) 500 ℃老化温度

13.6 小结

本章针对碳烟非催化氧化和催化氧化中，碳烟类排气环境下经历了特定老化过程的碳烟物理化学性质，包括氧化活性、孔结构、微观结构、石墨化程度、官能团等。主要结论如下：

（1）300~400 ℃环境的老化对碳烟氧化活性的影响较小；500 ℃的非催化老化过程中，碳烟氧化活性随着老化时间的增加而降低，T_{10}从500.1 ℃增加到516.0 ℃；催化老化情况下，碳烟氧化活性增加，T_{10}从486.3 ℃降低到452.8 ℃。

（2）300~400 ℃环境的非催化老化破坏了碳烟颗粒的聚集状态，导致10~210 nm的大孔减少；同时，高活性物质的解吸造成2~4 nm介孔的形成。非催化老化温度为500 ℃时，所有孔径范围的孔隙密度增加；在催化老化过程中，催化剂会填充50~210 nm的大孔。碳烟颗粒的比表面积S_{BET}在400 ℃以上的温度环境老化后显著增加。

（3）300~400 ℃环境的非催化老化过程中，碳烟颗粒微晶排列的有序度增加；500 ℃环境中，碳烟老化过程导致石墨化程度的增加；此外，碳烟氧化过程中观察到了中空结构的生成。300~400 ℃环境的催化老化过程对碳烟颗粒的纳观结构影响较小；在500 ℃环境的催化老化过程中，明显观察到了碳烟外壳微晶的氧化。同时，碳烟老化后，可以观察到碳烟大小和石墨化程度降低。

（4）针对非催化老化和催化老化过程，300~500 ℃环境下C=O官能团的含量随老化时间的增加而减小，而C—O的官能团含量增加；催化剂加速了C=O官能团的氧化；此外，500 ℃环境中催化老化过程中观察到C—O和C=O官能团的消耗。

参 考 文 献

[1] Liati A, Spiteri A, Eggenschwiler P D, et al. Microscopic investigation of soot and ash particulate matter derived from biofuel and diesel: implications for the reactivity of soot [J]. Journal of Nanoparticle Research, 2012, 14 (11): 1 - 18.

[2] 张斌, 胡恩柱, 刘天霞, 等. 生物质燃油碳烟颗粒的形貌、结构与组分表征 [J]. 化工学报, 2015, (1): 441 - 448.

[3] Kelesidis G A, Rossi N. Pratsinis S E. Porosity and crystallinity dynamics of carbon black during internal and surface oxidation [J]. Carbon, 2022 (197): 334 - 340.

[4] Zhang H, Pereira O, Legros G, et al. Structure - reactivity study of model and Biodiesel soot in model DPF regeneration conditions [J]. Fuel, 2019 (239): 373 - 386.

[5] Ouf F X, Bourrous S, Vallières C, et al. Specific surface area of combustion emitted particles: Impact of primary particle diameter and organic content [J]. Journal of Aerosol Science, 2019 (137): 105436.

[6] Pahalagedara L, Sharma H, Kuo C H, et al. Structure and oxidation activity correlations for carbon blacks and diesel soot [J]. Energy & Fuels, 2012, 26 (11): 6757 - 6764.

[7] Heidenreich R, Hess W, Ban L. Structure of spherule and layers inferred from electron microscopy and X - ray diffraction [J]. Journal of Applied Crystallography,

1968 (1): 1-19.

[8] Sheng C. Char structure characterised by Raman spectroscopy and its correlations with combustion reactivity [J]. Fuel, 2007, 86 (15): 2316-2324.

[9] Seong H J, Boehman A L. Evaluation of raman parameters using visible raman microscopy for soot oxidative reactivity [J]. Energy & Fuels, 2013, 27 (3): 1613-1624.

[10] Soewono A, Rogak S. Morphology and Raman spectra of engine-emitted particulates [J]. Aerosol Science and Technology, 2011, 45 (10): 1206-1216.

[11] Knauer M, Carrara M, Rothe D, et al. Changes in structure and reactivity of soot during oxidation and gasification by oxygen, studied by micro-Raman spectroscopy and temperature programmed oxidation [J]. Aerosol Science and Technology, 2009, 43 (1): 1-8.

[12] Tuinstra F, Koenig J L. Raman spectrum of graphite [J]. The Journal of Chemical Physics, 1970, 53 (3): 1126-1130.

[13] Ferrari A C, Robertson J. Interpretation of Raman spectra of disordered and amorphous carbon [J]. Physical Review B, 2000, 61 (20): 14095.

[14] 生态环境部. 中国移动源环境管理年报（2023年）[J]. 环境保护, 2024, 52 (02): 48-62.

[15] 楼狄明, 林浩强, 谭丕强, 等. 氧化催化转化器对柴油机颗粒物排放特性的影响 [J]. 同济大学学报：自然科学版, 2015, 43 (6): 888-893.

[16] 邢世凯, 马朝臣, 马松. 低温等离子体对柴油机排气微粒数量和质量影响的实验研究 [J]. 内燃机工程, 2013, 34 (1): 8-12.

[17] 楼狄明, 胡磬遥, 胡志远, 等. 基于PLS的喷油参数对共轨柴油机颗粒物排放特性影响研究 [J]. 内燃机工程, 2015 (5): 56-62.

[18] 赖春杰. 高压共轨柴油机超细微粒排放特性分析 [D]. 长春：吉林大学, 2012.

[19] 李新令, 黄震, 王嘉松, 等. 汽油机排气颗粒粒径分布特征实验研究 [J]. 环境化学, 2008, 27 (1): 64-68.

[20] 陈雨阳, 庄祝跃, 方俊华, 等. 二次喷射时刻对GDI汽油机颗粒物排放的

影响 [J]. 车用发动机, 2016 (1): 48 - 51.

[21] 帅石金, 郑荣, 王银辉, 等. 缸内直喷汽油机微粒排放特性的实验研究 [J]. 汽车安全与节能学报, 2014, 5 (3): 304 - 310.

[22] 邢世凯, 仲蕾, 马朝臣. 柴油机低温放电处理的微粒热重特性 [J]. 农业机械学报, 2012, 43 (9): 16 - 20.

[23] 王军方, 丁焰, 尹航, 等. DOC 技术对柴油机排放颗粒物数浓度的影响 [J]. 环境科学研究, 2011, 24 (7): 711 - 715.

[24] Meng Z, Li J, Fang J, et al. Experimental study on regeneration performance and particle emission characteristics of DPF with different inlet transition sections lengths [J]. Fuel, 2020 (262): 116487.

[25] 楼狄明, 赵泳生, 谭丕强, 等. 基于 GT - Power 柴油机颗粒捕集器捕集性能的仿真研究 [J]. 环境工程学报, 2010, 4 (1): 173 - 177.

[26] Huang Y, Ng E C, Surawski N C, et al. Effect of diesel particulate filter regeneration on fuel consumption and emissions performance under real - driving conditions [J]. Fuel, 2022 (320): 123937.

[27] Neeft J P, Hoornaert F, Makkee M, et al. The effects of heat and mass transfer in thermogravimetrical analysis. A case study towards the catalytic oxidation of soot [J]. Thermochimica Acta, 1996, 287 (2): 261 - 278.

[28] Bokova M, Decarne C, Abi - Aad E, et al. Kinetics of catalytic carbon black oxidation [J]. Thermochimica Acta, 2005, 428 (1): 165 - 171.

[29] Ozawa T. A new method of analyzing thermogravimetric data [J]. Bulletin of the Chemical Society of Japan, 1965, 38 (11): 1881 - 1886.

[30] Doyle C. Kinetic analysis of thermogravimetric data [J]. Journal of Applied Polymer Science, 1961, 5 (15): 285 - 292.

[31] 宋崇林, 张炜, 王林, 等. 一种基于图像处理技术的柴油机单颗粒微观结构的分析方法 [J]. 燃烧科学与技术, 2010, 16 (5): 388 - 395.

[32] 马志豪, 钞莹, 李磊, 等. 柴油机颗粒在氧化过程中拉曼光谱参数的变化 [J]. 内燃机学报, 2015, 33 (1): 44 - 50.

[33] Chong H S, Aggarwal S K, Lee K O, et al. Experimental investigation on the

oxidation characteristics of diesel particulates relevant to DPF regeneration [J]. Combustion Science and Technology, 2013, 185 (1): 95 - 121.

[34] Meng Z, Yang D, Yan Y. Study of carbon black oxidation behavior under different heating rates [J]. Journal of Thermal Analysis and Calorimetry, 2014, 118 (1): 551 - 559.

[35] Wang C, Xu H, Herreros J M, et al. Fuel effect on particulate matter composition and soot oxidation in a direct - injection spark ignition (DISI) engine [J]. Energy & Fuels, 2014, 28 (3): 2003 - 2012.

[36] Rodriguez - Fernandez J, Oliva F, Vazquez R. Characterization of the diesel soot oxidation process through an optimized thermogravimetric method [J]. Energy & Fuels, 2011, 25 (5): 2039 - 2048.

[37] Collura S, Chaoui N, Azambre B, et al. Influence of the soluble organic fraction on the thermal behaviour, texture and surface chemistry of diesel exhaust soot [J]. Carbon, 2005, 43 (3): 605 - 613.

[38] Collura S, Chaoui N, Koch A, et al. On the composition of the soluble organic fraction and its influence during the combustion of exhaust diesel soot [J]. Carbon, 2002, 40 (12): 2268 - 2270.

[39] Burg P, Cagniant D. Study of the influence of the soluble organic fraction of an exhaust diesel soot by a linear solvation energy relationship approach [J]. Carbon, 2003, 41 (5): 1031 - 1035.

[40] Stratakis G, Stamatelos A. Thermogravimetric analysis of soot emitted by a modern diesel engine run on catalyst - doped fuel [J]. Combustion and Flame, 2003, 132 (1): 157 - 169.

[41] Choi S, Seong H. Oxidation characteristics of gasoline direct - injection (GDI) engine soot: Catalytic effects of ash and modified kinetic correlation [J]. Combustion and Flame, 2015, 162 (6): 2371 - 2389.

[42] Song J, Alam M, Boehman A L, et al. Examination of the oxidation behavior of biodiesel soot [J]. Combustion and Flame, 2006, 146 (4): 589 - 604.

[43] Song J, Alam M, Boehman A. Impact of alternative fuels on soot properties and

DPF regeneration [J]. Combustion Science and Technology, 2007, 179 (9): 1991 - 2037.

[44] Gargiulo V, Alfè M, Di Blasio G, et al. Chemico - physical features of soot emitted from a dual - fuel ethanol - diesel system [J]. Fuel, 2015 (150): 154 - 161.

[45] 聂勇, 汪晶毅, 钟侃, 等. 等离子体辅助催化还原 NO_x 系统的优化 [J]. 高电压技术, 2008, 34 (2): 359 - 362.

[46] 吴江霞, 蔡忆昔, 赵卫东, 等. 低温等离子体处理柴油机 NO_x 和 PM 实验研究 [J]. 环境工程学报, 2008, 2 (8): 1078 - 1082.

[47] 赵卫东, 蔡忆昔, 吴江霞, 等. 低温等离子体处理柴油机有害排放的比较研究 [J]. 中国机械工程, 2007, 18 (22): 2760 - 2765.

[48] 蔡忆昔, 赵卫东, 李小华, 等. 低温等离子体降低柴油机颗粒物排放的实验 [J]. 农业机械学报, 2008, 39 (2): 1 - 5.

[49] Yehliu K, Armas O, Vander Wal R L, et al. Impact of engine operating modes and combustion phasing on the reactivity of diesel soot [J]. Combustion and Flame, 2013, 160 (3): 682 - 691.

[50] Clague A, Donnet J, Wang T, et al. A comparison of diesel engine soot with carbon black [J]. Carbon, 1999, 37 (10): 1553 - 1565.

[51] Stanmore B R, Brilhac J F. Gilot P. The oxidation of soot: a review of experiments, mechanisms and models [J]. Carbon, 2001, 39 (15): 2247 - 2268.

[52] 邹文樵. 化学动力学中的补偿效应 [J]. 大学化学, 1997, 12 (2): 47 - 49.

[53] 余润国, 陈彦, 林诚, 等. 高变质无烟煤催化气化动力学及补偿效应 [J]. 燃烧科学与技术, 2012, 18 (1): 85 - 89.

[54] Vyazovkin S, Wight C A. Isothermal and non - isothermal kinetics of thermally stimulated reactions of solids [J]. International Reviews in Physical Chemistry, 1998, 17 (3): 407 - 433.

[55] 楼狄明, 胡炜, 谭丕强, 等. 发动机燃用生物柴油稳态工况颗粒粒径分布

[J]. 内燃机工程, 2011, 32 (5): 16-22.

[56] 王书龙. 柴油机颗粒物粒径分布及热重特性分析 [D]. 镇江: 江苏大学, 2013.

[57] 李铭迪, 王忠, 许广举, 等. 柴油机燃用添加 DTBP 的生物柴油时排放颗粒粒径分布的研究 [J]. 汽车工程, 2015, (3): 271-275.

[58] 楼狄明, 任洪娟, 谭丕强, 等. 发动机燃用乳化柴油的颗粒粒径分布特性 [J]. 同济大学学报 (自然科学版), 2012, 40 (7): 1083-1088.

[59] 楼狄明, 徐宁, 范文佳, 等. 国 V 柴油机燃用丁醇 - 柴油混合燃料颗粒粒径分布特性实验研究 [J]. 环境科学, 2014, 35 (2): 526-532.

[60] Ruiz M, de Villoria R G, Millera A, et al. Influence of the temperature on the properties of the soot formed from C_2H_2 pyrolysis [J]. Chemical Engineering Journal, 2007, 127 (1): 1-9.

[61] Vander Wal R L, Tomasek A J. Soot nanostructure: dependence upon synthesis conditions [J]. Combustion and Flame, 2004, 136 (1): 129-140.

[62] Su D S, Jentoft R E, Müller J O, et al. Microstructure and oxidation behaviour of Euro IV diesel engine soot: a comparative study with synthetic model soot substances [J]. Catalysis Today, 2004, 90 (1): 127-132.

[63] Vander Wal R L, Tomasek A J. Soot oxidation: dependence upon initial nanostructure [J]. Combustion and Flame, 2003, 134 (1): 1-9.

[64] Weinbruch S, Benker N, Kandler K, et al. Morphology, chemical composition and nanostructure of single carbon - rich particles studied by transmission electron microscopy: source apportionment in workroom air of aluminium smelters [J]. Analytical and Bioanalytical Chemistry, 2016, 408 (4): 1151-1158.

[65] Wang P, Cai Y X, Zhang L, et al. Physical and chemical characteristics of particulate matter from biodiesel exhaust emission using non - thermal plasma technology [J]. Energy & Fuels, 2010, 24 (5): 3195-3198.

[66] 刘立东, 史永万, 高俊华, 等. 低温等离子体对柴油机尾气净化效果的研究 [J]. 汽车工程, 2013 (2): 116-120.

[67] 孙永明, 夏文虎, 张勤. 低温等离子体技术净化船舶柴油机尾气的化学反

应动力学模拟 [J]. 上海海事大学学报, 2015, 36 (2): 79-83.

[68] 胡明江, 赵丽霞. 低温等离子体协同催化技术降低柴油机 NO$_x$ 和碳烟 [J]. 中国农机化学报, 2014, 35 (4): 157-160.

[69] Ma C, Gao J, Zhong L, et al. Experimental investigation of the oxidation behaviour and thermal kinetics of diesel particulate matter with non-thermal plasma [J]. Applied Thermal Engineering, 2016 (99): 1110-1118.

[70] 马志豪, 张小玉, 马凡华, 等. 生物柴油/柴油发动机排放颗粒电镜分析 [J]. 农业机械学报, 2012, 43 (7): 19-23.

[71] 张小玉, 马志豪, 马凡华, 等. 生物柴油掺混比例对柴油机颗粒排放微观特性的影响 [J]. 汽车安全与节能学报, 2012, 3 (2): 179-183.

[72] Gaddam C K, Vander Wal R L, Chen X, et al. Reconciliation of carbon oxidation rates and activation energies based on changing nanostructure [J]. Carbon, 2016 (98): 545-556.

[73] Jaramillo I C, Gaddam C K, Vander Wal R L, et al. Effect of nanostructure, oxidative pressure and extent of oxidation on model carbon reactivity [J]. Combustion and Flame, 2015, 162 (5): 1848-1856.

[74] Vander Wal R L, Tomasek A J, Pamphlet M I, et al. Analysis of HRTEM images for carbon nanostructure quantification [J]. Journal of Nanoparticle Research, 2004, 6 (6): 555-568.

[75] Vander Wal R L, Yezerets A, Currier N W, et al. HRTEM Study of diesel soot collected from diesel particulate filters [J]. Carbon, 2007, 45 (1): 70-77.

[76] Jaramillo I C, Gaddam C K, Vander Wal R L, et al. Soot oxidation kinetics under pressurized conditions [J]. Combustion and Flame, 2014, 161 (11): 2951-2965.

[77] Parent P, Laffon C, Marhaba I, et al. Nanoscale characterization of aircraft soot: a high-resolution transmission electron microscopy, Raman spectroscopy, X-ray photoelectron and near-edge X-ray absorption spectroscopy study [J]. Carbon, 2016 (101): 86-100.

[78] Brilhac J, Bensouda F, Gilot P, et al. Experimental and theoretical study of

oxygen diffusion within packed beds of carbon black [J]. Carbon, 2000, 38 (7): 1011 – 1019.

[79] Rockne K J, Taghon G L, Kosson D S. Pore structure of soot deposits from several combustion sources [J]. Chemosphere, 2000, 41 (8): 1125 – 1135.

[80] Jung H, Kittelson D B, Zachariah M R. The influence of a cerium additive on ultrafine diesel particle emissions and kinetics of oxidation [J]. Combustion and Flame, 2005, 142 (3): 276 – 288.

[81] Karin P, Boonsakda J, Siricholathum K, et al. Morphology and oxidation kinetics of CI engine's biodiesel particulate matters on cordierite Diesel Particulate Filters using TGA [J]. International Journal of Automotive Technology, 2017, 18 (1): 31 – 40.

[82] López – Fonseca R, Landa I, Gutiérrez – Ortiz M, et al. Non – isothermal analysis of the kinetics of the combustion of carbonaceous materials [J]. Journal of Thermal Analysis and Calorimetry, 2005, 80 (1): 65 – 69.

[83] Alozie N S, Fern G, Peirce D, et al. Influence of Biodiesel Blending on Particulate Matter (PM) Oxidation Characteristics [J]. SAE Technical Paper, 2017, 2017 – 01 – 0932.

[84] Smith I W. Ravishankara A. Role of hydrogen – bonded intermediates in the bimolecular reactions of the hydroxyl radical [J]. The Journal of Physical Chemistry A, 2002, 106 (19): 4798 – 4807.

[85] Valverde J M. On the negative activation energy for limestone calcination at high temperatures nearby equilibrium [J]. Chemical Engineering Science, 2015 (132): 169 – 177.

[86] Bhunia A, Bansal K, Henini M, et al. Negative activation energy and dielectric signatures of excitons and excitonic Mott transitions in quantum confined laser structures [J]. Journal of Applied Physics, 2016, 120 (14): 144304.

[87] Wang Y, Widmann D, Wittmann M, et al. High activity and negative apparent activation energy in low – temperature CO oxidation – present on Au/Mg(OH)$_2$, absent on Au/TiO$_2$ [J]. Catalysis Science & Technology, 2017, 7 (18):

4145 – 4161.

[88] Livneh T, Barziv E, Senneca O, et al. Evolution of Reactivity of Highly Porous Chars from Raman Microscopy [J]. Combustion Science & Technology, 2000, 153 (153): 65 – 82.

[89] Pawlyta M, Rouzaud J N, Duber S. Raman microspectroscopy characterization of carbon blacks: spectral analysis and structural information [J]. Carbon, 2015 (84): 479 – 490.

[90] Sadezky A, Muckenhuber H, Grothe H, et al. Raman microspectroscopy of soot and related carbonaceous materials: Spectral analysis and structural information [J]. Carbon, 2005, 43 (8): 1731 – 1742.

[91] Escribano R, Sloan J J, Siddique N, et al. Raman spectroscopy of carbon – containing particles [J]. Vibrational Spectroscopy, 2001, 26 (2): 179 – 186.

[92] Casiraghi C, Hartschuh A, Qian H, et al. Raman spectroscopy of graphene edges [J]. Nano Letters, 2009, 9 (4): 1433 – 1441.

[93] Markus K, Schuster M E, Dangsheng S, et al. Soot structure and reactivity analysis by Raman microspectroscopy, temperature – programmed oxidation, and high – resolution transmission electron microscopy [J]. Journal of Physical Chemistry A, 2009, 113 (50): 13871 – 13880.

[94] Olivier B, Bruno G, Jean – Pierre P, et al. On the characterization of disordered and heterogeneous carbonaceous materials by Raman spectroscopy [J]. Spectrochimica Acta Part A Molecular & Biomolecular Spectroscopy, 2003, 59 (10): 2267 – 2276.

[95] Knight D S, White W B. Characterization of diamond films by Raman spectroscopy [J]. Journal of Materials Research, 1989, 4 (2): 385 – 393.

[96] Agudelo J R, Álvarez A, Armas O. Impact of crude vegetable oils on the oxidation reactivity and nanostructure of diesel particulate matter [J]. Combustion and Flame, 2014, 161 (11): 2904 – 2915.

[97] Sharma V, Uy D, Gangopadhyay A, et al. Structure and chemistry of crankcase and exhaust soot extracted from diesel engines [J]. Carbon, 2016 (103): 327 –

338.

[98] Lapuerta M, Oliva F, Agudelo J R, et al. Effect of fuel on the soot nanostructure and consequences on loading and regeneration of diesel particulate filters [J]. Combustion and Flame, 2012, 159 (2): 844 – 853.

[99] Ruiz F A, Cadrazco M, López A F, et al. Impact of dual – fuel combustion with n – butanol or hydrous ethanol on the oxidation reactivity and nanostructure of diesel particulate matter [J]. Fuel, 2015 (161): 18 – 25.

[100] Zhao Y, Wang Z, Liu S, et al. Experimental study on the oxidation reaction parameters of different carbon structure particles [J]. Environmental Progress & Sustainable Energy, 2015, 34 (4): 1063 – 1071.

[101] Mühlbauer W, Zöllner C, Lehmann S, et al. Correlations between physicochemical properties of emitted diesel particulate matter and its reactivity [J]. Combustion and Flame, 2016, 167: 39 – 51.

[102] Knauer M, Carrara M, Rothe D, et al. Changes in structure and reactivity of soot during oxidation and gasification by oxygen, studied by micro – Raman spectroscopy and temperature programmed oxidation [J]. Aerosol Science & Technology, 2009, 43 (1): 1 – 8.

[103] Salamanca M, Agudelo J R, Mondragón F, et al. Chemical characteristics of the soot produced in a high – speed direct injection engine operated with diesel/biodiesel blends [J]. Combustion Science and Technology, 2012, 184 (7 – 8): 1179 – 1190.

[104] Wo H, Dearn K D, Song R, et al. Morphology, composition, and structure of carbon deposits from diesel and biomass oil/diesel blends on a pintle – type fuel injector nozzle [J]. Tribology International, 2015 (91): 189 – 196.

[105] Patel M, Ricardo C L A, Scardi P, et al. Morphology, structure and chemistry of extracted diesel soot—Part Ⅰ: Transmission electron microscopy, Raman spectroscopy, X – ray photoelectron spectroscopy and synchrotron X – ray diffraction study [J]. Tribology International, 2012, 52 (3): 29 – 39.

[106] 张健, 王忠, 何丽娜, 等. 柴油机排放颗粒物中石墨烯结构分析 [J].

Transactions of the Chinese Society of Agricultural Engineering, 2015, 31 (18): 79 – 84.

[107] Al – Qurashi K, Boehman A L. Impact of exhaust gas recirculation (EGR) on the oxidative reactivity of diesel engine soot [J]. Combustion and Flame, 2008, 155 (4): 675 – 695.

[108] Ess M N, Bladt H, Mühlbauer W, et al. Reactivity and structure of soot generated at varying biofuel content and engine operating parameters [J]. Combustion and Flame, 2016 (163): 157 – 169.

[109] Zaida A, Bar – Ziv E, Radovic L R, et al. Further development of Raman Microprobe spectroscopy for characterization of char reactivity [J]. Proceedings of the Combustion Institute, 2007, 31 (2): 1881 – 1887.

[110] Cancado L G, Takai K, Enoki T, et al. General equation for the determination of the crystallite size L a of nanographite by Raman spectroscopy [J]. Applied Physics Letters, 2006, 88 (16): 163106 – 163106 – 3.

[111] Dou Z, Yao C, Wei H, et al. Experimental study of the effect of engine parameters on ultrafine particle in diesel/methanol dual fuel engine [J]. Fuel, 2017 (192): 45 – 52.

[112] Ma C, Gao J, Zhong L, et al. Experimental investigation of the oxidation behaviour and thermal kinetics of diesel particulate matter with non – thermal plasma [J]. Applied Thermal Engineering, 2016 (99): 1110 – 1118.

[113] Qu L, Wang Z, Zhang J. Influence of waste cooking oil biodiesel on oxidation reactivity and nanostructure of particulate matter from diesel engine [J]. Fuel, 2016 (181): 389 – 395.

[114] Omidvarborna H, Kumar A, Kim D S. Variation of diesel soot characteristics by different types and blends of biodiesel in a laboratory combustion chamber [J]. Science of the Total Environment, 2016 (544): 450 – 459.

[115] Luo Y Q, Xin – Ling L I, Ang L I, et al. Effect of Close Post – Injection on Particle Size Distribution in Diesel Engine [J]. Journal of Engineering Thermophysics, 2016, 37 (07): 1577 – 1582.

[116] Wang S, Zhu X, Somers L M T. Effects of EGR at various loads on diesel engine performance and exhaust particle size distribution using four blends of RON70 and diesel [C]. 11th Conference on Sustainable Development of Energy, Water and Environment Systems. Department of Mechanical Engineering, Eindhoven University of Technology, 2016, 11.

[117] Gao J, Ma C, Xing S, et al. A review of fundamental factors affecting diesel PM oxidation behaviors [J]. Science China Technological Sciences, 2018, 61 (3): 330 – 345.

[118] Gao J, Ma C, Xing S, et al. Nanostructure analysis of particulate matter emitted from a diesel engine equipped with a NTP reactor [J]. Fuel, 2017 (192): 35 – 44.

[119] Yezerets A, Currier N W, Eadler H A, et al. Investigation of the oxidation behavior of diesel particulate matter [J]. Catalysis Today, 2003, 88 (1): 17 – 25.

[120] Lambe A, Ahern A, Wright J, et al. Oxidative aging and cloud condensation nuclei activation of laboratory combustion soot [J]. Journal of Aerosol Science, 2015 (79): 31 – 39.

[121] Zhao X, Du J, Zhang D, et al. Research on emission particle microscopic characteristics of bio – diesel/diesel engine [J]. Journal of Guangxi University (National Science Edition – in Chinese), 2016, 41 (2): 419 – 425.

[122] Zhang Z H, Balasubramanian R. Investigation of particulate emission characteristics of a diesel engine fueled with higher alcohols/biodiesel blends [J]. Applied Energy, 2016 (163): 71 – 80.

[123] Gao J, Ma C, Xia F, et al. Raman characteristics of PM emitted by a diesel engine equipped with a NTP reactor [J]. Fuel, 2016 (185): 289 – 297.

[124] Gao J, Ma C, Xing S, et al. Oxidation behaviours of particulate matter emitted by a diesel engine equipped with a NTP device [J]. Applied Thermal Engineering, 2017 (119): 593 – 602.

[125] Querini C A, Ulla M A, Requejo F, et al. Catalytic combustion of diesel soot

particles. Activity and characterization of Co/MgO and Co, K/MgO catalysts [J]. Applied Catalysis B Environmental, 1998, 15 (1-2): 5-19.

[126] Sui Z, Zhang Y, Peng Y, et al. Fine particulate matter emission and size distribution characteristics in an ultra-low emission power plant [J]. Fuel, 2016 (185): 863-871.

[127] Gao J, Ma C, Tian G, et al. Oxidation activity restoration of diesel particulate matter by aging in air [J]. Energy & Fuels, 2018, 32 (2): 2450-2457.

[128] Liu J, Wang L, Sun P, et al. Effects of iron-based fuel borne catalyst addition on microstructure, element composition and oxidation activity of diesel exhaust particles [J]. Fuel, 2020 (270): 117597.

[129] Bazooyar B, Hosseini S Y, Begloo S M G, et al. Mixed modified $Fe_2O_3-WO_3$ as new fuel borne catalyst (FBC) for biodiesel fuel [J]. Energy, 2018 (149): 438-453.

[130] Neri G, Bonaccorsi L, Donato A, et al. Catalytic combustion of diesel soot over metal oxide catalysts [J]. Applied Catalysis B Environmental, 1997, 11 (2): 217-231.

[131] Mckee D W. Metal oxides as catalysts for the oxidation of graphite [J]. Carbon, 1970, 8 (70): 623-635.

[132] Easter J, Bohac S, Hoard J, et al. Influence of ash-soot interactions on the reactivity of soot from a gasoline direct injection engine [J]. Aerosol Science and Technology, 2020, 54 (12): 1373-1385.

[133] Liang X, Wang Y, Wang K, et al. Experimental study of impact of lubricant-derived ash on oxidation reactivity of soot generated in diesel engines [J]. Proceedings of the Combustion Institute, 2021, 38 (4): 5635-5642.

[134] Meng Z, Chen Z, Tan J, et al. Regeneration performance and particulate emission characteristics during active regeneration process of GPF with ash loading [J]. Chemical Engineering Science, 2022 (248): 117114.

[135] Choi S, Seong H. Lube oil-dependent ash chemistry on soot oxidation reactivity in a gasoline direct-injection engine [J]. Combustion and Flame,

2016 (174): 68-76.

[136] Fang J, Shi R, Meng Z, et al. The interaction effect of catalyst and ash on diesel soot oxidation by thermogravimetric analysis [J]. Fuel, 2019 (258): 116151.

[137] Huang J, Meng Z, Peng Y, et al. Investigation on gas and particle emission characterization of carbon black oxidation process promoted by catalyst/ash [J]. Chemical Engineering Journal, 2022: 135015.

[138] Wang X, Wang Y, Bai Y, et al. Effects of 2,5-dimethylfuran addition on morphology, nanostructure and oxidation reactivity of diesel exhaust particles [J]. Fuel, 2019 (253): 731-740.

[139] Zhang W, Song C, Lyu G, et al. Petroleum and Fischer-Tropsch diesel soot: A comparison of morphology, nanostructure and oxidation reactivity [J]. Fuel, 2021 (283): 118919.

[140] Sawatmongkhon B, Theinnoi K, Wongchang T, et al. Catalytic oxidation of diesel particulate matter by using silver and ceria supported on alumina as the oxidation catalyst [J]. Applied Catalysis A: General, 2019 (574): 33-40.

[141] Wei J, Lu W, Pan M, et al. Physical properties of exhaust soot from dimethyl carbonate-diesel blends: Characterizations and impact on soot oxidation behavior [J]. Fuel, 2020 (279): 118441.

[142] Liang X, Wang Y, Wang Y, et al. Impact of lubricating base oil on diesel soot oxidation reactivity [J]. Combustion & Flame, 2020 (217): 77-84.

[143] Tsai Y C, Huy N N, Lee J, et al. Catalytic soot oxidation using hierarchical cobalt oxide microspheres with various nanostructures: Insights into relationships of morphology, property and reactivity [J]. Chemical Engineering Journal, 2020 (395): 124939.

[144] Zhao Y, Li M, Wang Z, et al. Effects of exhaust gas recirculation on the functional groups and oxidation characteristics of diesel particulate matter [J]. Powder Technology, 2019 (346): 265-272.

[145] Bensaid S, Russo N. Fino D. CeO_2 catalysts with fibrous morphology for soot

oxidation: The importance of the soot-catalyst contact conditions [J]. Catalysis Today, 2013 (216): 57-63.

[146] Boger T, Rose D, Nicolin P, et al. Oxidation of Soot (Printex-U) in Particulate Filters Operated on Gasoline Engines [J]. Emission Control Science and Technology, 2015, 1 (1): 49-63.

[147] Liu Y, Fan C, Wang X, et al. Thermally induced variations in the nanostructure and reactivity of soot particles emitted from a diesel engine [J]. Chemosphere, 2022 (286): 131712.

[148] Toth P, Jacobsson D, Ek M, et al. Real-time, in situ, atomic scale observation of soot oxidation [J]. Carbon, 2019 (145): 149-160.

[149] Fang J, Shi R, Meng Z, et al. The interaction effect of catalyst and ash on diesel soot oxidation by thermogravimetric analysis [J]. Fuel, 2019 (258).

[150] Huang J, Meng Z, Peng Y, et al. Investigation on gas and particle emission characterization of carbon black oxidation process promoted by catalyst/ash [J]. Chemical Engineering Journal, 2022 (437).

[151] Gao J, Wang Y, Wang S, et al. Effect of catalytic reactions on soot feature evolutions in oxidation process [J]. Chemical Engineering Journal, 2022 (443).

[152] Yin K, Davis R J, Mahamulkar S, et al. Catalytic oxidation of solid carbon and carbon monoxide over cerium-zirconium mixed oxides [J]. AIChE Journal, 2017, 63 (2): 725-738.

[153] Huang J, Liu Y, Meng Z, et al. Effect of Different Aging Conditions on the Soot Oxidation by Thermogravimetric Analysis [J]. ACS Omega, 2020, 5 (47): 30568-30576.

[154] Muttakin M, Mitra S, Thu K, et al. Theoretical framework to evaluate minimum desorption temperature for IUPAC classified adsorption isotherms [J]. International Journal of Heat and Mass Transfer, 2018 (122): 795-805.

[155] Feng N, Chen C, Meng J, et al. Constructing a three-dimensionally ordered macroporous $LaCrO_\delta$ composite oxide via cerium substitution for enhanced soot

abatement [J]. Catalysis Science & Technology, 2017, 7 (11): 2204 - 2212.

[156] Tanis - Kanbur M B, Peinador R I, Calvo J I, et al. Porosimetric membrane characterization techniques: A review [J]. Journal of Membrane Science, 2021 (619): 118750.

[157] Du J, Su L, Zhang D, et al. Experimental investigation into the pore structure and oxidation activity of biodiesel soot [J]. Fuel, 2022 (310): 122316.

[158] Wang B, Wang Z, Ai L, et al. High performance of K - supported $Pr_2Sn_2O_7$ pyrochlore catalysts for soot oxidation [J]. Fuel, 2022 (317): 123467.

[159] Echavarria C A, Jaramillo I C, Sarofim A F, et al. Burnout of soot particles in a two - stage burner with a JP - 8 surrogate fuel [J]. Combustion and Flame, 2012, 159 (7): 2441 - 2448.

[160] Yezerets A, Currier N W, Kim D H, et al. Differential kinetic analysis of diesel particulate matter (soot) oxidation by oxygen using a step - response technique [J]. Applied Catalysis B: Environmental, 2005, 61 (1 - 2): 120 - 129.

[161] Simonsen S B, Dahl S, Johnson E, et al. Ceria - catalyzed soot oxidation studied by environmental transmission electron microscopy [J]. Journal of Catalysis, 2008, 255 (1): 1 - 5.

[162] Ghiassi H, Toth P, Jaramillo I C, et al. Soot oxidation - induced fragmentation: Part 1: The relationship between soot nanostructure and oxidation - induced fragmentation [J]. Combustion and Flame, 2016 (163): 179 - 187.

[163] Raj A, Yang S Y, Cha D, et al. Structural effects on the oxidation of soot particles by O_2: Experimental and theoretical study [J]. Combustion and Flame, 2013, 160 (9): 1812 - 1826.

[164] Strzelec A, Toops T J, Daw C S. Oxygen Reactivity of Devolatilized Diesel Engine Particulates from Conventional and Biodiesel Fuels [J]. Energy & Fuels, 2013, 27 (7): 3944 - 3951.

[165] Tighe C J, Twigg M V, Hayhurst A N, et al. The kinetics of oxidation of

Diesel soots and a carbon black (Printex U) by O_2 with reference to changes in both size and internal structure of the spherules during burnout [J]. Carbon, 2016 (107): 20 - 35.

[166] Mays T J. A new classification of pore sizes [J]. Studies in Surface Science and Catalysis, 2007, 160 (7): 57 - 62.

[167] Cortés - Reyes M, Martínez - Munuera J C, Herrera C, et al. Isotopic study of the influence of oxygen interaction and surface species over different catalysts on the soot removal mechanism [J]. Catalysis Today, 2022 (384 - 386): 33 - 44.

[168] Wang C, Yuan H, Lu G, et al. Oxygen vacancies and alkaline metal boost CeO_2 catalyst for enhanced soot combustion activity: A first - principles evidence [J]. Applied Catalysis B: Environmental, 2021 (281): 119468.

[169] Maini S, Shin C, Wen J Z, et al. Heterogeneous oxidation of powder and individual carbon nanoparticles catalyzed by ceria nanoparticles [J]. Applied Catalysis A: General, 2022 (630): 118465.

[170] Miceli P, Bensaid S, Russo N, et al. Effect of the morphological and surface properties of CeO_2 - based catalysts on the soot oxidation activity [J]. Chemical Engineering Journal, 2015 (278): 190 - 198.

[171] Włodarczyk - Stasiak M, Jamroz J. Specific surface area and porosity of starch extrudates determined from nitrogen adsorption data [J]. Journal of Food Engineering, 2009, 93 (4): 379 - 385.

[172] Zhang H, Li S, Jiao Y, et al. Structure, surface and reactivity of activated carbon: From model soot to Bio Diesel soot [J]. Fuel, 2019 (257): 116038.

[173] Chang Q, Gao R, Gao M, et al. The structural evolution and fragmentation of coal - derived soot and carbon black during high - temperature air oxidation [J]. Combustion and Flame, 2020 (216): 111 - 125.

[174] Hu Z, Fu J, Gao X, et al. Waste cooking oil biodiesel and petroleum diesel soot from diesel bus: A comparison of morphology, nanostructure, functional group composition and oxidation reactivity [J]. Fuel, 2022 (321): 124019.

[175] Huang J, Wang S, Gao J, et al. Insight into the effect of catalytic reactions on correlations of soot oxidation activity and microspatial structures [J]. Environ Pollut, 2023 (327): 121540.

[176] Setiabudi A, Makkee M, Moulijn J A. The role of NO_2 and O_2 in the accelerated combustion of soot in diesel exhaust gases [J]. Applied Catalysis B: Environmental, 2004, 50 (3): 185-194.

[177] Ishiguro T, Takatori Y. Akihama K. Microstructure of diesel soot particles probed by electron microscopy: First observation of inner core and outer shell [J]. Combustion & Flame, 1997, 108 (1): 231-234.

[178] Wang Y, Yang H, Liang X, et al. Effect of lubricating base oil on the oxidation behavior of diesel exhaust soot [J]. Sci Total Environ, 2023, 858 (Pt 3): 160009.

[179] Kameya Y, Hayashi T, Motosuke M. Oxidation-resistant graphitic surface nanostructure of carbon black developed by ethanol thermal decomposition [J]. Diamond and Related Materials, 2016 (65): 26-31.

[180] Si M, Cheng Q, Yuan L, et al. Physical and chemical characterization of two kinds of coal-derived soot [J]. Combustion and Flame, 2022 (238): 111759.

[181] Zaher M H, Dadsetan M, Chu C, et al. The effect of ammonia addition on soot nanostructure and composition in ethylene laminar flames [J]. Combustion and Flame, 2023 (251): 112687.

[182] Wei J, Fan C, Zhuang Y, et al. Diesel soot combustion over ceria catalyst: Evolution of functional groups on soot surfaces [J]. Fuel, 2023 (338): 127391.

[183] Fan C, Song C, Lv G, et al. Impact of post-injection strategy on the physicochemical properties and reactivity of diesel in-cylinder soot [J]. Proceedings of the Combustion Institute, 2019, 37 (4): 4821-4829.

[184] Cain J P, Camacho J, Phares D J, et al. Evidence of aliphatics in nascent soot particles in premixed ethylene flames [J]. Proceedings of the Combustion

Institute, 2011, 33 (1): 533-540.

[185] Liu Y, Wu S, Fan C, et al. Variations in surface functional groups, carbon chemical state and graphitization degree during thermal deactivation of diesel soot particles [J]. J Environ Sci (China), 2023 (124): 678-687.

[186] Azhagapillai P, Raj A, Elkadi M, et al. Role of oxygenated surface functional groups on the reactivity of soot particles: An experimental study [J]. Combustion and Flame, 2022 (146): 112436.

[187] Zhao Z, Liu S, Wang Z, et al. Effect of ash in biodiesel combustion particulate matter on the oxidation characteristics of carbon soot [J]. Journal of the Energy Institute, 2022 (105): 262-272.

[188] A BSH. A turnover model for carbon reactivity I. development [J]. Combustion & Flame, 2001, 126 (1-2): 1421-1432.

[189] Ghaderi N, Peressi M. First-Principle Study of Hydroxyl Functional Groups on Pristine, Defected Graphene, and Graphene Epoxide [J]. The Journal of Physical Chemistry C, 2010, 114 (49): 21625-21630.

[190] Guo Y, Horchler E J, Fairley N, et al. An experimental investigation of diesel soot thermal-induced oxidation based on the chemical structure evolution [J]. Carbon, 2022 (188): 246-253.

[191] Zhao B, Liang X, Wang K, et al. Soot particles undergo in-cylinder oxidation again via EGR recirculated gas: Analysis of exhaust soot particle characteristics [J]. Journal of Aerosol Science, 2023 (172): 106190.

[192] Yezerets A, Currier N W, Kim D H, et al. Differential kinetic analysis of diesel particulate matter (soot) oxidation by oxygen using a step-response technique [J]. Applied Catalysis B: Environmental, 2005, 61 (1-2): 120-129.

[193] Russo C, Ciajolo A, Cimino S, et al. Reactivity of soot emitted from different hydrocarbon fuels: Effect of nanostructure on oxidation kinetics [J]. Fuel Processing Technology, 2022 (236): 107401.

[194] Zhang D, Ma Y, Zhu M. Nanostructure and oxidative properties of soot from a

compression ignition engine: The effect of a homogeneous combustion catalyst [J]. Proceedings of the Combustion Institute, 2013, 34 (1): 1869 – 1876.

[195] Kameya Y, Hayashi T, Motosuke M. Oxidation – resistant graphitic surface nanostructure of carbon black developed by ethanol thermal decomposition [J]. Diamond and Related Materials, 2016 (65): 26 – 31.

[196] Commodo M, Karataş A E, De Falco G, et al. On the effect of pressure on soot nanostructure: A Raman spectroscopy investigation [J]. Combustion and Flame, 2020 (219): 13 – 19.

[197] Liu Y, Wu S, Fan C, et al. Variations in surface functional groups, carbon chemical state and graphitization degree during thermal deactivation of diesel soot particles [J]. Journal of Environmental Sciences, 2023 (124): 678 – 687.

[198] Meng Z W, Li J, Zhang Q, et al. Influence of thermal ageing on oxidation performance and nanostructures of dry soot in diesel engine [J]. Journal of Central South University, 2021, 28 (7): 2206 – 2220.

[199] Vander Wal R L, Bryg V M, Hays M D. Fingerprinting soot (towards source identification): Physical structure and chemical composition [J]. Journal of Aerosol Science, 2010, 41 (1): 108 – 117.